U0181599

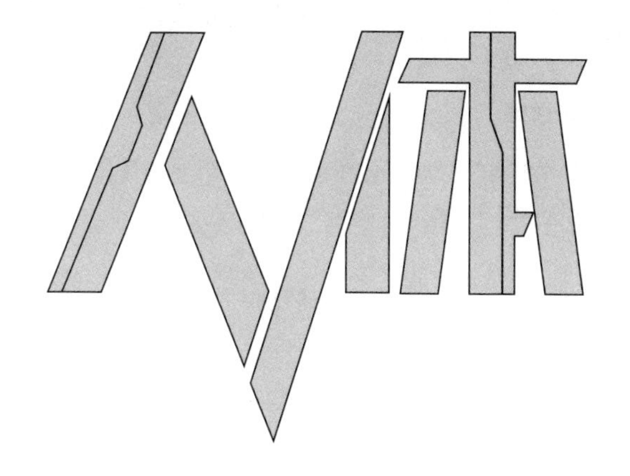

一位医学家的身体探索笔记

【英】德劳因·伯奇 (Druin Burch) 著　　陈剑锋 译

世界图书出版公司

北京·广州·上海·西安

图书在版编目（CIP）数据

人体的未来：一位医学家的身体探索笔记 /（英）德劳因·伯奇著；陈剑锋译 .—
北京：世界图书出版有限公司北京分公司，2021.9
ISBN 978-7-5192-8667-5

Ⅰ . ①人… Ⅱ . ①德… ②陈… Ⅲ . ①人体 – 研究 Ⅳ . ① Q983

中国版本图书馆 CIP 数据核字 (2021) 第 119864 号

书　　名　人体的未来：一位医学家的身体探索笔记
　　　　　RENTI DE WEILAI : YI WEI YIXUEJIA DE SHENTI TANSUO BIJI
著　　者　［英］德劳因·伯奇
译　　者　陈剑锋
责任编辑　尹天怡　董　亚
特约编辑　张启蒙
封面设计　林阿龙

出版发行　世界图书出版有限公司北京分公司
地　　址　北京市东城区朝内大街 137 号
邮　　编　100010
电　　话　010-64038355（发行）　64037380（客服）　64033507（总编室）
网　　址　http：//www.wpcbj.com.cn
邮　　箱　wpcbjst@vip.163.com
销　　售　各地新华书店
印　　刷　北京盛通印刷股份有限公司
开　　本　880 mm × 1230 mm　1/32
印　　张　11.25
字　　数　270 千字
版　　次　2021 年 9 月第 1 版
印　　次　2021 年 9 月第 1 次印刷
版权登记　01-2021-3532
国际书号　ISBN 978-7-5192-8667-5
定　　价　59.80元

如有质量或印装问题，请拨打售后服务电话 010-82838515

献给雷切尔·埃莉诺·伯奇，
她的春天促成了我的夏天

目 录

01
未来生命

推测未来人类的身体和生命将发生什么样的变化，是相当新鲜的一件事。各种科幻小说都热衷于对未来进行描写，且几乎像写事实一样。然而，要把想象变为现实依旧难如登天，这不仅仅是因为我们缺乏变革的能力。在18世纪末以前，人们甚至连变革的概念都没有。但是，在18世纪末到19世纪初这令人眼花缭乱的几十年里，一切都改变了。要展望未来，必须先审视过去，而在那几十年里，我们第一次做到了这一点。在此之前，人类的知识告诉我们，我们的世界自创世以来的6000年里基本上没有发生变化。到圣城[①]去看一看，你会发现《圣经》（*the Bible*）准确地描述了它的地理环境。从金字塔下面挖出的木乃伊，也很明显是我们的同类。唯一明显的差别，就是人类总是排斥新兴的思想，贪恋旧的思想，这种差别随着岁月的流逝越发顽固。"在什么时代，就该做什么事。"公元前63年，西塞罗（Cicero）如此说道。"我亲爱的老朋友，你我再也见不到这样的日子了！现在的桃子没有以前的那么大了。"画家本杰明·罗伯特·海顿（Benjamin Robert Haydon）在1842年给华

---

① 圣城：指耶路撒冷，是犹太教、基督教、伊斯兰教的圣地。——译者注

兹华斯（Wordsworth）的信中如此写道。一百多年后，斯派克·米利根（Spike Milligan）说："幸福已成往事。"[①]

仅仅在两百多年前，我们才有了看到更遥远的过去的能力。原来，人类并不是一开始就存在的，如同高山、大海，甚至地球本身，也并非一开始就存在一样。意识到这个世界有多么古老和奇怪的地质学家们总是抱怨，时间的嘀嗒声令人恐惧，使人耳聋。赫拉克利特（Heraclitus）说："一切都在变化。"但他还没有意识到这样的变化有多么真实。一条蜿蜒的时间细流缓缓地刻画出一条条河谷、一座座山峰和一个个时代。丁尼生（Tennyson）对自然有一种近乎悲哀的崇敬，他认为大自然太过庞大，根本无暇顾及人类。在如此庞然巨物面前，生命显得太过渺小，人类的存亡就像一只麻雀的死活一样不值一提。虽然丁尼生称大自然不关心个体，只关心种群，但随着对生命的记录越发清晰，即使是种群也是可以被消耗掉的，甚至是数量庞大的种群。

曾有天文学家写到，他们仰望天空时会感到眩晕，他们的自我意识已经迷失在了那种可怕的无边无际的感觉之中。"我们一生的年日是 70 岁，若是强壮可到 80 岁。但其中所矜夸的，不过是劳苦愁烦。转眼成空，我们便如飞而去。"《圣经》如此写道，自信而准确。然而当广阔的世界进入我们的视野，我们被所谓的"深层时间"和"深度空间"所包围时，《圣经》中对现实世界的指导已经不那么简单而明显了。医学变得脱离现实、令人兴奋——曾有一种假设，

---

① 桑塔亚纳（Santayana）相信，随着年龄的增长，我们对这个世界的想法会越来越少，因为我们已经意识到，即使没有我们，这个世界也会继续发展下去。——作者注

说古希腊人和古罗马人已经掌握所有知识，现代从业者所做的只不过是保护和保存古人的智慧而已。这种假设，已经蒸发到了恒星之间的寒冷缝隙中，随着地质学家手中锤子的无情敲击而支离破碎。当过去变得如此不可思议时，未来会带来什么呢？谁又知道现今诸事会有什么可能性？当爱德华·詹纳（Edward Jenner）正在研制疫苗时，他兴奋地写信给他的导师约翰·亨特（John Hunter），就自己的一个想法询问意见。“为什么只是一个想法？”亨特以讽刺的口吻回复，“为什么不付诸实验？”我们的身体、寿命和活力都不是固定不变的。它们如同其他所有事物一样，蕴藏着实验、改变和发现的无限潜力。过去已经不再属于我们，但未来就掌握在我们手中。我们必须意识到，未来的形态并不固定，而是由我们亲手去塑造的。

生命会自我重塑。植物吸收二氧化碳，呼出氧气。它们的呼吸过程帮助创造了无数的生命。通常，为了互惠互利，许多生物被招募为植物的辅助工具。物种内部也在进行重塑。一个老掉牙的笑话是这么讲的：两个疲倦的家伙在非洲的小溪里洗澡，他们看到一群饥饿的狮子靠近，于是一个人赶紧擦干脚，开始穿袜子和鞋子。“你这样做有什么意义呢？”另一个人问，“我们又不可能跑赢狮子。”“没错，”第一个人带着愧疚回答说，“但我能跑赢你就行。”竞争促进生存，而生存是变革的引擎。生物学家 J.B.S. 霍尔丹（J. B. S. Haldane）指出，甚至利他主义的起源也可以用基因上的利己主义来解释——他说，他会牺牲自己来拯救八个表亲或两个亲兄弟。达尔文（Darwin）注意到，物竞天择不仅挑选出了具有直接优势的特征，而且做了其他更微妙的事情。20 世纪末，斯蒂芬·杰伊·古尔德（Stephen Jay Gould）曾将其中一些事情描述为“结构设计中不可避免的后果”。像雄狮一样，男人变得比女人更快、更强壮、更高大，因为男性需要通过互相打斗来竞争。对男性的速度、力量和体形更有品位的女性，更有可能生育出成功的后代。这些品质本具有实用意义，而后来变成了审美意义。在有限的肉体之外，这同样适用。真理和荣誉有助于生存和繁殖的成功，首先它们在我们心中占据重要地位，才会在我们的基因中占有一席之地。我们的道德感和美感不是对我们真实欲望的虚假覆盖，而是支撑它们的结构。“亲爱的，我就不配真爱你了，若我不更爱我的荣名。”[①] 这句诗蕴含着真理。

性品位的出现，不仅仅是为了单独的身体行为，更是为了关系的稳定和共同的家庭生活，也正是性品位把这些牢牢地拴在了一起。在父系社会中，男性不停战斗，追求的是获得血腥胜利的机会，而女性会投靠其中的胜者。然而，有时候比赛比的并不是谁更快，战斗中也不一定是更强壮的那个会获胜。生存，就是不断地进行选择，基于智慧、花言巧语、正确判断或正直道德的选择。你的选择塑造了你的未来，正如世世代代以来，是品位塑造了成功，而成功又反过来塑造了品位。它揭示了人类文化中的不同点以及人类共同的进化，比如一个长得不高的人也能成为美国总统，同样，身高问题对于能不能当英国首相也不重要。肤浅地把特性和进化联系在一起的行为是相当危险的，但其中确实有些关系，不过是间接的关系，而且难以发现。我们会努力迎合自己和他人的口味。当你看到一朵野花时，你看到的是蜜蜂眼中的美。我们的发展是

---

① 引自理查德·洛夫莱斯（Richard Lovelace）的诗《致卢卡斯塔》（*To Lucasta, on Going to the Wars*）。——译者注

为了迎合那些我们想取悦的人的口味，让对方对我们自身最满意的地方产生渴望。也正因如此，当我们谈到人们的穿着打扮时，很容易想起孔雀和极乐鸟。美可能就是肤浅而表面的，但相似性却不是。

对于是否参与竞争，我们没有选择权，除非它变成一个可悲的选择，即做一个活死人，或者干脆死去。[①] 但我们所拥有的奋斗精神就是另外一回事了。为了胜利的愉悦感而赛跑，和为了拉伸腿部、锻炼力量而赛跑，两者的意义天差地别。我年轻的时候参加过拳击比赛，我至今还清楚地记得，拳击赛的观众分为两种，一种是专门来看血腥场面的——只为了看人们打来打去；另一种观众，他们希望通过观看比赛来学习格斗技能、领会斗士的精神。令人振奋的是，那些有过拳击经验的人都属于第二种观众。尽管鸣禽歌唱是为了保护领地，但很难不相信它们的歌声表达了愉悦的心情，这就是一种美学上的判断。19 世纪，一些磨坊主和工厂主开创了为工人阶级提供医疗保健的先河。至于我们是该钦佩他们，还是该谴责他们，取决于我们怎么看待他们的动机。

人类生命处于不断变化之中。我们希望自己能做得更好，看起来更好，能打败别人，让自己更好。身体的能力各不相同，能做出的努力也各不相同。我们变得越来越快，越来越高，越来越胖，越来越懒，越来越强壮，越来越健康，阅读能力越来越强，受教育程度越来越高，吃得越来越多，吃的药越来越好，越来越喜欢追随古

① 在梅尔维尔（Melville）的作品《书记员巴特尔比》（*Bartleby, The Scrivener: A Story of Wall Street*）中，巴特尔比（Bartleby）说：“我宁愿不这样做。”而他也确实没有这样做。——作者注

怪的潮流风尚。我们改变我们的压力模式、娱乐方式、睡眠习惯和我们的童年。我们用金属制造新的关节，在实验室培育新的软骨。我们移植肾脏、心脏、骨头、手和脸，我们对猪进行养殖和改造，希望收获的不是培根，而是可供人体替换的器官。我们创新和探索，重塑病毒以改变我们的基因、消除疾病。我们扫描孕妇腹中的胎儿，把那些不健全的胎儿打掉以免去他们未来的痛苦，或者只是想要免去孕妇自己的痛苦、不便，更有甚者只是因为不想要女孩而已。我们剥夺或赋予自己生育能力，储存我们的卵子和精子，并决定接受和拒绝哪些受精胚胎。我们从腹部吸出脂肪，然后注入嘴唇和臀部。我们用带墨的笔刺进自己的身体，我们沐浴在阳光下或挡住阳光，我们用药物、药水填充自己的身体，改变容貌、身高和体形。我们非常希望能通过药物来改善情绪和性能力，因此我们有一个悠久的传统，就是在它们不该存在的地方使用它们。我们生活中有很大一部分时间，都在有意识地试图重塑自己。而在剩下的时间里，这种重塑仍然在继续。我们所做的这一切，诚然都无可厚非，只不过我们比其他任何物种或之前的任何一代人，在这些方面效率更高，也更加刻意。

1860 年，世界上最富有的国家的婴儿死亡率比现在任何地方都要高。就算是在现代的阿富汗，新生儿存活下来的希望也比一个半世纪前地球上最富有的国家要高。在科学和人类健康方面，我们还有很大的进步空间，因为人类历史就是一段不断进步的故事，尽管有时磕磕绊绊、充满艰险。但无论是现实科学还是科幻小说，都没能预测到婴儿死亡率下降的速度会超过糖尿病患病率上升的速度。马尔萨斯人口论（Malthusian population projections）低估了人类的增长速度，并且大幅（而且常常是抱着一种好奇、看戏的心态）高估了它将带来的灾难、混乱和饥荒。想要展望未来，就不可能不犯下一些错误——但我们可以从这些错误中汲取经验。艾森豪威尔（Eisenhower）总喜欢说："计划毫无价值，但计划不可或缺。并且就算是在预测进展方面也可以有进展。"总的来说，在20世纪30年代之前，人类医学弊大于利：除了最简单的干预措施，那时的我们还没有弄清楚如何衡量我们所作所为的影响，回顾过去，我们喜欢的治疗方法大多被证明是错误且有害的。这些错误的方法却像寄生虫一样，长久以来一直寄存于最有思想和观察力的人心中。不过近一个世纪以来，我们不断汲取经验，做得越来越好。在如今的报纸上，如果没有关于我们日常生活中某事其实对身心有害的报道，或是没有关于即将有科研新突破的报道，那这份报纸可以说是不完整的。同样真实的是，人们严肃地讨论一种药物时，一定会谨慎地权衡其利弊。药物和干预措施越来越多，对于它们如何影响我们的身体和生活，我们的理解也越来越深。但这并不意味着我们的理解就是完整的。在我25年的行医生涯中，我看到一些病症变得罕见，而另一些则变得常见，但不管是我，还是我的同事，都不可能完全清楚个中原因。这些年来，生命的弱点、强度和轨迹都发生了变化。而在大多数情况下，它们都在往好的方向发展。

这种发展速度十分吓人，对未知事物的恐惧会不时地使我们不知所措。对未来的忧虑不仅出现在科幻小说中。这些幻想可能是虚构的，但它们产生的影响却是真实的。《美丽新世界》（*Brave New World*）和《1984》中推测了人类社会可能如何分阶级，权力可能如何被滥用，以至于阶级差异会固化为难以逾越的物理层面、社会层面和进化层面的障碍。马尔萨斯人口论的恐怖预言孕育出了小说的情节，也导致了现实中的强制绝育和屠杀。较低社会阶层的生育率较高，这一现象的后果常常受到质疑。拉斐尔·莱姆金（Raphael Lemkin）写道："种族灭绝不一定意味着一个国家或一个群体的立即毁灭，也可以是旨在摧毁其根基的不同行动的协调计划。"在某种意义上，我们现在仍在追求"种族灭绝"：我们想要消灭疾病、缺陷和各种异常。随着人造耳和人造眼的功能越来越强大，一些群体渐渐被排斥，他们也表现出了极度的不安。如果没有了聋哑人，聋哑人社区和聋哑人文化也就不复存在。很少有人担心使用生长激素会使身材矮小的人的社区和文化遭受巨变，但我们长得更高究竟会怎么样呢？我们会在未来某个阶段设法控制它吗？如果性行为也受其影响，人类会对其感兴趣吗？答案是肯定的。人类早已对这方面产生兴趣，尽管没有任何科学依据——想想那些声称能够治愈同性恋的人，那些担心自由主义会纵容同性恋的人，还有那些担心保守主义会抑制同性恋的人。产生兴趣，意味着我们太过专注于自己的能力，以至于很容易高估它们。我并不是说我们能很容易地了解这些事情。即使在那些不会激起不可估量的心理和文化问题的地区，我们对干预措施产生了怎样的效果也很难进行判断。比如"刀锋战士"奥斯卡·皮斯托瑞斯（Oscar Pistorius）[①]，我们很难去界定对于他来说，装假肢是为了消除残疾还是为了强化身体。决定什么是公平的，什么是有效的，都很困难。早期的环法自行车运动员试图通过饮酒来作弊，而现在许多体育科学家认为这个方法并没有效果。运动员给自己注射促红细胞生成素或血液的行为也可

① 奥斯卡·皮斯托瑞斯，南非残疾人运动员，是残疾人100米、200米和400米短跑世界纪录的保持者。人们把他称为现实版"阿甘""刀锋战士""世界上跑得最快的无腿人""残奥会上的博尔特"。——译者注

能同样没有效果。

在人类生活中，不仅仅家装风格一直在改变，人类最根基的东西也发生了变化。1991 年，两个徒步旅行者在阿尔卑斯山脉发现了一具尸体。后来这具尸体被人取名“冰人奥茨（Ötzi）”，他在 5000 年前被人用箭射杀。他的尸体被冻在冰层中，胃里的残留物也被保存了下来。他身高正常，年龄适中。这两个指标在过去的几千年里已经发生了变化。在现代人眼里他很矮，而且相对年轻。他十分精瘦，上门牙间有缝隙。如果他活在现代，也许会胖很多——他的缺点是不够健康——而且，如果他能坚持锻炼的话，上身力量会强很多。戴上一个牙套就能消除他门牙之间的缝隙。牙套对他还会有什么影响？对我们和我们的孩子又会有什么影响？奥茨所拥有的工具和衣物，还有他脑海中的知识，让这个本身赤裸裸的人的能力得到了提高。从奥茨死亡到现在，我们经历了哪些变化，未来又会有什么改变？

现在有一种趋势，即在每一部非小说形式的作品开头都加上一个前言，解释为什么要在当时写这本书，这已经成为一种不良的文化习惯。科学、历史和人类生活中的大多数问题都可以在任何时候谈论，而不必非要在某个时刻，比如在聚会上人们突然沉默时，你最好也保持沉默。然而，在这种情况下，故事不可能更早地被讲述出来。随着知识和经验的积累，这些事在未来也许会被重新讲述，但我们现在已经处于一个这样的时刻：我们身后的历史已经足够丰富，学习历史能够让我们更好地前进。我们不仅记录了我们取得的成就，而且记录了我们的猜测、我们的期望和我们的假设。塞缪尔·泰勒·柯勒律治（Samuel Taylor Coleridge）说：“科学活动的进行必然是满怀着希望与热情的，这才够有诗意。”科学写作中有一种固定的风格，那就是引用进化论和社会科学，这样可以毫不费力地解释很多事情，然而很多科学写作作品是无权进行这样的解释的。热情、希望和诗歌——也就是科学——不仅要关注确定性，也要关注不确定性；不仅要关注已经被人类洞察的事物，也要关注被人类误解的事物。我们在试图猜测未来可能会犯下的错误时，常常在不经意间暴露出我们的观点都是没有经过仔细考证的。然而，我们知道，我们的品位、习惯、技术、生活方式、野心、弱点和缺点对我们的身体和生活做出了或者将会做什么样的改变。就重塑自我或重塑周围世界来说，人类并不特别。只有在做出预测、学习甚至是享受犯下的错误方面，人类才是独一无二的。我们是独一无二的，因为我们能够有意识地思考明天会带我们去向何方，又是如何去到那里的。我们是独一无二的，因为我们能够思考未来人们的生活以及未来的人类本身会是什么样子。

02
死亡

“从一开始就要倾尽全力，”《爱丽丝梦游仙境》（*Alice in Wonderland*）中的国王曾严肃地建议道，“一直坚持到最后，才能停下。”将“死亡”这一话题放在本书前面似乎有些凝重，但这样才最自然，因为我足足花了大概25年的时间和死亡打交道。

我从20世纪90年代初就在医院工作了。之后的很长一段时间里，我都觉得往事历历在目。不过现在来看，随着时间流逝，那段日子已经像是另一个时代的事情了。随着年龄的增长，我们会发现，最深刻的变化往往是在不知不觉中慢慢发生的。就算无法窥得全貌，但这样的道理至少也能明白一部分了。即使在我工作的第一年，我也会发现人们的口头叙述和相应的书面记录往往大相径庭。如果一个病人回忆说他吃一种药已经吃了3年了，那实际上可能是5年。我们都被记忆的“保鲜度”给欺骗了。对绝大部分人来说，回忆只能激发一种轻微而持续的过分乐观而已。当我们想起自己犯过的错时，忽然发现距离这件事的发生已经过了很久，这种过分乐观就是我们的正常反应。大多数时候，这一切就像昨天刚刚发生一样。让我感到有些疑惑的是，现在已经没什么人会把我当成新手医生了。其实，被当成新手医生这种事已经5年没发生过了——实际上可能已经 10 年没发生过了。

我第一次出急诊是当时有病人身体极度不适，我本来正在睡觉，被叫醒后就从医院宿舍急忙跑了出来，穿过停车场旁雏菊遍地的草坪。紧接着，我心中的恐惧把这段记忆深深刻在了脑海之中，因为我冲进了一间侧屋，眼前的景象令我难以理解。床上坐着一个女人，睁大着无神的双眼，大口喘着粗气，表情十分怪异。一位护士想帮她戴上氧气面罩，但这女人挥舞着枯瘦的双手推开了面罩。停下手里的动作后，她又接着大口喘气。在更有经验的医生过来之前那短短的时间里发生了什么，或者说我在那段时间里做了什么，我都不太记得了。我记得的是，当前辈来的那一刻我深深地松了口气，还有女人那副已经明显病危了的可怖样子。“唉，”前辈对着我和护士耸了耸肩，瞥了一眼那个女人说，“她这是活不成了，对吧？”

我当时以为他是真的在发问，但我错了。这种情况他见多了，结局在他看来是再明显不过的事情了。我的惊慌感还没有完全退却，离开时我一直在想，虽然别的医生已经做出了决断，但我们也应该做些什么。直到那个月的月底，在见证了更多的死亡后，我才明白那个医生看到了什么。当你真正见证了死亡，在死亡面前你就十分淡然了。我的大部分恐惧来源于不确定性，不确定自己是否因为该做某事却没做而导致了毁灭性的后果。有时对提心吊胆的病人家属说已经回天乏术，他们反而会松一口气。其实他们心里早对死亡有所准备，而恐慌则是来自对自己是否尽全力的焦虑。让病人去世时走得舒服些很重要，但通常也很简单。最近尤瓦尔·赫拉利（Yuval Harari）的一本关于人类未来、名为《未来简史》（*Homo Deus*）的书中写道：“我们已经习惯于把死亡当成一个技术性问题，而不是人类的自然终结。”一个女人去看医生，问：“医生，我这是怎么了？”医生大概会说这样的话——“你得了流感”，或者“你得了结核病”，或者“你得了癌症”。但医生绝不会说：“你快要死了。”但我可以负责任地说，医生们不仅经常这么说，而且人们听到这话时反而会放下心来。得知死亡即将到来，得知死亡已经注定，得知再也不需要不计代价地去避开它，这件事情很重要。家属们对此的反应一般都在情理之中。不过要是遇上反应过激的，那医生这辈子都忘不了。

我所要说的死亡，是指人们走到漫长生命的尽头的自然死亡，因为大多数人的死亡都是这样，这就是现代社会给我们的馈赠。对大多数人来说，死亡是一个渐行渐远的过程，没有什么遗言，对最后的经历也没什么意识（通常是根本没有意识）。有人会把消息告诉他的家人，但真正面临死亡的这个人可能并不怎么激动。他们对生命的兴趣已经消退——读过托尔斯泰（Tolstoy）在《战争与和平》（*War and Peace*）中对安德烈公爵（Prince Andrei）之死的描述你就明白了（没有多少人在将死之时还能像安德烈公爵那么清醒，而且话又说回来，就算很多人活着的时候也不会有那么清醒）。要我说，人们在临死前几周就能感受到它的来临；我还应该补充一点，人们要花几年时间，才能感受到死亡那隐约可见的阴影。大概在2007年，我们给病人买了圣诞礼物。理由很简单：圣诞节期间，医院非常安静。我们送礼的对象不多，也有时间派人去买礼物。一位老人喜欢威士忌，我们给他买了一瓶麦芽威士忌。他大部分时间都很孤僻，不愿与人交流，但收到礼物时他很开心。在接下来的一周里，他喝了几杯。他大部分时间就那么静静地坐着或者躺着，不读书，也没有任何抱怨，把酒瓶放在他的床边。他的家人（没来看过他）和护工为他准备之后的住院计划时，他也只是静静地等着。然而这些计划并未实现。一天早上，他的床位换了个人，酒瓶也不见了。

老年人的死亡在通常情况下都是不可预测的，年迈体衰这种事是永远不等人的，这是毫无疑问的，只不过我还没有体会到。我的大多数病人——是绝大多数——都在病床上慢慢离开了人世。有时，一次简单的感染就能预兆最后的结局，有时则不然。能够判断出某人在其人生轨迹中处于什么位置是至关重要的。世界上最古老的医学教科书——埃及的《埃伯斯纸草书》（*Ebers papyrus*）——可以追溯到公元前 1600 年左右，但几乎可以肯定的是，它以数千年前的苏美尔人的教义为基础，把医生见过的一些症状进行了分类。分出的类别很简单，一类是“可以治的”，另一类是“治不了的”。管理期望值，不自吹自擂，不管是在过去还是在现在都很重要，当然了解自己的能力并采取适当的行动也很重要。人之将死时，如果得到的治疗会让他们带着痛苦离世，那这种治疗就不是好的治疗，或者说根本就不配称为治疗。

我的病人很少有在清醒的状态下死去的。在我记忆中有两个人是这种情况，这两个人都很了不起。其中一个是位妇女，她的心脏衰竭、肺部充满液体。她在离世时能保持清醒，不是因为我们不愿意或者不能让她免受这种类似溺水的痛苦，而是她自己选择保持清醒。她做出如此勇敢的选择，并不是因为有受虐癖，而是她做出了这样的选择而已。还有一个人让我印象深刻，因为给他治疗的医疗团队那个周末没有值班，所以让我给他做检查。我敲了敲门走进病房，却被他的问题吓了一跳。“我是不是要死了？”他的语气中没有惊慌，但有些傲慢。如果说他以前还有时间做傻事，那么现在已经没有了。我回答说：“据我所知，是这样的。”他似乎对这个答案很满意。第二天他就离世了，他的家属都围在病床边。

我的大多数病人都是逐渐走向死亡的，他们早在多年前就开始慢慢衰退。我的一个朋友注意到了自己身体机能的衰退，他说，他发现对自己和别人产生的兴趣比以前少了。在他 90 多岁的时候，他告诉我他不想死得太慢也不想死得太快。他说，他所爱的人已经有很多不在人世，所以不想死得太慢，但想留些时间好好体验一下死亡是什么感觉。

我的病人通常都是老年人。很多人死前都会待在临终关怀医院，但那个地方不适合我的病人。虽然临终关怀医院会提供隐秘、安宁和相对奢华的环境，但是会去临终关怀医院的都是病情严重到了几乎可以宣告死亡的中年人。至于年老体衰的人，对于他们来说，究竟何时死亡是不太好预测的，所以他们不能去临终关怀医院。我们中的大多数人在年老时，都会像我照顾过的病人一样死在病床上。病房嘈杂，在那里病人没有尊严、隐私或自己的空间。但我发现我的病人很少会关心这些东西，也不介意死在挤满病人而且乱哄哄的病房里，但这并不意味着他们不配得到更好的待遇。

虽然我的大多数病人年纪很大，但我不是老年病的专科医生，我只是一名普通医生。如果你身患急诊科无法处理的病症来到医院，特别是如果你身上的多个器官都存在问题，很可能就会由我来给你看病。我也给年轻人看病，但一般他们很快就能回家了。留下来的都是虚弱的人，那些身体上不止一处有毛病的人。现代医学水平已经很发达了——普通人的身体状态都已经很好了——正因如此，我的病人大部分是老年人。就算是身患罕见的疾病，或是由普通疾病引发的严重并发症，大多数年轻人或中年人也可以很快被治愈然后出院。现在住院的病人大多是老年人，这一点还是很值得庆贺的。

本书讲述的是人类的生活已经有什么改变、未来又会有什么改变。不过，有的事情还是永远不会改变的，人们依旧会出生、活着然后死去。根据我的经验，那些在年老时害怕死亡的人，通常就是那些感觉自己从未真正活过的人。那些在生活中有所期盼却从未如愿的人，更是无法面对死亡。西塞罗写道："通情达理、脾气好、彬彬有礼的人都能很好地适应衰老。而那些吝啬、易怒的人，在人生的每个阶段都不会感到快乐。"我的朋友告诉我，他只是遗憾不能再看到妻子的面容，但他并不怨恨死亡。他还注意到，随着年龄的增长，他的思想和谈话变得不那么有趣了。他说得很对，但他这样的人，就算已经风烛残年，思想依然熠熠生辉。最后，他说道："传承遗志，也是件愉快的事。"

赫拉利曾写道："因为人道主义，我们对人类生命的神圣性有一种坚定的信仰。我们让人们一直活着，直到他们变成如此可怜的状态。这时我们不得不扪心自问：'人类生命究竟有什么神圣的地方？'"事实上，我们所表达出的是善意，只要明智地加以运用，不管是医生还是病人，都不会对死亡太过恐惧。老年化趋势的上升，并不是由于人们对死亡的恐惧。老年期的延长，以及虚弱的人的苟延残喘，都是副作用，是防止人们英年早逝过程中不可避免的后果。在现代战争中，伤员大多可以幸存，而放在以前，战场上受到的任何伤害都有可能是致命的。伤员在过去之所以不能幸存，很可能是因为医疗人员把精力花在了治疗伤势更重的人身上。现在的伤员之所以能够幸存下来，是因为对伤员的护理在各个方面都有所改善，当一般伤势的治疗结果有所改善时，受到致命伤的伤者的存活率也会提升。

20 世纪一位著名的医生、流行病学家理查德·多尔（Richard

Doll）说：“老年人的死亡是不可避免的，但在步入老年期之前的死亡是完全可以避免的。”现在老年人越来越多，那是因为我们已经成功阻止了过早死亡。

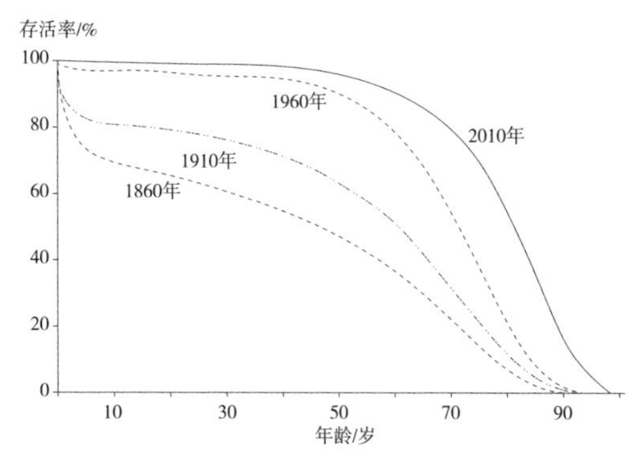

图 1　英格兰和威尔士男性各年龄段存活率（转载经牛津大学临床实验服务部许可。数据取自英格兰和威尔士注册总局的报告和人类死亡率数据库）

在图 1 中，各条曲线下方的区域表示仍然在世，曲线上方的区域代表死亡。曲线上方的区域——在 1860 年占主导地位，而后来逐渐缩小——意味着心碎和悲伤，活着的人同样能感觉到这些痛苦。任何想要抨击现代化的人，都可以说这些只不过是数字而已。但如果他们选择无视这些数字背后的含义，那么他们可真是失去了理智。图 1 左上方的区域，意味着还有很多几岁的孩子过早地夭折。而事实上，在今天这种情况已经大大改善，这也是我们中许多人将经历衰老的部分原因。

03
年龄

作为在城市里长大的孩子，我整天骑着自行车，错过了早期人们对汽车产生的兴趣。汽车对我仅有的吸引力来自我对进化论的研究，以及一个关于亨利·福特（Henry Ford）参观废料场的故事。福特想知道的是，在他的T型车中，哪一块零件经常处于良好的工作状态。他回到工厂后，就让负责人降低了这些零件的价格。

这个故事带有对邪恶资本家的讽刺意味：董事会会议桌下的脚都是偶蹄[①]。我明白这则逸事其实和进化论有关——不要把任何东西造得过于强大——但我没能意识到，福特试图通过不过度设计任何零部件来降低产品成本，这并不是对客户的背叛。这符合他们的利益。

很多年来，我对汽车都毫不关心，直到我意识到住在郊区想通过骑自行车上下班是不切实际的——这与道德选择无关，只是我太过愚钝，不愿学习新的生活技能。后来汽车成为我上下班的交通工具。如今它们依然只是交通工具，我不明白为什么有些人会对它们有过分浓厚的兴趣。这一点在我儿子身上有很好的体现。

① 带有偶蹄是西方神话中魔鬼形象的特征之一。——译者注

在他 7 岁时，他能看的电视节目只有儿童节目和自然历史，他时常觉得无聊。一次，我的一个朋友来家里做客，他们俩一起看了电视节目；我们只听到了大卫 · 爱登堡（David Attenborough）的只言片语。我儿子问道："爸爸妈妈，女性的性欲是什么？和手刹过弯又有什么关系？"

那之后他开始痴迷于《疯狂汽车秀》（*Top Gear*），而我们对此无能为力。一开始我们很无助，因为毕竟他才 7 岁，我们想控制一下他所看的节目。但没过多久，我们也爱上了这个节目。比起大多数儿童节目，看成年人故意出糗也是一件很有意思的事。这就像一本能够解释某些男性行为的入门教科书。在这一集里，我儿子看着那些即将步入晚年的主持人回忆自己年轻时的想法：只要能够做出帅气的手刹过弯，女性就会对他们产生无法抑制的性冲动。节目用了几个镜头暗示他们的想法遭到了应有的蔑视和冷漠。冒险、机智和胡说八道加在一起就是滑稽，这就是这个节目教给我们的。如果你失败了，也要败得有风度，这样从某种意义上说你也胜利了。

进化点 1：男性，特别是青春期的男性，喜欢冒险。一般说来，男性承担的风险要比女性更多，这是事实。青少年男性的死亡人数比女性多，暴力和意外事故是造成这一差异的原因。这也是男人寿命更短的部分原因。男性在很多方面做得都更加出色，所以很少受到社会的同情——曾有人发起优先将医疗保健资源花在男性身上来平衡预期寿命的运动，但支持者寥寥无几。但有一件事我们一直很感兴趣，那就是改变年轻人的冒险行为。我们能找到控制这种行为的基因，并把它们删除吗？我们貌似可以做到，有很多人都想对《疯狂汽车秀》的节目主持人这么做。无论是从物理层面还是从化学层面对某人进行阉割，或是通过剔除胚胎中使女性转变为男性的基因，都可以把男性变为女性。这一过程进行的年龄越早，效果也就越显著。但我们是否能够更加精确，在不影响整体的情况下消除男性某些方面的特质？不可能，不存在一个单独的可以控制人们鲁莽或大胆性格的基因、神经递质或神经核，当然对于手刹过弯这样的动作也是一样。

进化点 2：对年轻女性来说，年轻男性的冒险行为往往不那么引人注目。很多男人做出一些冒险行为，是因为他们觉得这样能够取悦女性，其实不然。这些行为也没那么必要。男性中存在着等级制度。社会越复杂，等级制度中的决定因素就越复杂，也比单一的等级制度更加成熟，但等级制度仍然存在：对于青少年来说，比同龄人更成熟也不代表这辈子都会处于最高点。年轻女性可能对手刹过弯或飙车不感兴趣，但她们可能非常清楚，身边哪些年轻男性会被其他人视为自己群体的“领袖”。

进化点 3：关心如何减少浪费性支出的，不仅仅是资本家。进化生物学中有句名言：“鸡只是鸡蛋为了制造另一个鸡蛋想出的办法而已。”也就是说基因是自私的，而肉体也是可以抛弃的。我们的身体之所以有这样的构造，是因为要保障我们体内的基因可以长存，但我们并没有被过度设计。有鉴于此，以下是关于人类的 4 个观察结果：

①人类有性别二态性。也就是说，男人和女人是有很大差别的。

②性别不同，寿命和身体上的弱点也有区别。年轻男性比年轻女性更容易死于冒险行为。另外，男性死于心血管疾病的概率比女性高。女性寿命更长。

③生完孩子，以及在孩子独立后，我们还会存活很长一段时间。这并不是什么新鲜事：在许多历史社会中，婴儿出生时的预期寿命

都是 20 多岁，但那是因为太多人在 5 岁之前就夭折了。那些熬过了最初几年长大的人，有很大概率也会育有后代。

④女性有更年期。

过于夸张的性别二态性不适合一夫一妻制。想想狮子、鹿、海象、大猩猩等动物，它们中地位最高的是雄性，而这个首领一般会有若干配偶。雄性动物体形更大、更强壮、更有力量，它们利用这些特点来与其他雄性搏斗。像天鹅与斑鸠这样的动物，其性别二态性就不是很夸张，它们都只有单一配偶，而且结对的时间十分长久。

要想从这些现象中总结是否应该保持性忠诚，那未免显得太过草率：动物是没有这种概念的。不能用道德的标准来衡量进化的历史。有许多鸟类，人们以前认为它们一生只有一个配偶，但 DNA 检测证明这是谬论，将这种现象拿来与人类婚姻相提并论是不合理的。自然选择为人类描述自己的行为提供了丰富的比喻，但我们不能把比喻当作借口。优胜劣汰是一种群体遗传学规律，但运用到人类社会行为中，它就不是一种规律了，而是一种对比。在过去一段历史中，人们将这种对比视为社会规则，并且常常假定人类身上也有类似的基因。在很长一段时间里，这种想法已经成为人类生活的一部分。我们也可以确信它将持续下去，并且对人类社会毫无帮助。

还有一个不合适的说法就是男性更年期。这种说法用来描述男性到中老年后产生的一些变化，比如生育能力的不规律和降低。这种说法通过与真实的事物共享一个名字，从而获得了一种虚假的现实感。要知道女性更年期是一组高度一致和离散的生物学变化，比如女性大约在 50 岁时停止排卵和月经。更年期在其他灵长类动物中并不存在，它是人类女性特有的。这是为什么？

像吉卜林（Kipling）的小说《如此故事》（*Just So Stories*）一样，进化生物学家斯蒂芬·杰伊·古尔德也提到了对这些“为什么”的回答。他不是想诋毁这些问题，而是想指出没有办法去对这些问题进行测试，所以答案的真实性不能通过科学的检验来判断。我们心中对这些答案的相信程度，取决于这个故事的说服力。

更年期阻止了女性生育更多的孩子。有一种公认的解释是，生孩子对女性身体来说是有风险的，而且在孩子独立之前，父母要花很长的时间和大量精力去培养和照顾。女性年龄越大，生孩子的风险也就越大。更年期的出现，似乎是由于女性到达一定年龄后，更专注于帮助现有孩子的成长，而不是去冒险生育更多孩子。

亲人会让我们受益，不仅在我们是婴儿或是年轻人的时候受益，而且在我们生命的晚期甚至是整个生命过程中都会受益。阿姨、叔叔、祖父母，甚至曾祖父母都包含在内。对于我们这样的物种而言，社会群体和文化十分重要。人类在这方面并不独特，但就程度上来说是独一无二的。更年期是自然选择的结果，反映出老年妇女本身具有的价值，这种价值太宝贵，不值得再去冒分娩和养育婴儿的风险。

生育和更年期有相对简单的激素控制系统（相对于大脑的运作来说简单得多），而且我们已经学会了如何控制它。毫无疑问，我们在这方面会做得越来越好，但在提高生育率方面，目前的主要限制已经涉及在社会层面上是否正确和可取，而不是技术上是否可行；体外受精技术已经能够使70多岁的妇女成功怀孕。更直截了当地说，在减少年轻女性不孕人数这方面的研究，我们会继续取得成果。当未来包含了更多我们已经了解的东西时，它总是很容易被预测。

那些为动力和性能而设计的汽车不可能像为长途行驶而设计的

汽车那样耐用。如果你想判断什么样的车型是可靠的，你要注意的是那些出租车司机的选择，而不是那些在深夜飙车的青年车手的选择。雄性灵长类动物的成功源于其力量和表现力。这些“性表现”上的成功是奢侈且短暂的。有些以暴力取胜的动物，在相对较小的体形下会有相对更大的睾丸（这种景象本应比较“气派”，但在我记忆里我儿子养的那些宠物鼠把这种景象给毁了。它们的睾丸巨大且下垂，使它们的身体在走路时不断摇晃，十分可笑。很明显，我们不能通过睾丸的大小来对这种动物进行判断。它们展现的多样性是推动进化成功的关键。其中一只老鼠勇敢无畏，永远在闯祸的边缘试探；另一只则紧张保守，害怕冒险，甚至不敢从沙发跳到地板上。对它的兄弟来说，这种行为只是一小步，但对它来说，这就是一次巨大的飞跃）。一夫一妻制动物在“性表现”上的成功是对家庭的贡献，这种动物的睾丸相对较小。从某种角度来说，人类并不是为一夫一妻制而设计的，但人类比许多生物更接近一夫一妻制，特别是相比于黑猩猩。[①] 从平均情况来看，人类男性比女性速度更快、身体更壮、力量更强。也出于同样的原因，人类男性的寿命更短。如果把进化论比作一位设计师，从他的设计理念来看，人类男性的能量燃烧得更加耀眼，但代价就是能量消耗得更快。就像我们解决不了青少年喜欢冒险的问题一样，我们也无法改变这一点，因为我们无法处理改变之后随之而来的问题。不需要基因治疗，只需要阉割。

① 我的硕士学位研究包括观察野生黑猩猩。它们的缺乏礼貌和对隐私的极度厌恶，对那些挥舞着笔记本的学者来说是一种恩惠。——作者注

到目前为止，人类的寿命确实有所延长，但我们并没有刻意地去延长没有疾病或创伤的人类的寿命。这样的结果，并非源于努力推迟人类死亡的日期，而是源于避免人类过早地夭折。

很多年前，我治疗过一家大型全球汽车公司的首席执行官。他心脏病发作，接受了相应的治疗。我给他开了一种强力的抗凝血药物和一些用来止痛的吗啡[①]，以及一系列可以在短期和长期内稀释他的血液的药物，还有很多其他可以带回家的药物，用以降低他的心脏病再次发作的风险。结果显示我的疗法行之有效，直到今天它也非常有效。这些药的好处并不局限于降低患心脏疾病的风险，它也降低了患脑卒中和染上其他疾病的概率。这些药物之所以有这些好处，是因为它们降低了人体循环系统在几个月乃至几年内持续出现问题的风险。

这位病人性格开朗，即使是在心脏病发作的危急关头也一样。我问他是否喜欢自己的工作，他的回答热情洋溢，充满说服力。他说，他不是喜欢自己的工作，而是热爱自己的工作。我刚好在那时学会了开车，于是问他汽车的设计寿命有多长。我内心的想法是，有些不道德的公司为了确保未来能有订单，故意把汽车寿命设计得短一些。关于这个问题，他给出的答案是 10 年。他说汽车的设计寿命是 10 年或 10 万英里（1 英里 ≈ 1.61 公里）。我并没有问关于计划性报废的问题——我觉得这个概念在经济上、工程上或心理上都毫无意义。我和这位病人相处得很好，建立了深厚的友谊，不仅因为他处于生命危险中，很容易产生感情依赖，还因为这是我工作的

---

① 实际上是海洛因（Heroin）。我在这里用大写字母（H）是因为它是一个商品名。拜耳公司称其为“英雄主义”，因为他们的志愿者曾尝试过这种疗法。海洛因是一种更浓缩的吗啡：没有添加额外的有害物质，只有吗啡体积的一半。——作者注

一部分。我还在这个人的脚后跟处插了一根静脉注射管。我见过他的脚掌：有五个脚趾，不是偶蹄。然而，他给我的答案并不准确。

在20世纪最后30多年里，汽车的寿命越来越长。在这几十年的头几年里，里程表通常是5位数字——超过99999英里，然后返回到零——但是到这几十年的结尾，它就变成了6位数。推动这种进步的部分原因是竞争：日本生产的汽车更加可靠，让其他汽车生产商蒙羞，也让各路设计师更加拼命工作。制造工艺和使用的材料都得到了改良。在以前，如果一辆车开了10年后变得锈迹斑斑，人们也不会当回事。但现在，当汽车车体绝大部分地方都能保持良好的耐久性时，某些地方生锈就会显得格外碍眼。还有一件事起到了促进作用，那就是环境法规。政府出台了防腐和防污染法规。加利福尼亚州要求催化转化器即使在汽车行驶达到高里程数时也能以高效率运行，而加利福尼亚州的汽车市场十分广阔。“加州空气资源委员会和美国环保署一直致力于确保催化转化器在汽车行驶10万英里时的性能不低于其原始性能的96%。”一位福特公司的工程设计师在2012年如此说道，

“因此，我们需要减少发动机使用的机油量，以减少到达催化剂的机油……15年前，活塞环在车辆的使用寿命内可能会出现50微米的磨损，而今天，最大磨损度还不到10微米。作为比较，人的头发直径可达200微米。现在我们所使用的材料比以前更好，我们可以使用非常耐用的钻石状碳涂层来防止磨损。我们在F-150皮卡上测试了我们最新型号的EcoBoost发动机，让汽车行驶了25万英里。当我们拆下测试用皮卡上的发动机时，没有看到任何磨损的迹象。”

汽车厂商针对汽车过早老化这一现象做出了努力，而就综合效果来看，这也意味着汽车的总预期寿命上升了。我那位病人说到“10年和10万英里”时，并没有撒谎，只不过他没意识到这样的规矩已经过时了。

1858年，哈佛大学的医生奥利弗·温德尔·霍姆斯（Oliver Wendell Holmes）写了一首诗，名为《奇妙的“轻便马车”》（*The Wonderful "One-hoss Shay"*）。这种轻便马车只配有一匹马去拉，设计十分精妙，没有一个零件会比其他零件磨损得更快。这辆马车跑了一个世纪也没有出过差错，直到有一天它剧烈抖动，然后整体散架了。

> “你看，如果你不是傻瓜，
> 它是如何同时散架，
> 全部同时，没有例外，
> 就像沸水中的泡泡同时爆开。”

人类的弱点就像汽车上首先磨损的部分，这些弱点会导致疾病。人类死亡的原因，超过一半是循环系统问题，这些问题会导致心脏或大脑的失血。[①] 多年来，微细血管的损伤是腿部溃疡、阿尔茨海

---

① 这不仅适用于高收入国家，而且适用于中低收入国家。低收入国家是例外，脑卒中和心脏病是第三和第四常见的死亡原因，仅次于呼吸道感染和腹泻。见https://www.who.int/en/news-room/fact-sheets/detail/the top-10-causes-of-death和 http://www.who.int/mediacentre/factsheets/fs310/en/index1.html（2019年3月7日访问）。——作者注

默病和其他一系列疾病的根本原因。

我们开发出的用来预防动脉粥样硬化的药物会影响身体的循环系统，但是每一种药物的作用都很小。即使年轻人或心脑疾病低风险人群服用了所有这些药物，起初也很难感受到这些药物的益处，因为这些药物预防疾病的效果无法显现出来。我们没有及早干预并阻止衰老的最初症状，因为可视化的益处太小（并且药物的副作用太大），而且我们仍然认为我们的疗法可以用来治疗已经出现的疾病。亚历山大·蒲柏（Alexander Pope）曾请求“帮助我度过这漫长的疾病、漫长的生命”，但那只是一个比喻；年轻人是没有疾病的，没有任何正常意义上的疾病。对于早期和长期服用药物会有什么作用，我们缺乏这方面的知识；而治疗方法的确定，其依据是近年来对老年人和高患病风险人群进行的实验结果，因为这就是我们进行实验的环境。对于提早使用这些药物会发生什么，我们只能进行推测。对于部分基于那些基因模拟终生药物治疗效果的研究，我们还不能完全确定其结果。

在未来，药物中将会添加新的作用剂，旧的作用剂也将被改良；人们将会从小时候就开始服药。那些治疗高血糖、高血脂和高血压的药物，实际上治疗的就是现代生活对我们造成的影响。也可以说，它们治疗的就是生活本身：它们治疗的是生活的无序和年龄的衰老。随着药物功能的增加，它们对预期寿命的影响将会增强。它们不是避免过早死亡的一种方法，而是减缓死亡的一种手段。或者说，药物的作用已经达到了这个目的，只是我们没有意识到而已。正如汽车的历史一样，我们采取了一系列预防夭折和促进中老年健康的干预措施，无意中使得人类平均寿命增加了。医者们认为自己从事的是疾病治疗和预防的行业，但实际上，现代医学更注重于延长寿命，特别是延长健康人群的寿命。

2017年，一位很有想法的医生写道："对许多人来说，不存在'健康的老龄化'以及'每个人最终都需要一些药物治疗'的说法，这些说法听起来就很荒谬。"事实上，"健康的老龄化"的确是一个矛盾的说法，"需要"也是一个错误的词。吃药从来无关需要不需要，关键在于你更愿意选择吃了药的结果，还是不吃药的结果。

在医疗改革的过程中，压力与机会并存。我们在这个过程中会取得进步还是会感到压力，取决于我们对这个过程的理解程度，以及在这个过程中，我们愿意为了促进健康而放弃多少现有利益。在医学应该如何介入促进健康的问题上，我们做出妥协是必要的，也是不完善的。还有一个问题是，如何阻止因为日益强大的医疗力量而扩大的健康差距。

控制人体衰老的基因和其他基因一样，将会不断被发现。但是，永远不会有一个单独控制衰老的基因，因为衰老并不是一个单一的过程。了解影响衰老的基因变异将继续帮助我们找到延长健康人体寿命的方法。我们已经进化得很完全，所面对的挑战也不再那么频繁和紧迫。我们适应自然，进化出了可以抵御感染和创伤的身体，但我们也付出了代价。许多中老年人的疾病治疗不是为了增强身体的自然反应，而是为了抑制它。这些治疗不同于对免疫系统有帮助的抗生素。治疗关节炎的抗炎药、治疗心力衰竭的药物、抗高血压和降糖药、用于心脏病发作或脑卒中后稀释血液的药物，所有这些和其他许多药物都用于阻止或调节身体的自然（和无用的）反应，所以现在疾病或创伤所造成的过早死亡已经不再是最大的风险。我们将继续以这种方式更好地进行干预。人们已经发现了在中老年时增加心血管疾病风险的基因。对我们的祖先来说，在一个被早逝困扰的世界里，这些基因提供了生存的优势。而现在，它们会为我们提供修复时间造成的伤痕的工具。我们的身体在处理胆固醇过程中的基因变异，打开了治疗因胆固醇过高引发的疾病的窗口。其他被认为是控制衰老的基因的突变，也常常是造成心血管疾病的危险因素。我们已经完美适应了过去的生活，但这种生活已是过眼云烟，而想要改变这种不匹配的情况，生产药物、改变基因也许是最有效的方法。在其他方面，我们必须做得比自然进化更好（这并非不可能，因为我们有很多工具），但在这个方面，我们只需要意识到我们因为进化得太快而犯下了一些错误，就足够了。但如果我们信誓旦旦地说要重新设计基因，让人类永远不会衰老，那就是另一码事了，可以说简直是空中楼阁。

托马斯·卡莱尔（Thomas Carlyle）在1829年写道："我们的当务之急，并非遥望模糊的远方，而是处理眼前的事物。"我们在减少过早死亡方面做得越来越好，人类的预期寿命也将继续增长。其必然结果是，我们所做的努力将逐渐改变我们眼中对"早熟"的看法。所有科学的基本原则是，研究者应首先致力于富有成果的工作，而不是聪明的思考；致力于可以通过实际研究加以检验的主张，而不是那些没有实践意义的想法。返老还童的机器、染色体端粒的改变以及其他不良媒体喜欢报道的东西，仍然具有诱惑力和误导性。与此同时，我的汽车里程已经接近20万英里，而且一点毛病也没出过。但是如果它不能做到这一点，我会很失望，那种感觉就像有人告诉我，我的孙子不会比我活得更久、更健康一样。

最近的研究表明，自20世纪70年代以来，高收入国家的新生儿预期寿命每年稳步增长3个月，且没有迹象表明这一趋势正在放缓。悲观主义者会说，除非这个数字再翻上两番，否则我们还是会死得很早。现实主义者会评论说，这种稳定增长早就开始了，虽然人类的活动（如战争）可以使其下降，但令人高兴的是它没有上升或下降得太过突然。取得重大科研进展后，人们的生活水平并没有突然地提升，就算抗生素问世后也没有——这可是我们离奇迹般的药物出现最近的一次。不过，总的趋势还是不断进步的，只是会时不时地受到战争的影响。正是经过几代人的积累和不断进步，人们才能创造奇迹。如果能够避免全球冲突和灾难性的全球变暖，人们还可以继续创造奇迹。

04

孩提时代

人生前5年

1890年，卢克·菲尔德斯（Luke Fildes）画了《医生》（*The Doctor*）（图2）。画中，一个脸色苍白的孩子躺在一张临时床上。床头有一个水壶和一碗水，用来给孩子降温；桌子上有一个半满的药瓶。母亲把脸埋在胳膊里，绝望地坐着。父亲站在母亲旁边，望着孩子床边医生的脸。医生目不转睛地看着那孩子。晨光从窗子照射进来——这位画家写道："黎明是所有致命疾病的关键时刻"——不知晨光闪耀的是希望，还是孩子即将离世的绝望。

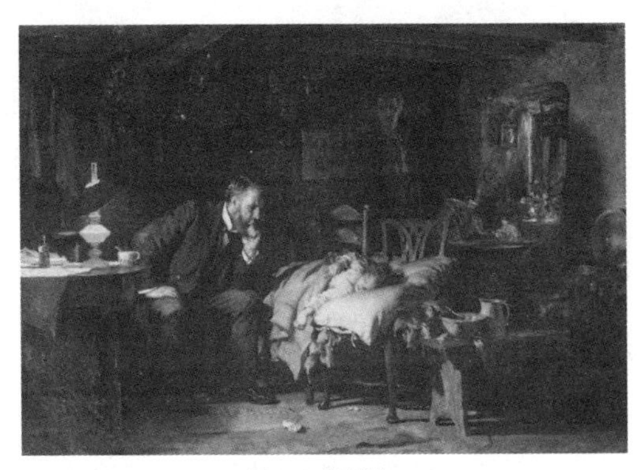

图2 《医生》

这幅画很好地描绘出了医学所能做到的极限。虽然医生的能力有限，但他的同情心却是无限的，观察、等待、希望孩子康复的耐心也没有限度，尽管他明显已经熬了一整夜（从画中也能明显看出，这一家人十分贫穷，肯定是付不出多少医药费的）。这幅画的灵感来源于生活，是画家对自己儿子童年病痛的回忆。他的孩子刚满一岁时就患了重病，当时给他儿子治病的那名医生的奉献精神，一直被菲尔德斯铭记。30 年后，他受托作画，但主题不限，于是他想到了这段经历，并创作出了这幅画。

这幅画描绘的是当时的时代，和现在大有不同。现在，不仅医疗技术发生了变化，我们应对儿童感染也有了经验。麻疹、腮腺炎、风疹、水痘、百日咳、猩红热、天花以及大多数其他儿童细菌感染，放在过去，它们的暴发和流行就是一个个家庭悲剧的常见因素。但是放在现在，这些疾病已经十分罕见，有些已经变得很温和，甚至被彻底消灭。只有人体衰老时，由感染引起的死亡率才会增高。但孩提时代的死亡率已经被我们削减，幅度之大恐怕远超我们祖先的想象。

菲尔德斯的画记录了自己的家庭悲剧。尽管他的儿子得到了治疗，医生也竭心尽力，但孩子最终还是离世了。虽然在那个时代，孩子早夭并不是什么稀奇的事，但这并不意味着孩子的父母不会痛苦。这幅画成了一份回忆，也造就了这幅画的成功。在那个时代，看了这幅画的成年人都会想到自己经历过类似的场景，也有很多人会不止一次地想起自己的孩子夭折时的情形。

孩子早夭并不稀奇，这个说法模糊了一个事实，那就是我们今天的经历才是不寻常的。纵观历史，儿童夭折是很常见的事。这一事实在任何一个社会中都十分普遍；同样，在任何一种动物群体中也很常见。人生的任何阶段，都没有刚开始时那么危险。那些对生活在蛮荒时代的人感到悲伤的现代人，应该想想我们一路走到今天，已经消除了多少野蛮的成分。

1800 年，世界上每 10 个孩子中就有 4 个在 5 岁以下夭折。在那个时期，虽然医学并没有显著的进步，但婴儿的死亡率在稳步下降。这一点，要归功于经济和社会的发展。100 年后，在英国只有四分之一的儿童在 5 岁之前死亡。相较于其他地方这个比例虽然高一些，但也比过去好得多，至此全球婴儿死亡率的平均水平已降至约三分之一。20 世纪中叶，情况有所改善，1950 年的全球婴儿死亡率平均水平赶上了 1900 年英国的平均水平。到 1960 年，全球婴儿死亡率降至 20% 以下。这一比例持续下降——10 年后降至 15% 以下，到 20 世纪 80 年代中期降至 10% 以下，到 2000 年降至 8% 以下，到 2015 年降为 4%。这并不是高收入和中等收入国家拉高平均水平的结果，即使是最贫穷的国家，其婴儿死亡率也在下降。

“如果人们了解到的信息太少，以至于无法支持他们对进步的信心，那人们就有可能失去对进步的信心，”诺贝尔和平奖获得者阿尔贝特·施韦泽（Albert Schweitzer）医生写道，“而一个社会是否能取得真正的进步，取决于这个社会是否具有取得进步的信心。”这句话出现在“www.ourworldindata.org”网站上，这个网站存在的意义就是让大家看到我们取得的进步。“在过去 50 年里，”该网站的创始人指出，“没有任何一天，报纸头条标题是‘全球儿童死亡率比昨日下降 0.00719%’。”确实如此，并且以后也不可能出现这样的报纸头条。我们的世界已经面目一新。

05

青春

5～34岁

尽管青春时期经历的事情能塑造一个人，但这种塑造作用因人而异。在这个年龄段的男性，有很多人死于暴力倾向和冒险行为。虽然这种偏向比较轻微，但相较于背景下的其他因素，它还是十分扎眼的。人们很容易就能统计出一些可怕的数字，这些数字表明骑马、蹦床还有持械斗殴是年轻人死亡的主要原因。现实确实如此，但主要原因还是很少有其他活动能让这些年轻人真正感兴趣。你可以把整个社会当成一个操场，这个操场设计的目标是在保持趣味性和冒险性的同时，又要确保安全性。社会对我们的帮助很大，它没有消除我们的冲动，但驯服了它。男性不再通过决斗来获得荣誉，虽然还有战争，但是也越来越少了。也就是说，几十年来，被战争夺去生命的人数不仅在比例值上有所下降，更重要的是，绝对值也减少了很多。受全球媒体的影响，不仅底层人群的生命价值得到了提高，婴儿和青年死亡率也得到了降低。在过去，对父母来说，在战争中失去孩子是一个毁灭性的打击，但对整个社会来说，这种损失微不足道。毕竟，每天都有人由于各种情况死去。我们能为年轻人尽最大努力所做的事情，就是让他们“变老”——这也提醒我们，我们不只是希望他们避免早逝，还希望他们能长大。青春最大的意义就在于浪费，并让年轻人从这种经验中学习到如何停下浪费青春的脚步。

然而，确实还是会有很多事件发生在年轻人身上，并且对健康有很大影响。最明显的，就是那些在这个年龄段失去了生命的人。在没有其他问题的情况下，创伤显得格外严重，其中暴力创伤和交通事故带来的危害最大。为了改变交通事故造成伤害的现状，在不久的将来，我们可以在道路安全设计上加大投入，甚至可以通过汽车的自动化来改变现状。在本书后面的内容中，我将专门用一个章节来说明这些改变带来的积极效果，目的就是告诉你，我们值得做出这些改变。暴力是人类行为中比较难以处理的部分，但它仍然是可以被改变的。死亡和不健康的原因依然没有改变，因为处理这些问题所需的干预措施不只是药物，还有文化层面上的根本改变。在受教育程度较低、结婚年龄更早的地方，妇女更容易成为暴力的受害者。改善这种状况的干预措施包括文化变革、更好的教育、两性更加平等和更晚的婚龄。这些干预措施虽然不依靠药物或疫苗，但它们的价值和作用丝毫不减。

接种疫苗可以持续给人类带来好处：据保守估计，接种人乳头瘤病毒（HPV）疫苗每年可防止50万人死亡。这个数字之所以是保守估计，是因为只计算了因患宫颈癌而死亡的人数的减少数量，目前已知的宫颈癌病毒传播方式几乎都是性传播。接种疫苗的好处无疑是更大、更多样的。

在20世纪的大部分时间里，人们都觉得病毒能致癌的观点是不可思议的：佩顿·劳斯（Peyton Rous）在1910年提出了这个观点，但没有人相信。从20世纪60年代开始，这个观点的真实性才开始显现，并出现在非人类环境中（人们发现的第一种致癌病毒只感染鸡，第二种致癌病毒只感染兔子）。劳斯在 1966 年获得诺贝尔奖，并不是因为他在临床医学或兽医方面的成就，而是因为他改变了我们对致癌病毒的看法。劳斯的研究使人们更好地理解了癌细胞与其他细胞一样，在相同的生理规则下运作。直到 20 世纪 70 年代，病毒在人类癌症中造成的影响才被证实。这项研究证明了子宫颈①中存在 HPV 感染，但这一成就直到 2008 年才获得诺贝尔奖。人乳头瘤病毒在人类癌症中所占的比例仍不确定，但似乎十分广泛。病毒通过密切接触②传播，会引起良性肿瘤或突起，之后会发展为癌症。绝大多数宫颈癌、肛门癌和直肠癌都是此类情况，阴道、外阴、阴茎、口腔和咽喉部位的癌症也有非常多相似的例子。目前，大多数发达国家的战略是为尚未发生性行为的女孩和男孩接种疫苗。疫苗的接种时间是在性生活开始之前，但不会太早，因为人们认为它的效果会逐渐减弱。一个更合理（且成本效益更高）的策略是给每个人接种疫苗，从而提高群体免疫力，这样一来就不需要去窥探人们的性取向，同时也可以让完全是异性恋的男性确信他们没有给自己的爱人带来危险。澳大利亚的一项研究表明，即使是有限的疫苗接种策略也已经产生了比仅仅预防宫颈癌更大的效果——尖锐湿疣的发病率正在下降，并且接种过尖锐湿疣疫苗的年轻妇女，已经完全不会感染该病了。疫苗的接种，改善了澳大利亚人的晚年生活，

---

① 在拉丁语中，“子宫颈”的意思是“脖子”，其基本形象是一个倒置的烧瓶，其开口和颈部位于下方。——作者注

② 性行为、接吻和其他亲密接触的作用尚不确定。如果人们愿意以更加卫生安全的方式进行性行为，估计不会有什么影响；如果你还接种了疫苗，那就更没问题了。——作者注

同时增强了生殖器对癌症的抵抗力。

通过接种 HPV 疫苗，能够免去多少人的患病之苦，这个数字是十分庞大的，没办法具体预测。同时，人们在降低儿童患癌率方面已经取得巨大成功，但儿童患癌的影响远小于人们被 HPV 相关病症缠身的影响。生存率正在稳步上升：一个世纪前，癌症极有可能杀死儿童，而现在患有癌症的儿童生存率约为 90%，其中部分原因应归功于儿童癌症护理和癌症研究的组织方式。儿童癌症之所以会引起我们的重视，不仅是因为它造成的严重后果，也因为它相较于其他病症的罕见性。正因为它很稀有，所以治疗它往往需要到专家云集的医疗中心。因此，儿童进入临床实验的比例一直非常高，但成年人并非如此。儿童癌症也有一些生理上的不同。一篇社会评论如此写道："由于一些尚不清楚的原因，许多儿童癌症在经过治疗后的反馈都十分积极，长期以来，治愈癌症一直是一个可行的目标，也是医生们的强大动力。"成年人的癌症经过几十年来的突变，在基因组合上已经发生了惊人的变化，使得人体不再能有效控制细胞分裂。而在童年和青年时期出现的基因突变，则更少涉及分子途径。这种突变情况出现得越少，我们就越有能力去攻击癌细胞。

由于这些原因——生理学、遗传学以及文化层面的原因——治疗儿童癌症方法的改进已经被证明十分可行。但即使是这个进展最为迅速的领域，也只是在稳步提高而已，并没有大步跃进。有半数实验完全没有进展，而余下那些有进展的实验，也只是一点一点累加从而促成了一个不错的结果。不过，人们一直在坚持不懈地做实验，所以就算只是一点一点地进步，也已经取得了相当不错的成就。进步并不是猛然间的奇迹突破，而是一步步地稳定积累（这个道理在很多故事里都能看到，但依然值得我一遍遍重复）。

在一个乍一看似乎是纯粹的技术性问题上——如何阻止儿童癌细胞的快速分裂——文化特质居然能发挥如此大的作用，这也提醒我们，人类健康从来就不是一个严格意义上的科学问题。或者更准确地说，它提醒我们，科学本身与我们更广泛的文化是分不开的。我们所提出的问题、得出的答案和可用的工具，都不只是通过客观的计算得出的。

埃米尔·杜尔凯姆（Émile Durkheim）竭力辩称，世界上确实有“社会学”这种东西，他选择将自杀作为他的论据。他说，“社会”这个概念确实存在：“社会”就是一种高层次的组织，而对于由它产生的现象，只有身处于这个组织中，才能正确地去理解。自杀是一个很好的例子，可以用于判断在社会层面上考虑这种个人行为是否会揭示出个人层面上所看不出的特质。

对自杀的理解可以有很多层次，有些层次的解释更接近事件本身，而有些则不然。这种区别并不会影响解释的真实结果，但会改变它所涉及的组织层次和给我们带来的领悟。对于通过过量服用对乙酰氨基酚来自杀的方法，我们可以用一种非常接近事件本身的方式来解释，因为这种药物具有强烈的毒性：肝脏将其分解成一种物质，破坏谷胱甘肽——一种肝脏用来保护自己免受某些细胞反应的抗氧化剂。服用一定量的对乙酰氨基酚，肝脏就会失去功能。

对于服用对乙酰氨基酚自杀的人来说，这解释了他们的死因。任何用药过量自杀的人死因都是如此。心理学层面上的答案，与药理学和肝脏生理学的答案一样真实，但本质不同。杜尔凯姆认为，在社会层面上，我们不能从心理学角度去获得新的见解，正如我们不能通过观察肝脏去理解心理学一样。对自然生成的或无法再简化的特性的理解方式与多层次特性不同，对于后者，我们可以通过理解其低层次，从而推断高层次。“社会中的人没有任何其他特点，除了从个人性格规律中衍生出的，而这些特点又可以被分解为其个人性格。”约翰·斯图尔特·米尔（John Stuart Mill）曾如此说道。杜尔凯姆和社会学理论则持不同观点：社会现象不能完全归结为个人的属性，“聚集”和“堆积”之间并不能画等号。有新的特性出现，新的现象也需要新的解释。

在英国，医院急诊科名称重置的背后隐藏着这样一个观点：我们应该探求事件的根本原因，而不仅仅是其表面原因。以前，急诊室的牌子上写的是“事故及紧急情况”。如果有人被家里的猫绊倒了，这就是“紧急情况”。然而，英国此类情况的统计数据显示出一种倾向，也显示出与其他社会属性的联系；这些数据代表的是一组随机事件，但这些事件总和在一起就具备了非随机的特性。在美国，疾病控制和预防中心记录了因宠物造成的相关伤病。他们把宠物猫、狗分开记录，并记录了主人是被宠物绊倒的，还是被宠物用具绊倒的。[①] 然后他们将医学和社会学结合，就得出了减少此类情况的建议。对于人类健康安全来说，提高人们当心被自己的宠物狗绊倒的意识，或者让宠物接受训练来减少此类伤病，似乎对紧急情况的预防并未起到多大的作用。但也正是因为它的微不足道，才使得它成为一个很好的例子，能够说明医学背后的规律，以及我们究竟是做了些什么，才能比祖先活得更长久、更健康。2018 年的一项报告显示，有 8 万美国人因被宠物绊倒而寻求紧急治疗，其中有

① 此外，还记录了宠物没有任何责任的情况。给出的例子是“病人翻过围栏，掉进了狗屋”。医学期刊发表这些文章，一方面是因为它很重要，另一方面是为了给那些不得不阅读它们的人的生活增添一些乐趣。他们知道期刊上其他内容读起来枯燥无味，所以需要让读者轻松轻松。——作者注

很多只是擦伤或者瘀青而已，其实根本不值得关注，但是其中大概有 10%（8000 人左右）的人伤势严重，需要入院治疗。为了让人类生活更加健康，再微小的差异也至关重要。虽然它们是否重要到足以引起那么多关注还有待商榷，但至少它们确实会产生巨大的影响。

在英国，人们注意到在 21 世纪初的几个星期里，急诊科的病患收治数有明显下降。调查显示，每一次这类情况的出现都伴随着一本《哈利·波特》(*Harry Potter*)的出版，也许这就是其中的原因。进行这项研究的学者认为："如果组织一个由有安全意识、有才华的作家组成的委员会，就可以出版能防止人们受到伤害的高质量书籍。"但他也指出了"儿童肥胖、佝偻病和心血管健康状况下降"等潜在问题。虽然这项研究只是一个玩笑而已，但它也显示出社会事件和完全的个人事件是存在某种联系的。

杜尔凯姆列举出了一些社会文化特征，他认为拥有这些特征的社会，自杀率要高于其他社会。虽然他只是为了证明自己的观点，而不是改变这种现状，但至少有了观点，我们才能够去改变现状。杜尔凯姆指出，当经济爆炸式增长或萧条时，自杀率都会上升。他认为，打破稳定是十分危险的。一项关于希腊经济困境的现代研究发现，人们选择自杀与 2008 年的经济衰退本身无关，而是与伴随而来的经济紧缩政策有关。杜尔凯姆认为，经济繁荣也是有害的(因为缺少在经济困难时期将整个社会联系在一起的纽带)，但是这项关于希腊的研究得出的结论却是，经济繁荣对自杀率没有影响，甚至还有积极的作用。其中哪一个观点是正确的，我们在这就不讨论了，毕竟杜尔凯姆在这场"辩论"中取得了胜利。我们可以不同意他的社会学结论，但我们必须用其他的社会学证据来挑战它们。认为社会学产生了负面影响，只会强化这样一个概念：如果它产生了正面影响，那它将会更加重要。

如何使这个社会少一些疏远、多一些鼓励？这个问题无法从医学角度进行回答——我们只能从社会心理学、政治、文化和宗教中寻找答案——但医学可以提出一些方法，通过这些方法可以对人们提出的建议进行测试，而不是一味地争论。因为人类文化背景具有多样性，所以我们不可能进行完全科学的观察，但我们可以施加干预措施以改变事件发生的概率，而进行随机对照实验使我们能够去测试这些干预措施。这些技术被用于农业、医学和兽医科学，但在其他领域比较少见。它们有能力让知识取代信仰。政治、经济、犯罪学、教育等领域的许多问题，目前都是由意识形态决定的，而我们可以通过实验来解决争端。我们是有能力去进行这些实验的，但我们却没有这样做，这导致了我们的痛苦。即使是在医学领域，大多数的干预措施也都是建立在可靠的干预措施基础上的，而不像几十年前实验没有发展到足够程度的时候。据观察，支撑或者反驳观点的论据最为薄弱的时候，恰恰是意见冲突最为猛烈的时候。

医学已经证明自己能够提出更细化的干预措施，即使对自杀这样的个人选择也会产生重大影响。有一个很好的例子就是对乙酰氨基酚药包的大小变化，虽然我们在这一点上已经做得很好了，但还可以更好。

在英国和美国，服用对乙酰氨基酚中毒是导致肝脏衰竭的首要原因。1998 年，英国出台法律，限制了人们一次性购买对乙酰氨基酚的数量，目的就是加大使用对乙酰氨基酚自杀的难度。虽然这么做会让那些有疼痛或发烧症状的病人更为痛苦，但以此为代价，人们希望那些企图自杀的人会知难而退。我们觉得这项措施是有效果的，但无法真正确定其效果。一项研究表明，过量服用对乙酰氨基酚导致的自杀率下降了，但总体的自杀率也在下降，所以我们无法确定出现这种情况的真正原因。我们本可以好好地实验一下这项干预措施。这些变化完全可能是随机发生的，不同的地理位置也有了新的限制或旧的限制。这样一种方法所带来的好处可以超出揭露真相的满足感。对乙酰氨基酚的销售限制对疼痛或发烧症状病人产生的影响虽然轻微，但也是真实存在的。就像这一政策带来的好处一样，官僚作风和规避风险的政策所带来的不满情绪也在日益累积。这项政策给我们切实地带来了好处，但是我们也必须去认真地看待这件事，因为它同样给我们带来了坏处。对限制对乙酰氨基酚药包大小的影响进行的群体随机实验（在不同地点使用不同大小的药包），不仅可以确定其效果，也会开创测试善意的干预措施会不会奏效的先例。

儿童癌症发病率下降一定程度上是因为一种一贯的做法，即每一个善意的、精心设计的干预措施都要经过适当的测试。也就是说，对于儿童癌症的干预措施，其影响是可以预测的——这肯定比旨在改变人类行为的社会干预更好预测。尽管如此，实验结果也显示，对儿童癌症的干预措施同样是利弊共存的。总的来说，纵观儿童癌症的研究历史，每一次实验最终的可行性也只有 50%。即使在一个可以高度简化为生理理论的领域，进步也并不是从专家口中得来的。专家的意见和掷硬币没什么两样。进步来自精心组织的实验，这些实验能够可靠地测试那些理论和观点，并得出哪些才是正确的。我们总是错误地认为做些什么总比什么都不做好，或者认为智慧与同情心先产生作用，而后才去担忧。

医学的历史，以及它在过去一个世纪里的飞跃，有力地证明了在预测结果时，人类智慧的影响是有限的。“在科学领域，外行人总觉得我们是从一个顶峰直接跳到另一个顶峰的，”诺贝尔奖获得者、免疫学家彼得·梅达瓦（Peter Medawar）写道，

> “同时还会认为我们有一套‘方法’可以避免犯错。实际上，我们没有；我们做事的方式导致我们猜对的时候比猜错的时候少，但同时，只要我们真诚、努力地去寻求正确答案，我们也不会花很多工夫。”

在医学历史上，我们所犯的错误是利用科学来猜测干预措施，然后将这些猜测付诸实践。只是在过去的90年里，医学研究人员才发现检验这些猜测是否正确的方法（并意识到其必要性）。

氨基酸中的蛋氨酸可以解除对乙酰氨基酚的毒性。也许把它和对乙酰氨基酚混合制成药片，就可以消除因故意或意外过量服药而导致死亡的可能性，那时我们也不需要再限制药包的大小了。但我们不确定服用蛋氨酸会不会引起过敏反应，或者产生像头痛、恶心等生理性的影响，以及从商业角度来看的影响——比如在药片中添加蛋氨酸需要增加的成本。因此，我们不确定这样的药剂组合是否真能满足市场需求。阻碍我们前进的不仅是文化，同样还有科学——科学方法对文化的部分渗透。由于缺乏对猜想进行实验的传统，我们忽视了这么做的必要性，所以我们往往无法得到正确的答案。现在依然有人因过量服用对乙酰氨基酚而死亡，我们本可以挽救他们的生命。如果所有对乙酰氨基酚药包中都含有解毒剂，我们也就不需要进行销售限制了。有一个类似的问题是，在桥梁上设置障碍，使护栏更难翻越，是否会降低跳桥自杀的概率。研究显示，这么做

确实降低了人们在桥梁上自杀的概率，但不确定他们是不是去别的地方自尽了，其中的差别十分重要。我们无法确定是否浪费了资源、是否设置了不起作用的障碍从而干扰了社会秩序，以及我们是否因为干预过多而造成了更多伤害和不必要的死亡。

现在的绝大多数人都可以从 5 岁活到 30 多岁。在这段时间里，人们学习、培养和巩固自己的习惯和倾向，并对未来的身体健康产生影响，不过并没有迫在眉睫的危险。5～19 岁的人最有可能在道路交通事故中死亡，其次是自杀或意外中毒。在 20～34 岁，前两种死因仍然是占比最大的，但顺序颠倒了。在将来，因自杀死亡所占的比例将会越来越高，因为道路会变得越来越安全。“安全驾驶，没有血迹的路才是好路”，乌干达的一个路标上如此写道，令人印象深刻。因车祸造成的意外死亡现在很常见，但在将来会越来越少。

在简·奥斯汀（Jane Austen）的小说中，光是咳嗽和感冒就足以使她笔下的角色产生恐惧。他们安静地聚在床边，或是走很远的路去寻医问诊。我在十几岁读到这些时，觉得十分荒谬可笑。不过当时年少激昂，我还是被她笔下令人感伤的情节打动。

虽然我不是第一个愚蠢到无法理解奥斯汀小说的男孩，但我花了很多年才完全意识到我的错误。强迫十几岁的男孩去学习《曼斯菲尔德庄园》（*Mansfield Park*），怎么可能读得通、学得透？不过当我发现了奥斯汀的其他小说时，我的青春期终于不那么无聊了。虽然很快喜欢上了她的作品，但我花了很长时间才正确理解其中描写的历史背景。奥斯汀是一名坚强而现实的女性。她给自己在海军服役的兄弟写信，衷心祝愿他一切好运，同时还告诉他，就算面临死亡，也要保持轻松幽默的心情。她很清楚在海军服役有多么大的风险，她也很清楚在陆地上的生活也并非事事顺心。在她生活的那个时代，一点点轻微的感染往往就能要人命，并且十分突然。可能在星期一还好好的一个人，在星期二就会发烧，在周末就会死去。在她的书中，或者和她同一时代的书中，以及在抗生素出现以前所有人类生命时期出现的书籍里，早逝、夭折的情况屡见不鲜。它们之所以成为小说的素材，是因为它们塑造并决定了现实生活。人们会焦急地守护在病床边，或是在寻医问诊的路上因为害怕得到坏消息而无比紧张。他们这样的表现，才是历史的真实再现。

06

中年

35~69岁

1907年，威廉·奥斯勒（William Osler）及他的两位客人——鲁迪亚德·吉卜林（Rudyard Kipling）、塞缪尔·兰霍恩·克莱门斯（Samuel Larghorne Clemens）——三人在牛津大学举行了一次聚会。奥斯勒是英国钦定医学教授，也是世界顶尖的医生，他的成功很大程度上归功于他的个人魅力。奥斯勒是牛津大学管理委员会成员，负责学校学年闭幕式的部分工作，并负责在仪式上给他的两位客人颁发荣誉学位。奥斯勒的头衔是大英帝国中为数不多的由君主直接任命的学术职位之一。其中一位客人，是后悔自己没受过大学教育、父母也没钱送他来牛津大学的鲁迪亚德·吉卜林（Rudyard Kipling），他获得了荣誉博士学位。塞缪尔·兰霍恩·克莱门斯，也就是马克·吐温（Mark Twain），也获得了这个奖项，这是他职业生涯中最耀眼的成就。“牛津大学治好了我心中的一道创伤，多年来，这道创伤每年都会给我造成一次巨大的痛苦。”马克·吐温在他的个人日记中写道，字里行间仍带着他那独有的幽默感，

“私下里，我很清楚，在这一代人里，我作为一个文学界人士的知名度，几乎能和美国这个国家相媲美……所以，每年看到顶尖大学给那些影响力甚微的人们颁发总计250个荣誉学位时，我每次都很痛苦——这些人，有的在当地已经声名狼藉，有的过个十年就再也没人记得了——但我却从来没获得过荣誉学位！在过去的三四十年里，我看到我们的大学颁发了成千上万个荣誉学位，却每次都忽略了我……这样的疏忽，也许会直接杀死那些没有我心性坚韧的人，但杀不死我；它只会缩短我的生命，削弱我的体质；但我马上就要焕然一新了。”

这三个男人的妻子都是美国人：吐温的妻子生于1845年，奥斯勒的妻子生于1854年，吉卜林的妻子生于1862年。在那个时代，他们的妻子都被笼罩在他们的光环之下，但如果在今天，绝不会如此。在那个时代关于女性的记录中，有一部分内容是关于她们的分娩和失去自己孩子的经历。1845年，美国妇女平均会生6个孩子，其中一半在5岁之前就夭折了。到1862年，这个数字已降至5个，其中只有3个可能活过婴儿期。那时的世界已经在进步，但儿童早夭的情况仍然很普遍，甚至大多数人都失去过不止一个孩子。但就算很常见，也并不意味着这些母亲不会感到痛苦、悲伤。在今天，失去一个孩子不仅让人心碎，更是一种挥之不去的阴影。但在那时，失去一个孩子是很普遍的情况，

那年7月，三人在牛津大学公园的一个漂亮花园里享受着阳光。他们坐在盛开的玫瑰花丛中，吃着可口的香豌豆，享受着成功的喜悦和彼此的陪伴。“马克·吐温和吉卜林很合得来，”奥斯勒写道，

“听他们俩说笑让我也十分愉悦。”三人都曾承受过失去亲人的痛苦。吉卜林的 3 个孩子中，约瑟芬（Josephine）死于肺炎，约翰（John）死于 1915 年的卢斯战役。1893 年，奥斯勒的第一个孩子出生还没一周就夭折了，而他的二儿子利威尔（Revere）在 1917 年因伤死于帕斯尚尔战役。虽然他因为是奥斯勒的儿子，而得到了其他士兵做梦也得不到的医疗照顾，由当时世界上最好的外科医生之一，也是将来奥斯勒的传记作家哈维·库欣（Harvey Cushing）为他做手术，打开了他的腹部试图移除弹片，并修复它们造成的伤害，但他还是死去了。在吐温的 4 个孩子中，他的儿子兰登（Langdon）于 1872 年死于白喉；苏茜（Susy）于 1896 年死于脑膜炎，时年 24 岁；简（Jane）死于 1909 年癫痫发作导致的溺水，那时简已经 29 岁，她在一生中大部分时间里身体情况都很差，因为她在 8 岁时头部受伤，随后出现了癫痫的症状。至少，吐温和吉卜林都剩下一个幸存的孩子：克拉拉·克莱门斯（Clara Clemens）于 1962 年去世，享年 88 岁；埃尔西·班布里奇（Elsie Bambridge）于 1976 年去世，享年 80 岁。在那时，活到这么大年岁并不常见，但现在已经很普遍了。

奥斯勒的人格魅力，部分在于他那出了名的阳光、幽默。他以富有感染力的乐观精神鼓舞了那一代医生（直到今天也是）。夏日午后，奥斯勒坐在牛津大学的花园里，身边鲜花簇拥，好友陪伴，这样的场景印在了每个人的脑海里，这是因为他的生活似乎就是由这样的日子组成的。利威尔死后，人们仍然看到奥斯勒在医院病房里走着，惯常地吹着欢快的口哨，让周围的人都身心振奋，但有时他会藏到储物间里或门后，那是他再也支撑不住的时候，口哨声也变成了啜泣声。奥斯勒写了一份笔记回应希罗多德（Herodotus）：

“命运不允许我身后的好运和我一起走进坟墓——不要说一个人是幸福的，除非他死了。”他在痛失亲子的悲伤里郁郁而终，当你读到库欣那部获得普利策奖的传记时，也会被说服是心中的痛苦最终杀死了奥斯勒。

失去亲人对马克·吐温的影响同样严重。“有些人在晚年对马克·吐温偶尔对一切事物表现出悲观和痛苦的态度感到好奇，要知道他的天性和这完全相反。”他的传记作者如此写道，“他们在这里也许能找到他如此阴郁的原因。”吉卜林也是如此。和许多人一样，他孩子的死给他的生命下了定义。但不同的是，吉卜林的悲伤我们是可以读到的。

“你有我儿子杰克（Jack）的消息吗？”
没有，在如此巨浪之下
“你觉得他什么时候才能回来？”
回不来了
在如此狂风之中，在如此巨浪之下

“谁有关于他的消息？”
没有，在如此巨浪之下
因为已经沉没的再也无法游动
在如此狂风之中，在如此巨浪之下

“哦，我能找到什么安慰呢？”
没有，在如此巨浪之下
或是任何巨浪之下

不过他没有让同胞蒙羞——

即使在如此狂风之中，在如此巨浪之下

你且挺起胸膛，抬起头

这道巨浪

每道巨浪

因为他是你的儿子

葬在了这狂风之中，这巨浪之下

虽然永远不可能有完全绝对的保证，但我们大多数人会平安地度过生命的黄金时期，并且不必埋葬我们的孩子。我们的孩子长大后，对他们自己的健康，以及我们的健康，都会有十分的自信。在两代人以前，有的人童年的玩伴可能还未长大就已离世，但在我们的下一代中，很少会有人在童年失去父亲或母亲。全球死亡数据的背后，代表着人们失去了自己的亲人，而这些丧亲事件数量的减少已经超出人们的想象。现如今，孤儿更少了，心碎的人也少了，无辜丧生的人也少了，受摧残的生命也更少了。这样的事情在 100 年前是无法想象的，但现在却已经普遍到我们根本不在乎了。

图 3 显示的是，在预期寿命大幅增长和婴儿死亡率下降期间，两个术语在书籍和期刊中的使用情况。

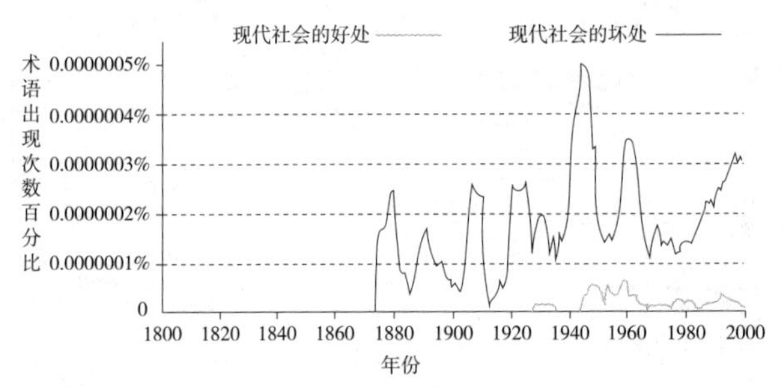

图 3 术语“现代社会的好处”和“现代社会的坏处”在书籍、期刊中的使用情况

不纠结于那些已经基本解决的问题，而是担心我们所面临的问题，这固然是好的，但有时我们做得太过火了。能活到中年，已经从好运变成了与生俱来的权利。并且，我们不需要再去担心会眼睁睁地看着自己的孩子夭折，可以放心享受自己的中年生活。

近年来中年人寿命和预期寿命提高的最大原因并不特别有趣。这个原因在技术上并不复杂，在智力上也没什么挑战，而且我们可以清晰地预见到它在未来将如何发展，以及我们对此能做些什么。但我这句话并不是说在技术上复杂或智力上有挑战，就一定能说明它的重要性。中年人生活发生转变的最大原因是世界上的人们，至少是最富裕地区的人们，已经开始戒烟。

我接下来要给出的数据来自英国，但我并不是只关心我自己的国家。英国是最早开始通过工业生产香烟的国家之一。在 20 世纪 60 年代，英国男性已经养成了几十年的坏习惯，这些习惯也充分体现出了它们的影响，英国男性死于吸烟的比例比任何其他国家都要高——几乎一半的英国男性因吸烟而死亡。后来，英国妇女也开始吸烟，起初吸烟率较低，当时只有约 15% 的英国女性因吸烟死亡。这个数据后来也有所上升，但永远不可能达到男性吸烟死亡率的峰值。

在早期就有不少吸烟致癌的证据，这些证据至今也没有带来什么改变。1950年，理查德·多尔和奥斯汀·布拉德福德·希尔（Austin Bradford Hill）的调查显示，在肺癌患者中吸烟者占绝大多数，但这样的数据没有给人们带来很大的冲击。他们在1954年进行的一项研究更有效，并发表了论文《医生的死亡率与吸烟习惯的关系》（*The mortality of doctors in relation to their smoking habits*）。这是从一项观察性研究中得出的一系列论文中的第一篇——最后一篇发表于50年后的2004年——它的效果是让英国公众中的一个关键群体——医生们自己——看到了这篇论文得出的结论。1950年的那篇论文发表后，最为直接的一个结果就是多尔本人立马戒了烟。而在1954年的论文发表后，越来越多的人也开始戒烟了。因为医生们都开始戒烟，并呼吁公众认识吸烟的危害。他们自己戒烟的事实，也使得他们的呼吁更有说服力。英国吸烟率终于开始下降。结果就是，英国经历了从"吸烟死亡人数占比最大的国家"到"吸烟死亡人数减少幅度最大的国家"的大转变，当然这有一部分原因是英国国内有吸烟这一习惯的人数实在是太多了。

在20世纪60年代的英国，42%的35岁以上的男性都是在中年（35～69岁）结束前死亡的。在这些亡者中，有近一半死于吸烟；到了2010年，这一数字已降至原先的十分之一。总体健康状况有所改善——中年人死亡的概率下降了一半——而出现这种情况最大的原因就是与吸烟有关的死亡人数锐减。1970年至2010年间，英国中年人生存率的提高，意味着每100名中年人中多出了22个人能活到老年。而在这40年中增加的每22人里，因戒烟而活得更长久的就多达15人，占比68%。这一影响，使同期所有医疗进步和健康改善所取得的成就的总和都相形见绌。不管人们使用多少药物来预防，都挡不住吸烟带来的死亡。在 20 世纪，吸烟造成的死亡人数超过了两次世界大战的总和。以目前的速度，吸烟将在 21 世纪杀死超过 10 亿人。打个比方，如果你拆掉世界上所有的医院、杀死所有的医生、毁掉所有的药物，但同时又销毁所有的烟草，那你的功劳也远比罪过要大。

然而，对整个世界来说，事实并非处处如此。相对发达的国家吸烟的人少了，医疗水平也更好了。这两个因素，加上其他一些因素，促成了过去几十年来，以及未来一个世纪人类生活中最重要的趋势——心血管疾病在减少。如同吸烟人数的减少一样，心血管疾病减少之所以重要，不是因为数据有多么好看，而在于这些数据背后的影响。

在英国，自杀成为 35～69 岁的中年男性的最大死因。在人生的这一阶段，已经很少有人由于别的原因死亡了，因此自杀显得如此突出，源于它缺少竞争对手。尽管如此，自杀仍然是一个不容忽视的问题：这可不是一些饱受折磨的浪漫主义者偶尔的行为，而是发生频率相当高的事件。对于 35～49 岁的女性来说，最大的杀手不是自杀而是癌症。慈善机构和压力集团[①]警告说，现代人患癌症的风险越来越大。他们这样做是对的，但他们企图通过恐吓来使人们意识到这一点就不太恰当了。诚然，癌症发病率越来越高，当然说明它值得更多关注，但癌症发病率提高其实有一个值得欣慰的原因。随着吸烟率下降，污染物得到更好的识别和控制，任何特定年龄人群患癌症的风险都有所下降。由感染、创伤或其

① 压力集团：向政府和公众施加影响的团体。——译者注

他原因造成的早逝风险也已经大幅下降，因此，随着年轻人的生活环境越来越安全，癌症对年轻人的相对重要性也在上升，对老年人的绝对重要性也在上升，毕竟癌症总体上来说还是一种与年龄有关的疾病。我们活得越久，就越容易患上癌症。对于中年妇女来说，相对于其他威胁，癌症是一个主要问题，但这也是因为其他威胁已不值一提。而相对于老年人来说，她们患癌的概率也是微不足道的。

在 35～49 岁，女性死于癌症的概率最高，而男性死于自杀的概率最高。第二大死亡原因也不一样，女性因为肝脏疾病去世的概率更高，而男性则是心脏问题。心脏病对男性产生了很大打击，但让男性受打击的事情还有很多：在这个年龄段，肝脏疾病在男性死亡原因中只排第三位，但因肝脏疾病死亡的男性人数仍比女性要多。自始至终男性都比女性更容易早逝。在母亲腹中时，男性胎儿的平均数量大约比女性胎儿多出 25%，而到了出生时，就只多出 5% 了。总的来说，这样的死亡率差异意味着女性出生后会比男性多活 4 年。这也意味着有更多女性是独自一人度过生命中最后几年的。

虽然肺癌、肠癌和其他癌症对女性的健康也有影响，但乳腺癌对女性的危害最大。男性则不然，虽然男性也一样会得乳腺癌。

男性会得乳腺癌，是因为他们也有乳房。成为男性或女性是由 Y 染色体上的一个基因决定的，男性拥有这个基因，而女性一般没有。如果这个基因缺失或有功能缺陷的话，那么就算一个人有 Y 染色体，她还是会以女性的身份正常发育。睾丸决定因子（testis determining factor）这个单一基因会产生一种蛋白质，这种蛋白质能启动激素级联反应，从而产生男性特征。如果没有这种级联反应，那么身体就会按照女性的特征发育。[①] Y 染色体上基本上没有其他东西了，它相对来说比较空白。如果 Y 染色体包含为男性的所有“部位”而设计的多个基因，那问题可就大了。基因会出现严重的重复，两性的“设计蓝图”也会被完全改变，结果当然会出现无尽的错误。自然选择产生了基因和染色体，这些基因和染色体会混合并产生变异。自然选择也非常有效地确保了这种混合几乎永远不会产生雌雄同体，雌雄同体的人一般是无法生育的。单一基因转换的优点在于简便，不管最终会成为哪个性别，所有的胚胎都拥有所需的一切，这也就意味着出错的概率会大大减小。

不过，男人拥有成为女人所需的所有基因，女人实际上也拥有成为男人所需的所有基因，这就产生了一定的后果。比如，男人也会长出没什么作用的乳头。这些身体部件生长花费的“资源”很少，远比去除多余部位的基因的损耗要少得多。

同样的乳房基因解释了为什么男人也会患乳腺癌。但它不能解释的是，为什么男性乳房只有女性乳房 1% 的功能。在默认的雌性通路中有一个由睾丸决定的因子控制的开关，身体细胞产生不同的激素环境就是由它决定的。在不同的激素环境下，器官和组织的反应也有所不同。并且它们所处的激素环境也不仅仅是由基因决定的。1700 年，帕多瓦的一位意大利医学教授伯纳迪诺·拉马齐尼（Bernardino Ramazzini）出版了一本书，名为《论工人疾病》（*De Morbis Artificum Diatriba*）。在书中他指出，从事某种职业的妇女

---

① 在这里将其默认为女性没有任何道德上的暗示。在其他一些生物中，它是雄性的。——作者注

乳腺癌的发病率特别高，这种职业已经历史悠久，它会导致妇女的性生活极不正常。

性行为和疾病之间早就存在联系，而且这种联系一直存在，不过大多数是虚构的，就像下面这几种：癔症是由子宫引起的一种疾病，它会因为不能怀有胎儿而“耍小脾气”，在身体里不安分地制造病痛；变色病是由年轻女性对爱情和性生活不满意而导致的，会使她们的皮肤呈绿色；手淫会导致失明；口交会导致口臭；同性恋是一种疾病；等等。以上这些观念，在有些人的脑海里挥之不去。可以预见的是，还会有人提出类似的观点，而这些观点同样大错特错、十分有害，但还是会有人相信。拉马齐尼注意到了一个非常真实的情况，尽管他认为这种情况出现的原因只是缺乏性生活而已：修女患乳腺癌的概率更大。

拉马齐尼在两年前发表了另一个看法，虽然他不算是第一个提出这一看法的人，但传播更广泛，也更为重要。“Quando longe praestantius est praeservare, quam curare, licuti satius est tempestatem praevidere, ac illam effugere, quam ab ipsa evader.”翻译过来就是：“预防永远比治愈更好，正如我们应该预测到风暴，避开它，而不是经历风暴后勉强得生。”简单来说，就是预防胜于治疗。

拉马齐尼在《论工人疾病》中提到，许多职业危害是可以预防、减少甚至避免的。他研究的是那些经常需要处于狭窄、卫生或通风条件恶劣、接触危险化学品的工作环境的职业。然而对于修女来说，似乎没有什么可以预防的；她们要做的，也许就是提高自己的风险意识，并专注于检测和治疗。她们因为禁欲所带来的身体危险，不仅仅只有乳腺癌。“今天，”2012 年《柳叶刀》（*The Lancet*）医学杂志上如此写道，“世界上的 94790 名修女为保全她们的贞操付出了可怕的代价，她们患乳腺癌、卵巢癌和子宫癌的风险大大增加，这都是她们作为未产妇的风险。”未产妇就是从未生过孩子的妇女。

癌症会打破正常的人体调控，癌细胞会迅速分裂。我们身体的保护系统非常强大，要患上癌症，身体只出现一个毛病是不够的，你的身体需要出现一系列的毛病才会导致癌症的发生。细胞分裂得越多，突变的概率就越大。之所以说年龄越大的人越容易患癌，原因就在于次数，因为年龄越大，你的细胞进行过的分裂次数就越多。癌症细胞在某些组织中出现的次数多于其他组织，因为所有细胞的分裂程度都不尽相同。神经和肌肉细胞很少分裂，所以这些组织的癌症并不多见。皮肤、肠道、乳腺和前列腺细胞的分裂活动就十分频繁。

生殖器官的细胞分裂不仅和时间有关。哺乳对于乳腺组织也会有很大影响，卵巢和子宫也深受月经和孕期的影响。每一次月经都会促使细胞分裂，形成一种生殖准备状态。月经次数越多，经期间隔时间越短，患生殖性癌症的风险就越高。在当今社会，女性进入青春期更早、进入更年期更晚，这是健康水平提高的结果。她们生下第一个孩子的时间比过去更晚，生下的孩子的数量比过去少得多，对于每个孩子的母乳喂养时间（如果有的话）也少得多。从历史上看，以及在今天的贫穷国家，对婴儿的母乳喂养可以持续好几年。在哺乳期怀孕并非不可能，但可能性较小：哺乳期所产生的激素具有避孕作用，因为这时新生婴儿还不能独立，所以自然选择需要减少女性再生孩子的机会。夸希奥科是一种严重的婴儿营养不良疾病的名称，是“下一个婴儿出生时，被忽视的婴儿所患的疾病”。

在过去，女性一生所经历的月经次数远少于现代社会。修女的月经次数最多，因为她们有一辈子不怀孕和哺乳的可能，但这种可能性对于现代的女性来说都在增加。在当今社会，60 岁以下女性患乳腺癌的概率，是农业社会前女性的 100 倍。

我们不可能在一个过于追求健康的社会里决定我们的生活方式。那么，怎样才能避免患癌风险的增加？改进不需要哺乳的乳房、不需要排卵的卵巢和不需要月经的子宫？

我们一定会有办法的，而且很可能办法还不少。在教皇保罗六世领导下的天主教会并不总是热衷于变革，但其表示，绝不认为非法治疗手段是治疗器质性疾病所必需的，尽管它们也有避孕的作用。口服避孕药是由激素制成的，目的是欺骗身体，使其相信自己已经怀孕了。它们抑制了那些增加生殖系统癌症风险的激素变化。如果修女们服用避孕药，她们患卵巢癌和子宫癌的概率就会降低一半以上。女性也不需要按照月经周期定期服用口服避孕药，如果以其他方式服用，可能会在一定程度上减少月经次数，进而有助于降低患癌概率。

我们是否可以开发专门的激素治疗方案来降低女性患癌的风险，使这种风险尽可能回到远古祖先的水平？我们是否可以发明类似的药片，欺骗卵巢、子宫和乳房，让它们相信已经怀孕？男性和女性之间患乳腺癌的风险差异完全是由激素决定的。这种差异不可能被完全消除，除非给女性以男性的激素环境，但这样将会使她们的身体变得和男性一样。口服避孕药显示了我们在不增加成本的情况下做出改变的能力。青春期服用激素会让身体以为自己可能在很小的年龄就怀孕了，这样的策略可能会有严重的副作用，如乳房肿胀和短暂的泌乳，以及口服避孕药引起的血凝块的轻微上升。然而，考虑乳腺癌造成的危害，如果能降低女性死于癌症的风险，那么即使有副作用可能也是值得的。

通过伪装怀孕期间的激素变化来降低女性患乳腺癌的风险，这一方法存在很大的可行性，也许在不久的将来就能实现。其他的变化，也将紧随其后。乳腺癌的基因风险评估和预防性乳房切除术，以及在生育期结束时切除卵巢和子宫的手术已经被使用。一些治疗乳腺癌的药物已经被证明同时具有预防乳腺癌的效果，但还没有被当作预防药物广泛使用。还有一些普通的危险因素——吸烟、饮食、酗酒、运动过量、体重过重——它们也会起到推波助澜的作用，而且我们是可以对此做出改变的。在不久的将来，我们可以做很多事情来减轻乳腺癌和生殖系统癌症给人类生活造成的负担。

07

老年

70 岁以上

如今人们的老年生活已经和以前不同了。人们衰老并步入退休生活再也不是一个简短的过程，在真正的黑夜来临前，人们能享受的傍晚黄金时段也不再只是一个短短的瞬间。

现在，人们的老年生活健康而又漫长。它不像是在赤道上的日落，一眨眼就消失不见；它更像是英格兰的仲夏夜，缠绵无绝期。如果莎士比亚（Shakespeare）不是在 52 岁英年早逝，他也能和我们大多数人一样快乐。

很多人因感染而去世，然而我们至今也没能克服感染，而且在医学上几乎没有绝对的胜利。这样的感染可以击垮那些免疫系统天生有问题，或者因后天意外以及医学干预而出现问题的人。但我们的生活已经从感染的阴影下走出来了，或者说，直到我们老得半截身子都埋进了黄土，它才会对我们产生威胁。然而到了那个时候，因感染而导致的最坏结果，也显得不那么可怕了。奥斯勒，那位在花园里与吉卜林和吐温谈笑风生的医学教授，把肺炎称为“老年人的朋友”。当他晚年患上肺炎时，甚至觉得这是件好事。

随着我们的不断衰老、逐渐步入迟暮之年，我们与传染病的战斗也在升级，而在这个战场上，人类已经失去了无数条生命。抗生素没那么有效了，它的作用也只是维持我们身体的反应而已。我们被感染，是因为我们变得越来越虚弱，而究其最终原因，是因为我们的吞咽系统会变得一塌糊涂，应该进入胃里的食物，可能会进入肺部。对于大多数老年人来说，这类感染很痛苦，但也是可以治疗的。到了耄耋之年，这样的感染依然是大麻烦，但最终都将终结，而终结这一切的一般来说是肺炎。真正的考验是判断一位病人在他的生命线上所处的阶段。如果明知对一位肺炎患者进行医学干预可以让他过上一段快乐的日子，却无动于衷的话，那可是巨大的失败。同样的，误把死亡的轻轻脚步声当成医学问题，也是巨大的失败。

奥斯勒活过了 70 岁。而我负责的病房里的任何一位 70 岁的老人，只要有人提到他们，都会用“年轻”这个词来形容，我的病人平均年龄在 85 岁左右。难道，现在的医学已经能够以更加惊人的方式，或者更加唬人的伎俩，来达到延长生命的目的了吗？1616年，莎士比亚从健康到死亡只是一瞬间的事——“莎士比亚，你怎么这么快就走了，”一位同时期的人写道，“从世界的舞台跌入幕后的坟墓。”1920 年，奥斯勒衰老的速度相对缓慢，但如果以现代标准来看，其速度依然很快。

毫无疑问，人类衰老的速度已经放缓了，但这不是人们的本意，也不是医学发展的唯一好处。我们在这个世界上，年老体弱、依赖他人的日子也更多了，但我们的寿命更长了，而且以百分比来看的话，我们在衰老中度过的时间实际上在减少。我们更有可能活到老年，身体健康，也更有可能继续保持这种状态。我们在老年时能够独立生活的时间越来越长，其增长速度要比我们在老年时需要基本生活帮助的时间的增长速度快一倍。变老的缺点是肯定存在的，但是在老年时享受长期的健康是现在的常态，这在以前从未有过。在一个秋天的下午，我在老年人门诊部值班时，看到了一封关于一个80多岁男人的标准转诊信。信上说，病人的问题是运动时呼吸过于急促。这位老先生看上去精神矍铄，于是我问了问他的情况。他解释说，以前他觉得能够轻松完成的事情，现在做起来却很费劲了，经常需要停下来休息。我问他，现在走多远的路需要休息一次？这是一个标准问题，答案通常是1公里或10米、20米这样的。这位先生解释说，他以前从来都没有遇到过任何问题，但是在今年夏天时他开始有些担心了，他每年都会去攀登斯科费尔峰[①]，以前都没事，今年却偶尔需要停下来休息。

人们为治疗疾病研究出的药物，却意外延长了人类的寿命。所有的药物都有副作用，也就是说除了预期的作用之外还会对身体产生其他的影响，但并不是所有的副作用都是有害的。为了治疗疾病，我们把人类虚弱的时间变得更长了，对于生命的期望也有所改变。我们已经发展出了自我治疗的能力，把衰老的自然过程当作一种疾病来对待。这样做的好处是我们获得了成功，变得更加强大。预防比治疗更好吗？老实说，这需要我们把正常生活“药物化”，才能够计算出我们需要做些什么。

延缓心血管疾病的到来可以为我们赢得时间和高质量的生活。“80岁也并非没有其乐趣。”美国散文家约瑟夫·爱泼斯坦（Joseph Epstein）在纪念自己80岁生日时写道，

---

① 斯科费尔峰：英格兰最高山峰，海拔约为978米。——译者注

> “到了 80 岁，一个人可以看到其他人生活和事业的轨迹——普鲁斯特（Proust）在《追忆似水年华》（*Time Regained*）中是这么说的：‘这是一条从生到死的轨迹，最后一次垂直下降就在不远处。’也许会有人想到那些天才神童，他们起步时跑得飞快，却在第二个转弯处被超越，没有力气做出最后的冲刺；或者那些在学校里出类拔萃，但步入社会却一无所获的人；或者那些人生的每一步都在意料之中，做的都是正确选择，最终却过着极度无聊的生活的人；或者那些没有天赋和魅力却成功了的人，他们提醒世人，这个世界并不公正。”

无论是肉体还是精神上的活力，衰老带走了很多，但也留下了很多。只要我们的能力带来的快乐超过了它的局限性所带来的负担，那么乐趣就依然存在。

“桑塔亚纳（Santayana）[①] 写道：‘无论一个人的年龄是多少岁，都应该永远假设自己还有 10 年的生命。’”爱泼斯坦接着说，

> “在一封信中他提到，在他 80 岁出头的时候，他的医生希望他减掉 15 磅（约 6.8 千克），他又补充说，希望自己在临死前能保持健康（他活到了 88 岁）。我的朋友爱德华·希尔斯（Edward Shils）在他 80 多岁的时候还买了

---

① 乔治·桑塔亚纳（George Santayana，1863—1952），哲学家、美学家、诗人、文学批评家。——译者注

盘子和其他新的家居用品。‘这能让人充满活力。’他解释说。”

年老的人愿意展现自己的老态，承认自己变老的事实。汤姆·沃尔夫（Tom Wolfe）[①] 写道：“19 世纪末 20 世纪初，美国的老人们曾祈祷：‘上帝，求你了，别让我看起来很可怜。’但是在 2000 年，他们却祈祷道：‘上帝，求你了，别让我看起来很老。’性感可以和青春画等号，而青春就是一切。与年龄相关的最普遍的问题不是衰老，而是青少年的不成熟。”人们总说自己虚度了青春。所以，如何不浪费自己成熟的岁月才是我们要考虑的，而作为现代人，幸运的是我们有更多成熟的岁月可以利用。

死亡最终都会降临。虽然死亡证明上要求只写一个死亡原因，但我们大多数人的死因都不止一个。我们的弱点通常有很多，如肺功能丧失、肌肉萎缩、大脑和心脏功能衰退、肝脏停止合成白蛋白等。白蛋白就是构成蛋清的物质，它对人类生活至关重要。当身体忙于处理炎症（感染、癌症、血管内斑块破裂）时，肝脏会减少其生成。白蛋白的缺乏意味着液体从原本的身体部位泄漏到了它不该存在的部位。比如，脚踝肿胀是很常见的一种症状，特别是对女性来说，但在白蛋白缺乏的情况下，它的性质就改变了。肿胀会变得无处不在，因为液体从血管泄漏到了组织中，受到重力影响，肿胀一般会从脚踝开始，并伴随着恶化向上扩散。更多的液体会进入肺部，使我们

---

① 汤姆·沃尔夫（1931—2018），男，生于美国弗吉尼亚州里士满，美国演员，编剧，被誉为“新新闻主义之父”。——译者注

的呼吸变得困难。这个过程可能很快，但一般来说比较缓慢，并会叠加在我们的其他弱点上。而这些弱点会以一种无法预料的方式，让我们停下前进的脚步，绊住我们的双脚，使我们跌倒，最终导致死亡。

在英国，70 岁人群的预期剩余寿命已经从 1922 年的 9 年增加到了 2010 年的 16 年。如果你仔细想想把 65 岁或 70 岁定为进入老年的标志之间的区别，也许这种改变会更加明显。在 1922 年还是事实的事情，放到今天也许已经不正确了，这种改变发生的原因就是进步，而进步还未停止。2010 年至 2015 年间，欧盟 28 个国家的 65 岁人群预期剩余寿命每年增加 0.6 岁。许多人担心，药物只不过是延长了我们衰老的日子而已——但事实上，这也意味着我们在因健康状况变差而导致丧失生活能力之前，能度过的日子更长了。无论是悲观主义还是怀疑主义，都无法挑战这个事实：在我们的生命中，健康的日子占比越来越大，而且我们健康的日子比以往增加了很多年。

无论健康的日子有多么长久，我们最终还是会生病。也许我们能躲过子弹袭击、交通事故和心脏疾病，但我们最终还是会变老。老年人的手臂可能是弱不禁风、颤颤巍巍的，经常张得很开，因为老年人经常跌倒；年纪再大些的时候，就连手臂也张不开了。刚进入老年时，人们会向前摔倒，摔断手腕，然而年纪越来越大，人们会更加笨拙地摔倒，摔断髋部。到了一定年纪后，人们摔倒时经常会向后倒下。而当我们老得反应不过来时，就只能摔破我们的脑袋了。手腕骨折，骨盆骨折，头部受伤：随着年龄的增长，这个序列形成了一个稳定的模式，我们一定会按照这个顺序去医院就诊。当

《国王的演讲》（*The King's Speech*）在电影院上映时，许多观众都摔倒了——那些本不愿意出门的人，为了看一部电影而踏上了旅程，他们中的一大群人后来都赶到医院，要求治疗他们骨折的髋部。

随着肌肉力量和反应速度的下降，我们变得和以前不一样了。我们的行动变得更慢了。健忘和早期阿尔茨海默病之间的界线让我们非常害怕，因为我们知道它根本不是一条界线，而更像是一片阴影，当我们生命的太阳低挂在地平线上方时，我们永远看不清这片阴影的边缘。比起过去，现在越来越多的老年人会精神错乱，但这不算是失败，反而是一种成功，因为现在越来越多的人能活到患阿尔茨海默病的年纪了。而在以前，很多人是活不到这个年纪的。当你想起，在过去很多人在阿尔茨海默病找上门之前就已经被心脏病发作给扼杀时，也许这样的改变就显得没那么痛苦了。这样一次心脏病发作，可能就会剥夺我们看着孩子完成学业、长大成人并记得我们是谁的机会。虽然阿尔茨海默病夺走了我们的记忆，但它没有夺走我们制造记忆的机会。

我们试图消灭阿尔茨海默病的目的明确且代价昂贵，就像我们与癌症的战斗一样，投入的资金充足，却收效甚微。长久以来，这样的尝试给我们带来的都是失败的教训，但同时，这也是宝贵的经验。治疗阿尔茨海默病的药物的效果很差，即使采用了最尖端的技术也不见得能有什么疗效。在某些有限的情况下，我们可以将阿尔茨海默病的发病时间推迟几个月，但这也不能阻止其前进的步伐。一个又一个制药公司退出了这一领域，而他们得到的唯一教训就是，应该去研究另一个领域。阿尔茨海默病特效药的未来似乎是暗淡的，根本看不到希望。它的希望建立在这样一个概念上：过去认为阿尔茨海默病的症状都是分散的，并不是集中在一种疾病上的症状的观点现在被推翻。阿尔茨海默病没有可抵抗的感染因子，也没有可重置的基因开关。我们研发的最好的药物虽然没有助行器那么有用，但效果却很相似——助行器可以稍微延长我们独立自主的时间，但却不能阻止病情继续恶化。这并不是说我们完全没有希望治疗阿尔茨海默病，只是现在我们的希望只能寄托于预防，而不是治愈。阿尔茨海默病意味着衰老，因为它影响的是我们的大脑。这是一个类别，不是一种途径。此外，这种疾病在形成时间上似乎也要比心血管疾病更久。如果你在晚年有高血压，那可能会导致脑卒中；然而如果你在中年有高血压，那基本可以预测你到了晚年会得阿尔茨海默病。“会啃食人类大脑的可不只有地下的蛆虫。”埃德娜·文森特·米莱（Edna Vincent Millay）写道。阿尔茨海默病就是我们多年来生命被蚕食的最终结果。

我预测，胆固醇合成酶抑制剂、抗高血压药和用于治疗心血管疾病的抗炎药，只要服用的时间足够早，都有延缓阿尔茨海默病的作用。用于减少血管老化的医疗用品也将减少与年龄相关的大脑损伤。任何年龄段患阿尔茨海默病的概率都将继续下降。但由于寿命的延长，阿尔茨海默病患者的数量和终生患阿尔茨海默病的概率都会增加。通过单一途径对阿尔茨海默病进行治疗的方法依然不会有成效，不过通过单一途径减缓其进展以及推迟其发病时间的尝试，将会取得一系列小小的成功。

以上这些结合在一起，不仅能够使老年阶段推迟和延长，还可以将其重塑。纵观历史，我们一直认为，随着社会和技术的日益高效，我们会有更多的闲暇时间。我们倾向于认为这一期望还没有实现。但我们所忽视的是，它其实已经实现了，只不过闲暇时间并不是分散在我们的生活中，而是加在了我们生命的结尾处。努力工作，然后有几十年的退休生活，这样的日子适合许多人，但拥有一个自己喜欢的职业也很重要，谁也不希望在达到一定年龄时被迫放弃。人们往往更愿意放弃技术水平较低的工作，它们当然也是那些更容易被技术创新所淘汰的工作。在未来，发展空间更大的工作也是那些更具技术性的工作。一部英国政治剧描绘了一个场景，一位新当选的左翼首相坐火车旅行，被问及是否打算废除头等车厢的特权。“不，”他回答说，“我要废除二等座。”分裂的社会可以寄希望于采取同样的方法实现目标，如果这些目标真的经过慎重思考，那么就更有可能实现了。不平等是不可避免的——通过行政命令消除不平等的尝试已经产生了可怕的后果——但相对于攻击特权，扩大和开放特权反而更有帮助。无论你以何种方式衡量，能否过上上流社会的生活，都与我们的基因无关。我们可能会工作更长的时间，不是因为我们必须工作，也不是因为这是对活得更久的唯一合理反应，而是因为它让我们感到高兴、满足，是因为我们选择这样做。能够在我们喜欢的地方工作更长时间，这似乎是进步所带来的一个非常有吸引力的结果。“生之有限，学也无涯。”英国诗人乔叟（Chaucer）曾如此写道。希波克拉底（Hippocrates）在他的一本书中也说了类似的话：“生命短暂，艺术长远。”

我们可以趁着生命还有余热的时候继续工作，我们可以为拥有更长久的生命并且可以利用它做更多的事而感到自豪。有些进步是不经意间发生的，但没有一个是偶然发生的。

英国国家统计局 2015 年的报告称：

“阿尔茨海默病是 80 岁以上女性的主要死因，占死亡人数的17%；也是该年龄段男性的第二大死因，占死亡人数的11%。因阿尔茨海默病死亡的人数随着人们寿命的延长而增加，女性比男性寿命更长，所以在女性中更为常见。在该年龄段中，男性的主要死因是缺血性心脏病，占死亡人数的15%；女性的第二大死因是缺血性心脏病，占死亡人数的11%。”

阿尔茨海默病基本上不会单独出现。阿尔茨海默病和缺血性心脏病都是衰老的表现，两者都是由我们的血管系统恶化导致的。在生命越过界限的那一天，哪种疾病恰好出现在眼前，这一点不重要。我们的目标是把对衰老、迟钝和退化的反应进行整合，从而对抗心智的消亡。迪伦·托马斯（Dylan Thomas）的《此夜良辰不可去》（*Do not go gentle into that good night*）通常被误认为关于老年人面临死亡的故事。实际上它讲述的是中年人面对父亲去世的经历。改善抵御死亡的方法是中年人的当务之急，而那些临终之人就没有必要这样做了。

在年老时，单一诊断能够掩盖复杂的真实情况，其方式是显而易见的。在老年人的验尸报告中，患有阿尔茨海默病的人的大脑发生了一些变化，而未患此病的人只有40%的概率会出现这种变化：目前尚不清楚这些变化——多年来在我们的大脑中形成的被称为淀粉样斑块的蛋白质团——是起因还是结果。我们把它们当作阿尔茨海默病的病因来研究，因为如果它们真的是病因，就给了我们进行研究和制造药物的目标。然而进行的两项研究都没有取得成果，所以斑块可能根本不是引起这种疾病的原因。对老年人进行脑部扫描也无法提供太多信息，绝大多数精神正常的老年人在扫描中显示出的变化可以被视为阿尔茨海默病的确凿证据——如果他们有阿尔茨海默病。最近一则评论指出了这些问题：

> “随着时间的推移，一个未经证实、却能抓住集体想象力的假设，竟会变得如此诱人以至于在医学意见中占据主导地位，并且阻碍了其他想法的产生……这就是阿尔茨海默病的淀粉样蛋白假说。”

事实已经证明，对抗癌症是非常困难的，而这还是在造成这种疾病的病因——癌细胞——非常容易确定的情况下。然而就阿尔茨海默病来说，我们什么也不清楚。

伴随衰老而来的疾病从来没有如此严重地影响过我们，在过去，它们从来没有这样的机会。衰老的原因往往比感染或创伤的原因更为多样。人体内有许多重叠的“安全装置”。如果只是各自为战，单个“安全装置”很少失败。对于阿尔茨海默病，我们关注淀粉样蛋白沉积、关注随年龄增长而错误累积的蛋白，部分原因是我们注意到淀粉样蛋白似乎导致了这种疾病的一种奇怪的、微小的变异，这种罕见的变异在人们年轻时就开始发作。我们正在对这种变异进行基因分析，并且已知它与导致淀粉样沉积的基因有关。我们已经从这种罕见的疾病变种中推断出一种更为常见的疾病，这种疾病的基因构成尚不清楚，但它似乎也不是基因性疾病。大脑中正常的淀粉样斑块不是基因疾病的表现，也可能根本不是疾病的起因。它们可能是我们的身体和疾病战斗的证据，也可能只是时间流逝的痕迹。

这并不是说，将罕见的症状与常见的症状进行比较得不出什么有用的见解——这样做是一个明智的策略——但在处理老年疾病时，我们通常需要采用不同于对待其他疾病的方式。1854 年，托马斯·斯诺（Thomas Snow）拆除了伦敦市布罗德街抽水机的手柄，结束了当地霍乱的暴发，并证明霍乱由水传播。[①] 但如果不是由特定的感染性有机体传播或单一基因缺陷引起的疾病，其应对方法就没有这么简单了。引起这些疾病的病因也是五花八门的。当你寻找一个问题的答案很长时间无果时，人们的解释是有时答案本就很难找到——但或许你的问题本身就是错的。像抑郁症、心血管疾病、癌症、关节炎、性功能障碍等疾病一样，阿尔茨海默病并不是由单一问题引起的单一疾病。把一种现象的出现归结为单一原因（如淀粉样蛋白沉积）的危险之处在于，这样的简化会使你离事实越来越远。

“一个人怎么死并不重要，”约翰逊（Johnson）说，“重要的是他怎么活。死亡这个行为并不重要，它持续的时间很短。”不过也有人持相反意见：“在评判别人一生的时候，”蒙田（Montaigne）写道，“我总是会观察别人对他的离世作何反应：我一直担心，我去世时人们会很快接受这个现实。”一个人如何死去之所以重要，部分原因是死亡反映出了一个人如何度过一生，也是他这一生的一次高潮。如果约翰逊不那么专注于表达压倒所有反对意见的言论的话，他也许会容忍这样的观点；但换句话说，若真是如此，那他也

① 实际上不完全是这样，尽管这故事不错，而且已经接近事实。由于斯诺赢得了将霍乱确定为水传播疾病的斗争，所以泵柄被移除——原因也可能是当时疫情已经开始逐渐平息了。医学的知识所产生的吸引力并非意味着它一定是真实和精确的，它还有着历史和艺术合二为一的混乱复杂性。——作者注

不是约翰逊了。

我们如何承受自己死亡的现实并不会在民事局登记入册，我们也不需要再像过去那样一定要勇敢地接受死亡。如今，我们更善于消除死亡可能带来的精神痛苦和身体上的痛苦，并确保死亡只会在年老时到来，这也使得死亡更容易被接受了。英国诗人济慈（Keats）写道："像罗密欧那样热血沸腾地离去，和像霜冻中的青蛙一样死去，是有很大区别的。"我们通常都是以后面一种方式离世的，也只有度过了漫长岁月后的离世才显得不那么难以接受。我们不再需要考虑临终前要说些什么豪言壮语。有时我们会收到一个最终诊断的消息，并且有一种需要把这个消息告诉其他人的冲动，但往往当我们已经接近生命终点的时候，当我们开始为离别做准备已经显得非常合理时，这样的时刻才会到来，尽管我们曾希望它来得更慢些。在我们年富力强的时候，很少有疾病能击垮我们。25 岁的济慈写下这些话几个月后就因肺结核去世，但现在这种病已经不在我们常见的"杀手"名单上了。霜冻只会在我们漫长的生命中慢慢凝结。到了将死之日，我们的意识早已被遮蔽；面对困难的不是我们，而是那些在世的人。

"即使在信中，我也不能与你好好道别，"济慈最后写道，"我的鞠躬总显得笨拙。"对绝大多数人来说，鞠躬是没必要的，因为幕布落得太慢：即使观众已经热泪盈眶，但作为表演者的我们也会无聊到睡着。这种情形我见过很多，有人会握着垂死之人的手，抚摩着他的头发。肢体接触带来的安慰和死亡带来的痛苦，总是属于在场的人，而不是正在死去的人。

08
疾病

“有三个问题一直困扰着20世纪的中国、中世纪的印度和古埃及的人民，”一本书中如此写道，“那就是饥荒、瘟疫和战争。”有意思的是，过去人们最为困扰的问题，也是现在人们最担心的问题：这些问题关系到每个人的利益，而不仅仅是社会和国家的矛盾。[①]个人担忧的往往是单独的个体，这一真理对于现如今那些生活在叙利亚或也门战区的人来说同样适用。如果说有什么不同的话，那就是在过去，我们的自我意识还没有被大众媒体引导、更加集中的时候，人们关注的焦点反而更加个人化。苏美尔人诗歌的主题与其说是饥荒、瘟疫和战争，不如说是吃喝和爱情。疾病当然也有其地位，但偶尔的死亡不过是芸芸众生司空见惯的烦扰而已，不像大范围的瘟疫那样能够打动历史学家。然而，也正是在日常生活中，而不是在具有划时代意义的特殊时刻里，微生物对人类的残暴统治才会占据如此主导地位。

---

① “我也许会觉得欧洲就要完蛋了、西方文明也走到头了、人类将会走向灭亡，但我还是确信我能收到我的信件。”摘自弗雷德里克·拉斐尔（Frederic Raphael）和约瑟夫·爱泼斯坦所著《遥远的亲密》（*Distant Intimacy*），第230页。——作者注

平凡的生活正是戏剧的舞台。“坦白地说，玛丽安（Marianne），”在简·奥斯汀的小说《理智与情感》（*Sense and Sensibility*）中，玛丽安的姐姐埃莉诺（Elinor）对她说，“你不感到发烧时的红脸颊、眍眼睛、快脉搏也很有趣吗？”为了充实剧情，现在的电视剧都需要安排已经超越这个世界常识的危险情节，甚至有很多演员因此进了急救室。一篇关于流行病学的用来讽刺的文章显示，英国广播公司最受欢迎的电视肥皂剧中的角色死亡率是该剧观众死亡率的8倍，而奥斯汀笔下的角色和她的读者之间并不存在这样的差距。在《理智与情感》中，玛丽安因对戏剧的热爱而获得了回报，但也得了感冒。“虽说她身子沉重，体温很高，四肢酸痛，咳得喉咙也痛”，但人们觉得她“好好休息一夜”就能康复。然而玛丽安病情恶化，药剂师也被请来为她治疗；她短暂恢复了健康，但又陷入了精神失常。[①]书中人物都很担心她，于是安排玛丽安的母亲照顾她，以免她因为感冒去世。

一个年轻人变得精神失常并不是常见的事，而且当时并没有有效的药物，所以死亡风险很高。因此，当玛丽安康复后，她聪明的姐姐会有这样的感觉：

但埃莉诺高兴不起来。她的喜悦表现为另一种形式，

① 从字面上讲，精神错乱的意思是不能笔直地犁地，不能走出犁沟。耕作和危险的感染都曾是日常生活的内容，也是词语衍生的内容。——作者注

并没使她表现得兴高采烈。一想到玛丽安重获新生，恢复了健康，可以回到朋友中间，回到宠爱她的母亲身边，她不由得感到无比欣慰，充满了炽烈的感激之情。但是，她的喜悦没有外露，既无言语，也无笑容。她的喜悦全部藏在心底，嘴里不说，感情却很强烈。

埃莉诺是奥斯汀笔下的女主角，也是她本人的翻版。在康复过程中人们会感到感激和满足，但这并不是因为快乐。想到死亡残酷的随机性，想到那些看似普通却能轻易带走年轻、健康生命的意外，我们心中就不会感到轻松了。

这本书，特别是这一章，是以第一人称的视角来写的。这很合理，因为这是我的视角（可能也是你的视角），也因为发展中的世界未来形势并不乐观。我们知道世界是什么样子，因为我们活在其中。而有趣之处就在于我们该如何贡献自己的一份力量。对于一些具体的问题，特别是传染病和交通事故的问题，高收入国家可以通过采取疫苗和科学技术的干预措施来进行解决。然而，最根本的问题还是解决生活水平低下的问题，解决办法很简单——提高生活水平，但提出解决办法并不难，难的是如何实现它。

在人民的卫生、健康、住房、教育、收入、自由和医药需求都得不到满足的国家中，肠道和肺部的感染会持续造成婴儿和儿童的死亡。但是在发达国家这种情况很少见，反而是衰老导致的疾病成了主要问题。心脏、肾脏疾病和脑卒中的主要原因是血管老化。阿尔茨海默病的部分原因也是如此，但也有很多其他原因。癌症是由细胞分裂控制系统的衰变所导致的。当我们的身体对糖分的处理能力下降时，会产生一种另类的新陈代谢行为，我们的身体会攻击胰腺中的基本糖分处理细胞，我们把这种行为称作糖尿病，但它很少是由突然的、特殊的自身免疫疾病所导致的结果。在一定程度上，我们患上糖尿病是因为我们度过了愉快的一生，食用了比日常所需更多的食物，这就加速了糖尿病的发展。糖尿病也可能像动脉粥样硬化一样，是人体衰老进程中的一环。

在衰老进程中，还会出现很多疾病如高血压、高脂血症、动脉粥样硬化、心房颤动和血栓栓塞、脂肪肝、动脉瘤等，而它们一般是一起出现的。历史上，人们把这个无止境的名单里的每一项都当作单独的疾病来看待，但准确地说，这些病症都是同一问题的具体反映，那就是衰老，而这些结果在吸烟者身上发生的概率要更大。人类的未来会怎样，取决于我们如何最小化或者解决这些病症带来的伤害，如何阻碍这些疾病进一步发展。

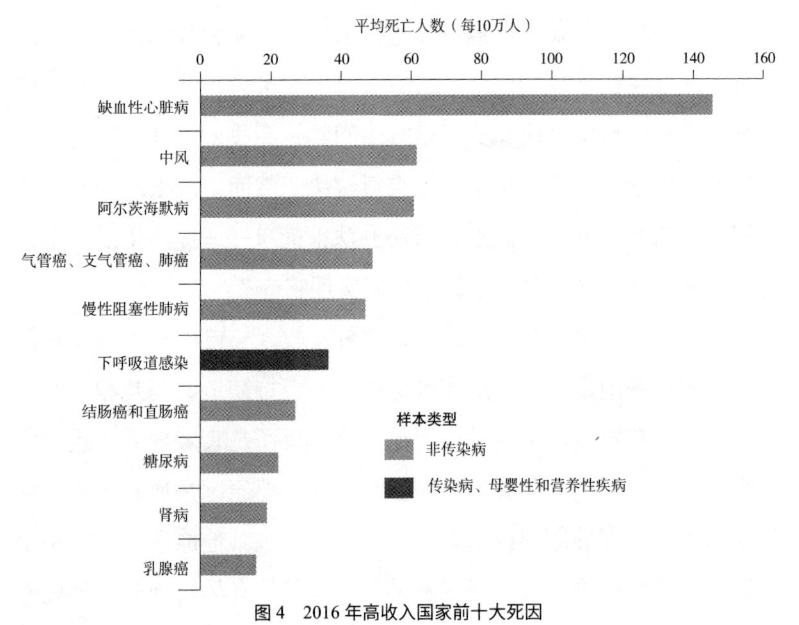

图 4　2016 年高收入国家前十大死因

高收入国家前十大死因（图 4）几乎可以分为老龄化疾病和吸烟引起的疾病两类(也有这两种诱因都有的疾病)，下呼吸道感染(排名第六）除外。无论吸不吸烟，这些疾病大部分都由衰老引起。

癌症

如果将癌症死亡率绘制成图表，并根据人口规模进行调整，我们可以看到癌症死亡率在稳步上升。这其实是个好消息，因为我们成功减少了人们由其他原因造成的死亡。再来看看人们患癌后的情况，也能看到明显的进展——癌症患者的生存率正在稳步提高。未来也会继续保持这样的情况，患癌的人会更多，但我们治疗癌症的手段也会更好。

从其他动物身上(乌龟患癌的概率比人类低，老鼠则要高得多)、从患有罕见突变的儿童和成年人身上，以及从了解我们身体对抗癌症能力的进步中，我们将继续获得十分有用的“情报”。这些“情报”都来自“大数据”，来自对人类的基因变异研究，来自市场记录我们所购买的食物的观察数据，来自我们的手机和电子设备记录。这些数据就是我们的能源和燃料，给予我们继续在可靠的实验中测试干预措施的能力，并且能够判断我们该如何干预才能取得最好的效果。我们将继续取得进展，虽然进展缓慢，但积少成多，我们终将取得举世瞩目的成果。这样的成果不会像儿童癌症的转变那样夸张，但会达成类似的效果。目前，限制我们取得进展的障碍主要是儿童癌症和成人癌症之间的实际差异，以及我们对两种癌症治疗方法的测试方式之间的差异。如果人们能敏锐地观察到这一点，我们就能够及时清除这样的阻碍。

如果我在这里提醒你吸烟有害健康，会显得有些尴尬。这句话我们已经听了无数遍，但依然值得重复。在接下来的 100 年里，烟草将在人类健康中扮演至关重要的角色。我们花了很长时间才确定吸烟会带来哪些伤害。从养成吸烟的习惯，再到吸烟给你带来伤害，这其中的时间太过漫长，而且吸烟的人太多了，所以吸烟者很难注意到自己与不吸烟者之间的差别。从 19 世纪的烟斗和雪茄到 20 世纪的量产烟卷，随着生产和消费的变化，吸烟的危害也在不断加深。就算人们很清楚吸烟会带来危害，也需要时间来评估它究竟会造成多大伤害。证据首先出现在那些年轻时很少吸烟的人身上。想要足够了解这种伴随一生的坏习惯，我们需要采集几十年的数据，而这样的数据直到最近我们才取得。

吸烟先是让我们变得不健康，因吸烟患上慢性病后，我们的寿命会变短。吸烟者在中年死亡的概率是正常人的 3 倍。在全球范围内，如果人们继续像今天这样吸烟（大约一半的男性、十分之一的女性吸烟），而且很少有人戒烟的话，那么在 21 世纪，烟草将导致 10 亿人死亡。这些数字听起来像是“仿真陈述”——作家诺曼·梅勒（Norman Mailer）创造了这个术语，指的是不真实的事物，但今天人们却用它来表示毫无意义的知识碎片——这些统计数字听起来令人印象深刻，但传达出的信息却很少。但这些数字并不是仿真陈述，而是精确的数字，是很多研究人员毕生的工作成果，其意义相当深远。平均来看，吸烟者会因吸烟而失去大约 10 年的寿命。吸烟产生的负面作用，抵消了过去 60 年来人类为改善健康所采取的每一项干预行为产生的综合效应。鉴于在过去 60 年中，人类的成就只有一部分（大概一半多一点）归因于医学，这就支持了我早些时候的说法，即吸烟的危害比所有现代医学的成就加起来都要大。在撰写这一段文字的过程中，我收到了一封邮件，邮件中说我的一位邻居朋友得了肺癌，他曾吸烟但后来戒了。我相信在同一时间，世界各地还有无数人会收到类似的消息。在提交这本书的初稿和收到编辑回复的这段时间里，我的母亲，曾经是一个吸烟者，也被诊断患有肺癌。她很可能看不到这本书的出版了。吸烟给人类带来的痛苦并不是仿真陈述，就算是总结成一串串数字也一样让人触目惊心。这些数字之所以真真切切，是因为组成每一个数字的，都曾是一个个鲜活的生命。

在年轻时短暂地吸过烟似乎不会对健康产生什么影响。除了这种情况以外，吸烟的代价都很真实，但也并非无药可救——“与那些继续吸烟的人相比，那些刚成年就开始吸烟，但在 30 岁、40 岁或 50 岁时戒了烟的人，他们的预期寿命分别增加了 10 岁、9 岁和 6 岁。”戒烟总是来得及的。

关于烟草的其他方面也值得一提。为我们提供了很多知识的流行病学家理查德·多尔评论说：“你要记住的是，1950 年的烟草公司的董事都是负责任的人，不比任何一家公司的董事差，他们听说自己卖的产品可以致人死亡时都吓坏了。”值得一提的是：这提醒我们，今天那些支持烟草的人，所捍卫的并不是长期以来的自由主义传统，他们所支持的东西会使人成瘾、致人死亡，他们的祖辈可不会支持这样的东西。“在我看来，”谈到烟草行业时，多尔如此说道，“他们都是道德沦丧的人。”这当然会涉及道德问题。想要改变吸烟率不是一件难事。大量证据表明，香烟的价格会影响人们的购买欲。在这一点上，政治家、舆论制造者和监管者比医生更有能力去拯救生命：这是无可争辩的事实，但却从未像现在一样伴随着确凿的证据——我们必须采取行动的证据。

在这些问题上，政府发挥着立法、保护、授权、鼓励和推动等方面的作用。任何干预行为的进行都必须视它所产生影响的程度而定，并且根据它产生的效果和它对生活的干扰程度进行调节。一个运作良好的政府会认真地将其行为与这些行为产生的影响联系起来，并向其公民解释其中的逻辑，其清晰程度和量化程度足以引起人们讨论。比起控制肉类消费，控制烟草更应受到重视，这是正确的。虽然肉类消费是另一个被认为与人类健康有关的领域，但无论是证据的质量还是其所显示的危害程度都远远比不上烟草。

医生可以以职业身份对病人唠唠叨叨或者布道，只要他们能证明这么做起到的帮助远大于冒犯。有可靠的实验数据证明，医生的唠叨会促使人们戒烟。而布道被证明可以拯救生命，这也是有其道理的，因为我们很容易把疾病看作上天对我们的惩罚。[①] 这不是说医生要举行一场关于健康生活的演讲，而是要强调吸烟的巨大影响。过去60年间医学水平提高了很多，但在劝人戒烟这方面我们却止步不前。虽然看起来两者取得的进步不能相提并论，但至少后者也能起到一定的作用。

肥胖症和癌症也有联系，而且肥胖症远没有被经济和政治的发展所治愈，反而成为它们的先兆。它与癌症的联系源于脂肪不仅是一个不活跃的能量储存库，而且是一个受激素和代谢影响的人体组织。这一点我们之后会讲到。

---

① “（疾病的）惩罚理论是严重错误的，有时可能非常残酷。亚里士多德（Aristotle）认为子宫脱垂是性放纵的结果……（是）他容易受骗的一个例子，也证明了他会习惯性地混淆真正的真相和他所认为的真相。”摘自P.B.梅达瓦（P.B.Medawar）和J.S.梅达瓦（J.S.Medawar）所著《亚里士多德去动物园》（*Aristotle to Zoos*），第152页。——作者注

乙型肝炎和丙型肝炎也值得一提，这两种疾病虽然已经能够得到妥善的治疗，但却越来越普遍。1990 年，病毒性肝炎是世界第十大死因。到 2013 年，它上升到第七位，每年造成 145 万人死亡。乙型肝炎可以通过打疫苗进行预防，而且最近我们在抗病毒药物上取得的最新进展对治疗丙型肝炎也很有效果。在发展中国家，肝癌是第二常见的致命癌症，主要由乙型肝炎和丙型肝炎引起。乙型肝炎的疫苗十分廉价，这使得乙型肝炎带来的恐惧被人类通过社会经济的发展所克服。在美国，治愈一个丙型肝炎病人所需药物的未打折价格是 84000 美元。而埃及有约 15% 的人患有此病，治疗的总花费就是一个天文数字。我们不该认为这是个关于社会经济发展的问题，而是应该思考如何规划药物的设计和生产，使其价格趋于合理。艾滋病的抗逆转录病毒药物看起来似乎同样价格高昂，但事实却并非如此。目前尚不清楚的是，在问题解决之前，还有多少人会在有能力接受治疗之前就去世了。

在下个世纪，尽管我们会在癌症预防方面取得长足进步，但仍然会有更多人患上癌症。同样，尽管治疗手段也在改善，但还是会有更多人死于癌症。这两种情况之所以会发生，是因为我们的寿命将比以往任何时候都长，同时我们也更加善于避免其他死因。无论我们在研究和开发方面取得什么成就，无论我们在临床实验和实践方面取得什么进展，成本都将上升。最新的治疗方法总是涉及最新的技术，但新技术往往并不能以低成本批量生产，研究所产生的费用将转嫁给少数有能力支付的人。我们对特定人群中特定癌症的了解——甚至是对单个患者癌症特定部位产生的特定突变的了解——意味着治疗方法将更加个性化。前沿科技的进步，会使得越来越多的人难以承受它的价格。人们获得医疗资源的差距将会扩大。

尽管我们面临这些挑战，但我们也有保持乐观的理由。富人在医疗资源上的支出可以为医学发展提供资金，再过几年，就会有越来越多的人能够负担得起这些成果了。这并不是说富人们都是慈善家，而是因为专利会过期、效率会提升、进步的速度会加快。由贫富差距造成的不平等永远不会被抹去，但这种不平等可以被减少和最小化。我们为此注入无限的努力，为的是追求人类共同的利益，它是我们过去的一部分，也会是我们未来的一部分。

人们发现一些新问题，不是因为这些问题新鲜得仿佛带着早上的露水，而是因为其他问题已经渐渐消失在了暮色之中。癌症、肥胖症、高血压和糖尿病一直困扰着我们，威胁着我们的健康，只不过受无数的感染和创伤干扰，我们以前很难注意到它们而已。

1917 年至 1923 年间，马萨诸塞州波士顿以西 20 英里处的弗雷明翰，是一个抗击结核病的研究项目所在地。第二次世界大战后，美国政府认为传染病是一个严重的问题，是人们过早死亡的主要原因。不过，非传染性威胁似乎也第一次引起了国家有组织地关注。对弗雷明翰的这个新项目（以下简称弗雷明翰项目）的描述文件，不管是在关注焦点上还是在行文风格上，都是非常现代的：

“本项目旨在研究正常或未经选择的人群中冠状动脉疾病的表现形式，并通过临床和实验室检查以及对这类人群的长期随访来确定影响疾病发展的因素。”

大声读出这段话，它听起来并不像 20 世纪的医学迈出的最重要一步，但事实确实如此。

人类与结核病的联系远不止地理层面。肺结核是一种慢性病，也是一种复杂的疾病。人受冻着凉并不一定意味着患病死亡，我们对于生病的人也没办法预测其结局，病人有可能很快地完全恢复健康，也有可能一直受慢性病的长期折磨——长年累月，身体逐渐衰弱，变得憔悴——最终因肺部瞬间溢满血液而死亡。众所周知，不管“影响疾病发展的因素”是什么，但只要涉及结核病，那么这些因素的作用都会十分缓慢。

人们开始意识到，如果不了解心脏病和脑卒中的历史，那我们就无法真正了解这些疾病。人们认为遗传和胆固醇都是重要原因（长期以来胆固醇被认为是阻塞动脉的脂肪层的一部分）。生活方式、职业、财富和地位、饮食和饮酒习惯，甚至精神状态都被归为引发心脏病和脑卒中的原因。然而人们却好像根本没有注意到吸烟这个因素，以至于最初的患者甚至都没有被问到有没有吸烟的经历。美国政府取得的进展十分有限。政府与医疗行业的关系很不稳定，主要是因为杜鲁门总统呼吁将全民医疗作为 1949 年“公平政策”[①]的一部分。

---

① 在美国和英国，医生们担心这样的制度会影响他们的收入。他们这么想是对的。“我在他们嘴里塞满了金子。”奈・贝文（Nye Bevan）为自己建立的赢得了英国医生们芳心的制度鼓吹道。不过这样的“贿赂”只是暂时的，现在美国医生的报酬比英国医生高很多，但也由于同一个原因，英国的医保更便宜也更高效。值得注意的是，英国医生仍然是国民卫生服务体系（NHS）的支持者。免费且面向大众的护理往往更好——如果你接受了“按服务收费”，你很快就会忘了最好的药就是不用药——而且医护人员也乐意给人们提供良好的护理。如果英国国民卫生服务体系崩塌，英国医生是能从中获益的。因此，现在英国医生们支持这项政策的行为应该得到一些赞扬。——作者注

比起“易感因素”，弗雷明翰项目的人使用的是另外一个术语，即“危险因素”。这个术语以前也有人提过，但不太常见，正是人们对弗雷明翰项目的研究，让这个词汇流行了起来，甚至成为一个大众词汇，融入了大众思想。20 世纪 60 年代，一些狂热过头的研究人员认为我们能在实验台上完完全全地分析和预测这些“危险因素”，这导致弗雷明翰项目差点被直接叫停。流行病学家赢了，还原论者输了，人们也接受了一种观点，那就是想要寻找一些特性，观察目标最好是被研究过几十年的大群体，而不是培养皿里只存在了几天的细胞。

动脉粥样硬化、血管老化是引发许多疾病的根源，却在 20 世纪的大部分时间里被视为人类文明进步的结果。我在 20 世纪 90 年代学习生物学、人类学和医学时，记得书上和老师都是这么讲的，这种教学往往包括某种道德上的补偿。动脉粥样硬化是贪婪和懒惰的结果——我们吃得太多，做得太少，而且现代社会产生的各方面压力加剧了这一点。我们的心背叛了自然，自然也对我们的心展开了复仇。

这种思维方式现今还有很多人信以为真，它深深地影响着人们，让我们产生扭曲的假设和偏见，暗示我们必须为这不符合自然规律的现代性付出代价，从人们对维生素的偏爱胜过药物这一点就可以看出。隐约中，我们似乎能发现与其服用他汀类药物，不如避免食用富含胆固醇的食物，而且这并不是后备选项。这种思维方式，因为现在对于有机食品的推崇而形成，也存在于从中世纪传承下来的千千万万个迷信说法中，比如顺势疗法或者盲目相信所谓“专家”的观点。托洛茨基（Trotsky）在一个世纪前写道：“今天，不仅在农民家里，就算是在城市的摩天大楼里，人们的思想观念都像是还处在 10 世纪或 13 世纪中。世界上 1 亿人用上了电，却仍然相信天兆和驱魔。”在我工作的医院里，病房编号是连续的，但 12 号房间下一间接的是 14 号房间。人们有一种迷信的想法，认为药物必须以点滴注射的形式进入身体才能达到最好的药效，我和我的同事们一样，必须与这种荒谬的想法做斗争。当病人健康状况良好的时候，我们很容易纠正病人的这种想法。但如果病人有生命危险，就很难说服他们了。

不理智的想法总是在我们的脑海中蠢蠢欲动。21 世纪初，人们相信大自然的想法减弱了些，人们之所以会这样，大部分原因是没有停下来思考自然到底是什么。我们不可能不注意到药物的有效性，尽管许多人仍然将人造维生素片解释为“纯天然制品”，但他们不会给阿司匹林、他汀类药物和降压药下同样的定义。[①] 动脉粥样硬化是偏离自然正义道路引发的恶果，这样的观念已经渐渐消失，但目前仍然存在。

1953 年的一篇里程碑式的论文指出，尸检报告显示了在韩国阵亡的美军士兵普遍患有动脉粥样硬化，明确了问题的严重程度，其与“它是现代生活中的一种疾病”这种说法是一致的。1999 年的一项研究调查了 3000 名死于意外或外伤的美国人，年龄都在 15～34 岁，发现每个人都存在动脉粥样硬化的问题。

“现代化就是原罪”这一想法在人们的观念中挥之不去。2004 年，一篇可信度很高的论文中写道：“我们的旧石器时代基因组在肥胖、高血压、糖尿病和动脉粥样硬化性心血管疾病的持续流行中

---

① 尽管这三种药物都像其他所有药物一样利用了生物化学的自然途径。第一种药物的原料来自一种常见的植物（绣线菊属植物），第二种来自真菌，第三种来自蛇毒。——作者注

扮演着重要角色，”论文中还写道，“减少动脉粥样硬化等慢性退行性疾病发病率最实际的解决方案是，重新调整我们目前不健康的饮食和生活方式，以恢复我们的基因在设计之初时的环境。”

如果要让我们回到那个时代，那么我们的生活会是这样的：肮脏、野蛮且寿命短暂。如果说解决任何问题最好的办法就是回到更简单的过去，那麻烦可大了。我们的过去有着快乐的原始共产主义，有着天然的健康食品以及健康的身体机能，这些可能都只是丰满的理想，但现实很骨感。2013 年，一项名为“HORUS”的研究收集了 137 具历史上保存下来的尸体。尸体来自四个不同大洲，最早可以追溯到 4000 年前。他们中包括农民和依靠狩猎采集生活的人，以蔬菜、肉食、浆果为主要的食物来源。“在人类历史上，动脉粥样硬化是什么时候出现的？”研究人员提出了这样的问题，并继续说道，

> “这是一种生活方式引起的疾病吗？还是由衰老或其他原因引起的？随着 1800 年至 2000 年间发达国家人们的预期寿命增长，动脉粥样硬化性血管疾病已取代传染病成为发达国家人们的主要死因。一个常见的假设是动脉粥样硬化主要与生活方式有关，如果现代人能够模仿工业前甚至农业前的生活方式，将可以避免患上动脉粥样硬化，或者至少避免其临床表现。”

在那些穿越时空的尸体中，死者平均寿命为 32～43 岁，即使尸体的某些特征因为已经有几千年历史而无法检测，但尸体的动脉粥样硬化也很明显。研究人员总结说，动脉粥样硬化在前现代人类

中的存在表明这种疾病是人类衰老进程的固有组成部分，而不是任何特定饮食或生活方式导致的特征。正如我们对消灭因动脉粥样硬化而导致的过早死亡的渴望一样，它的存在也再自然不过。

血管老化及其代价

血管老化是人类死亡和人口减少的主要原因。

动脉粥样硬化是衰老进程中常见的一部分，但这并不意味着我们都会患上它。我们的身体在不断变化，我们也会研究这种变化，为的是找出其背后的原因。饮食和生活方式很重要，但个人节食和改变生活方式的努力基本上是无效的，除了戒烟。我们的饮食和生活方式可以在社会层面上受到有效的影响。尽管弗雷明翰项目和其他研究表明，饮食、生活方式和血管老化之间存在联系，但它们并没有给我们足够的理由和动力去做出彻底的改变。

弗雷明翰项目留下的成果是，现代世界的许多疾病都不算是“疾病”，虽然这一点没有被人们完全承认。1970 年，弗雷明翰项目的研究人员发现，高血压会导致脑卒中；而 2001 年的数据显示，在“正常”血压范围内的高值也会导致这个结果，只是症状稍微温和一些。这个数据不是说高血压是一种疾病，也不是说正常范围内偏高的血压值是一种疾病，它说明的是血压越高，血管老化速度越快。血压升高是年龄增长的结果，它会导致残疾和死亡的加速来临。很长一段时间以来，药物的作用就是将血压降到一个临界点，在这个临界点以下血压就变得正常了，这相当于把高血压当作传染病来治疗。但这其实是人们的误解。血压升高其实是衰老进程中的一部分，人们降低血压其实是为了老得更慢一些。胆固醇也是如此，医学上对它也有同样的误解。几十年来，我们一直致力于一项以治疗为目标的战略，其理念是把患者治疗到一定程度上的正常状态。但其实人们本就没什么疾病，只不过是正常的衰老进程而已。降低胆固醇水平是我们操控衰老进程的方法之一。就目前的观察，我们把胆固醇降低到任何一个“正常”水平，甚至低于“正常”值都是有好处的。

血压是一个可改变的危险因素

“正常血压的汞柱高度范围在 120～130 毫米。但对于 50 岁以上的人来说，这个范围通常在 140～160 毫米。血压长期高于后者就可称为高血压，但这一数字也有地区性的差异。”1920 年，威廉·奥斯勒在《原则与实践》（*Principles and Practice*）第九版中如是说。

奥斯勒针对治疗方法如此建议道：“过安静、有规律的生活，避免暴饮暴食，多洗澡，少吃盐，避免受到过大压力。”如果不能做到这些，那么“在某些血压过高的情况下，通过抽取 10～20 盎司（295.7～591.4 毫升）的血液，可以显著缓解高血压”。在 1920 年，缓解高血压的方法居然是放血，和当时治疗肺炎的方法一样，这令人十分震惊。在血压极高的情况下，放血的确可以带来短暂的好处，通过减少血液量，从而降低血压。奥斯勒和一个世纪前的医学界并不清楚血压差异带来的长期影响，因此对于血压汞柱高度高于 140 毫米的 50 岁以上人群来说，他的建议在当时是正常的。从统计学的角度讲，他是对的——因为对日常生活来说，这个范围确实算是正常的。但在今天，这个范围是不正常的，它是你患上高血压的下限数值。但目前，我们还不清楚“高血压”到底是不是一种疾病，这正是弗雷明翰项目给我们带来的经验。血压越高，血管老化速度越快，这种关系何时产生，或者说何时患上这种“疾病”的，并没有明确的界限，我们只能看到这种关系表明着越来越高的患病风险。

一个世纪前，血压对心脏病发作的影响并不是正统医学观念的一部分。奥斯勒的书中提到了心脏病。在他那个时代，他的书已经是最具权威的标准教科书了，但在这本厚达 1168 页的书中，也只是寥寥提了几次而已。“心脏病”这几个字没有出现在目录中，甚至在索引里也不见踪影。20 世纪头几十年里最伟大的医学界权威们在进行分类的时候，没有把心脏病和高血压算作主要问题。

奥斯勒的书在 1920 年出版，他也于这一年去世。到 1948 年，心血管疾病已经成为一个令人担忧的问题，其中最主要的疾病是心脏病和脑卒中，于是人们发起了许多针对性的研究，弗雷明翰项目就是其中一个。每一项研究都发现，血压越高，患病的风险就越大。2002 年，全世界积累的数据被整合到一项单独的研究中，总共涉及 61 项类似于弗雷明翰项目的观测研究计划，吸引了 100 万人参与其中。庞大的数字经过计算得到了精确的结果：每增加 20 毫米汞柱的血压，死于心血管疾病的人数就比正常情况下死亡的人数高出一倍。在任何血压水平下，降低血压都可以降低死亡率；同时，不管在任何年龄段，这种关系都会存在。

为什么我们不从年轻时就开始服用各种降压药呢？如果说预防胜于治疗的话，为什么我们一定要等到衰老已经对我们造成了危害时才开始采取措施呢？这些问题都是好问题，它们的答案虽然不是好答案，但却十分清晰。

血脂是一个可改变的危险因素

用药物降低血液胆固醇指数，对你大有好处。这种方法的效益十分巨大，每升血液中减少 2～3 毫摩尔低密度脂蛋白胆固醇，就可以将血管疾病带来的风险减半。而血管风险不仅仅是死亡的风险，还是心脏病、脑卒中及类似疾病所带来的死亡风险的结合。这里所说的每一项数据都十分可靠。

在 20 世纪的最后 25 年，我们发现了他汀类药物的作用。现在我们有一种叫作 PCSK9 抑制剂的药物，它降低胆固醇的效果十分显著；还有一种叫作依折麦布的药物，效果则没那么显著。没什么能阻止我们同时服用这三种药物，这显然不是一个三选一的问题。我们还有其他降低胆固醇的新药，而且即将生产出一些新的药物，它们介于传统药物和基因治疗药物之间，可以改变我们身体生成基因产物的方式。也许我们很快就能做到随意关闭一些基因产物的产生途径，从而阻止提高胆固醇的基因的产生。看样子，我们要面临的问题很快将不再是我们是否具备这样的技术能力，而是我们想做到什么程度。本杰明·富兰克林（Benjamin Franklin）曾说：“1 盎司的预防，胜过 1 磅的治疗。”那我们究竟应该做到什么程度呢？想找到这个问题的答案可不容易。

我们对疾病的定义来源于：在这个世界上，不同的症状有不同的病因，我们可以选择改正或消除这些病因。我们并没有把大部分现代人类疾病看作衰老的一部分，而是给它们各自取了名字、分了类别。即使这些名称和类别并非完全错误，但也起不到任何作用。人们未患病时的常态有时也会误导我们，因为从统计学角度上说，与平均值有差异的情况，就可被定义为疾病。

我们用一个几乎虚构的抗生素概念来模拟我们对药物的定义。如果病人患上一种严重的感染，不加以治疗的话，他就会死于这种感染。在了解疾病的运作方式后，我们会设计一种药物来对抗它，那么病人就得救了。了解一个问题，再匹配相应的解决方案，病人就会恢复健康。如果说医学存在的作用，就是以这样的方式去治疗我们的疾病，那么我们在健康的状态下还使用药物的做法就显得十分奇怪了。

用抗生素来治疗严重的脓毒症就遵循这样的解决问题、恢复常态的模式，这种疾病在用药正确的情况下是非常“脆弱”的，但如果不治疗依然可以致命。可是在今天几乎所有使用抗生素的实际情况中，都不遵循这样的模式。大多数感染会和人体自身的防御功能产生反应；适当使用抗生素有助于加速康复，提高治愈疾病的概率，而不是彻底治愈疾病。也就是说，大多数不服用抗生素的人也会好起来，而一些服用抗生素并死亡的人也不会因为服用更多抗生素而得救。值得注意的是，抗抑郁药物和抗精神病药物的名称代表了成功的抗生素背后所蕴含的理念。两个药名都含有暗喻的意思，但从字面上理解是很伤人的。[①] 然而大多数时候，我们都是从字面上理

---

① 抗抑郁药——antidepressants。“anti-”这个前缀有“反；反对”的意思。“depressant”是抑制剂的意思。抗精神病药：antipsychotics。“psychotic”是精神病患者的意思。——译者注

解的。

修复一个本来会致命的创伤当然符合得病然后治疗的模式，但其实很少有手术遵循这个模式。大多数外科手术就像药物一样，提供一系列的好处，同时也会带来一系列的危害。同大多数药物一样，外科手术也是为了提高获得更好结果的概率。我们总是把医生和医疗保健看作救命稻草，使得每一次干预都显得大张旗鼓且很有必要。但我们最好还是把医生和医疗保健看作乐于助人的赌徒，他们只是拿我们的身体健康在冒险罢了。

现在，从长期的角度看待疾病，比以往任何时候都显得更加重要。如果一个中年男人在 5 年中持续服用他汀类药物，他的获益会非常小，小到大家都认为没这个必要，除非他得心血管疾病的风险非常高。但 5 年过后，他还是以前的他吗？他的血管、他的预期健康状况，还会和以前一样吗？我们提倡一辈子的健康饮食和锻炼，但我们这么做的时候，除了知道这些选择可能对我们有好处之外，对这些选择实际上意味着什么却一概不知，我们绝不会接受这种无知。“可能有好处”远远不够——可能性有多大，好处又有多大？它的缺点是什么？如果没有量化指标，我们就只能时刻心怀希望和恐惧，还有无休止的好处和坏处的清单，而这个世界给我们留下的，就只有相信一切解决办法要么有效要么无效，相信疾病一定有相对应的治疗方法，相信我们所看到的危险和需要采取的行动之间存在着一对一的对应关系。然而当你在拿自己的健康做赌注的时候，上述这些想法没有一点用处，就像给你一张赛马比赛的名单列表，每个名字旁边还写着谁可能获胜谁可能失败一样。

弗雷明翰项目做出的贡献使我们开始意识到，我们一直寻找的，不是我们身上存在或不存在的病因，而是一直以不同程度存在于我们身上的“危险因素”。在碰运气时，“危险因素”很有一套，在经过仔细的概率评估后，它们才会去攻击生命的弱点。如今，我们仍然把“风险”与“收益”放到一起来说，这是不恰当的，也是错误的。这是“风险”与“风险”之间的对抗，是行动的风险与不行动的后果之间的对抗，是干预与不干预之间的对抗，是危害所带来的损失和收益背后的风险之间的对抗。而医学要负责的就是确定最佳可行途径的成功概率，清楚地传达这些途径并改进它们。值不值得冒险，这不是医学问题，而是社会的价值判断，也是人们自己的选择。

大多数药物和医疗干预措施把相对风险降低了 15%～30%。这听起来比实际情况更令人印象深刻。它与一个人现有的风险有关，但这样的风险都很低，在我们生命中的任何一年之中，我们遭受意外的可能性都很小。人们早就注意到，新的突变、新的基因变化基本上很微小：任何真正重大的变化都可能带来好处，但可以保证的是，同时也会有巨大的危害。复杂的人体系统过于精细平衡，很难再进一步调整，因此大多数药物降低风险的程度都很小。只有不断积累一些小的改变，才能最终在我们的生命中引发巨大的变化。

处于 15%～30% 的相对风险收益是完全可以接受的，只是我们通常不会注意到它们。为了发现它们，我们必须进行更大规模的实验，然而进行这样的实验似乎是不值得的。前面提到过的胆固醇吸收阻滞剂依折麦布的相对风险降低率只有 6%，这很不寻常。为了避免正常的变异影响最终效果并导致药物最终不起作用的情况，我们进行了一次规模异常庞大的长期实验来进行检测。

心脏病发作后使用抗凝药物可降低 30% 的相对风险。快速血管成形术（用金属丝将球囊和支架穿到一起并放置在血管中，这样可以扩大并保持血管的宽度）也可以降低同样程度的风险。冠状动脉旁路手术也可以降低大约三分之一的相对风险。[①] 他汀类药物、阿司匹林、β 受体阻滞剂和血管紧张素转换酶（ACE）抑制因子、华法林和其他血液稀释剂、利尿剂——所有这些药物，在一系列不同情况下，都能稳定降低 20%～30% 的相对风险。

对于绝对风险水平较低的人来说，其实没必要去操心这些相对风险的降低。如果你心脏病发作的概率是千分之一，那么即使药片没有任何副作用，这 20%～30% 的相对风险降低（也就是万分之二到万分之三的变化）似乎也不值得你花时间去服用这些药片。医学的策略是把重点放在已知的高危人群身上。而对那些绝对风险足够高的人来说，就算 20%～30% 的相对风险是分散在五年内降低的，他们也有足够的理由去服用这些药物。

这一策略很符合医学治疗疾病的传统。生命得到拯救，心脏病发作和脑卒中得以避免：人类的生命变得更长、更快乐，恐惧和悲剧的色彩变得更少。这样的策略之所以能够奏效，是所有干预措施叠加在一起的结果。每种方法都可以降低 20% 或 30% 的相对风险，但它们并不相互排斥。用支架打开狭窄的冠状动脉带来的好处，与阿司匹林、他汀类药物、β 受体阻滞剂和血管紧张素转换酶抑制因子给血压带来的好处相同。这些好处相加起来，最少也能达到分别使用它们产生的好处的总和（我们有理由相信这些益处能产生 1+1 ＞ 2 的效果，但由于实验方法的问题，我们没有办

① 这样一个明显能救命的办法所降低的风险、所提供的益处只是和服用他汀类药物类似，如果你觉得这一点很奇怪的话，那你绝不应该这么想。如果当初只是把病症放在一边不管的话，也不是所有人都会落得被开膛这一悲惨的境地，而且也有很多人会死于手术过程中。——作者注

法确定这一点）。

对社会来说，这带来的好处是巨大的。保障人们的健康提高了病人的个人福利；医学的目的更多是延长人们能进行生产活动的时间，而不是延长人们虚弱而又依赖他人的时间。对于整个社会而言，依折麦布降低的这 6% 的相对风险是很重要的，因为心脏病和脑卒中的病例数量实在太多了，所以就算只有 6% 也使情况大为不同。

我们进行的这些个人干预越多，幸运者和不幸者的命运就越会天差地远。即使在像英国这样开放且免费的国民保健服务系统中，医疗服务的分布也不均匀。医生都喜欢在富裕的地方工作和生活。富有的病人更善于寻求帮助、理解帮助和接受帮助。与风险相关的个人干预措施越多，富人获得的医疗服务与穷人获得的医疗服务就越不一致。在任何一个医疗体系中，如果其提供的医疗服务不是免费且面向全体民众的，那么贫富带来的差距只会更大。

个性化的治疗策略增加了这种不平等性。长期以来，人们一直认为使用复方制剂是一种解决办法，它是一种由多种药物聚合而成的药片。早在 2003 年，就有人提出了一个里程碑式的建议，建议将他汀类药物、阿司匹林和三种降压药物结合起来，并提出证据表明，如果给所有 55 岁以上的人服用这种药物，那么脑卒中病例数量会减少 80%，心脏病病例数量甚至会减少更多。根据这个人的计算，这将使服用者的平均寿命增加 11 年。因为自 2003 年以来，可用的药物一直在增加，那么预计可增加的平均寿命也将延长。

使用复方制剂意味着药物会更加有效，因为这样我们就不容易忘记服用某种药物了。同时，聚合药片的出现，还暗示着我们可以以一种更加分散的方式来降低心血管疾病的风险。与其把病患一个个挑出来治疗，不如对每一个人都进行治疗。要使用这种方法，必须认识到在治疗心血管衰老的过程中，我们并不是在试图治疗某种特定的疾病，而是在试图预防人体的衰老恶化。减少不平等的现象，就是这种方法的意外收获。

复方制剂也为那些附加效益太小而无法单独使用的药物打开了大门。如果说依折麦布作为一种单独的药品闯入我们的生活，那么其实它的意义是很小的。但如果它作为我们服用的药丸中的一种附加成分，其意义就十分重大了。随着药物数量的增加，即使对最富有的人来说，复方制剂也将成为必要的实用药品。随着技术的进步，个性化的复方制剂将成为常规药物，并会变得易于调整和生产。在未来，我们以 5 年为期的风险处理水平将会不断提升，我们也会把视线转移到提升在更长的时间内预防风险的能力，从以 5 年为期的治疗观转移到以 50 年甚至 100 年为期的治疗观。我们将稳步朝着一个目标迈进，这个目标就是从一开始就对动脉粥样硬化和血管老化的发展进行干预。通过对避免心脏病和脑卒中的不断努力——也就是防止人们过早死亡——我们在延长生命且是健康生命这一方面，将会越来越有成效。人类的生命之路将会走得更长远、更光明。

假设未来没有大型全球性灾难，这一进程将继续稳步提升。这个进程包括生命的医学化，但当我们认真对待预防这件事时，当我们有能力接受健康促进活动时，所有的生命都会医学化。这并不意味着每一次干预都能收获成效，但这确实意味着我们可能会分不清药物和生活方式之间的区别。如果你觉得健康的生活方式是美好的、有价值的，但同时又觉得促进健康的药物是邪恶公司的贪婪或过度医疗化的表现，那么你的想法就错了。要判断干预措施的对错，我们的依据应该是它们产生的效果如何，而不是它们的初衷是否符合我们的道德观。200 年前有化学家证明，不管是从甘蔗还是甜菜根中提取的糖，其分子结构都是相同的。也就是说，真正重要的是事物的本质，而不是它来自哪里。没有什么东西能对人类生活产生纯粹的、一边倒的影响，我们应该追求的是生活的平衡。我们认为，少数认为疫苗是某种阴谋而拒绝接种的人，简直愚蠢至极。因为打一针疫苗就能一劳永逸地解决患某种病的风险。而当能够改变我们衰老进程的药物出现时，想必提出反对意见的还是同一批人。

今天，抗议者中当然也不都是没有理智的人。他们可以指出，我们没有对干预措施在长时间内的作用进行可靠的研究，我们的研究最多也只持续了几年而已。在研究一种药物在人的一生中能起到怎样的作用时，这确实是真实存在的一种缺陷，这也是我们在做实验时无法避免的困难，但人们都想得到能够在一生中对健康有促进作用的药物，这一点是无可争辩的。我们的药物在未来长时间内会产生什么样的效果，我们可以保持十分的自信；同时，对于在我们进入衰老期以前服用这些药物会有什么效果，我们也能够做出合理的猜测。我们有充分的理由相信这些药物可以给我们提供帮助，甚至其作用会比它们现在所有的效果加在一起还要显著。

葡萄糖是一个可改变的危险因素

公元前 6 世纪，印度医生苏什鲁塔（Sushruta）就描述了蚂蚁挤在一起吸食含糖尿液的场景。700 年后，卡帕多西亚的阿雷泰厄斯（Aretaeus）对排出这种尿液的人加了一段描述。他写道：“他们的肉体和四肢，仿佛都融化成无尽的尿液。患者总是不停小便，他们的尿液流个不停，像是从水管中流出一样；他们的生命短暂、令人厌恶、令人痛苦；总是止不住地口渴。”糖尿病最初被认为是一种以极端症状为表现的急性、致命的疾病。后来，人们才慢慢开始认为它是慢性的、半隐蔽的疾病。11 世纪，博学的波斯医生阿维森纳（Avicenna）写道：“坏疽和肺结核导致的死亡通常是由潜在的糖尿病引起的：就像河马的耳朵一样，容易看见的部分不如下面隐藏的东西重要。”

在科学的医学时代到来之前[①]，人们对糖尿病的干预措施并不起作用。人们使用了各种各样的药物——大黄和其他泻药、催吐药和发汗药来试图进行干预。然而即使这些措施没有任何作用，医生和病人却都能感到满足，因为至少他们已经为此做出了行动。同时，由于人类生命变化多端，那时候用以衡量结果的方式也不能完全把干预措施的效果和碰运气的结果给区分开，所以人们没有注意到这些方法根本没有作用。到 19 世纪末，生物学、生理学和生物化学等临床前科学已经改头换面、焕然一新，但临床医学几乎没有发生什么改变。治疗糖尿病的方法很多，但没有一种有效。这些方法仅仅是安慰剂[②]而已，砷、硝酸铀甚至和放血疗法一样，不仅没有效果，反而会致人死亡。

不管药物是否有效，它们都会削减人们的生命。奥斯勒所著的伟大教科书《医学原理与实践》（*The Principles and Practice of Medicine*）中，明确指出了许多糖尿病患者饮食方式中的一种：“250 克燕麦片、等量的黄油和 6～8 个鸡蛋蛋白构成了患者一天所需的

---

① 这并不是说在“科学”的时代到来之前，科学一直是医学的一部分，而是在科学实验被可靠地应用于人们拟订提出的治疗方案之前——也就是在可靠的实验出现之前。——作者注

② 用以安慰想象自己得病的人或无实际治疗需要者的药剂。——译者注

食物。将燕麦片先煮两个小时，然后将黄油和鸡蛋蛋白搅拌后加进去。一天内可以分四次食用。随餐饮品可以是咖啡、茶、威士忌和水。”他建议糖尿病患者的家人可以用剩下的蛋黄制作其他食物。许多讨厌燕麦片的人只能端着一碗蛋白粥眼巴巴地望着吃着香喷喷的蛋糕的亲人，他们一定很感激还有威士忌能喝。

随着胰岛素的发现，那些患有 1 型糖尿病的人终于可以免遭阿雷泰厄斯所描述的快速死亡的命运，但仍旧没能恢复到健康状态，年复一年，他们仍在受苦。人们可以通过注射胰岛素来控制血糖指数，但这样的控制是有缺陷的。当血糖高于 11 毫摩尔 / 升时，肾脏就无法储存多余的糖分，因此尿液会带有蚂蚁所喜爱的甜味，这也是“糖尿病”这个名称的由来（在过去几百年的时间里，小便壶一直都是医生的标志，而品尝尿液也是病情检查的一个步骤）。如果患者进行空腹采血——这个步骤是为了方便测试，而不是对患者有利——那么超过 7 毫摩尔 / 升的血糖就足以导致视网膜神经受损，长此以往会导致失明。

这两个数字来源于人们对治疗方法有缺陷的 1 型糖尿病长期危害的努力理解，也成了 2 型糖尿病的定义基础。2 型糖尿病和 1 型糖尿病完全不同。2 型糖尿病患者，其身体内产生胰岛素的部位并没有受到破坏，而是仍然可以产生胰岛素，但逐渐对胰岛素产生抵抗性。这显然和富裕的生活以及肥胖有关系。“糖尿病在古代非常罕见，许多著名的医生都没有提到它的存在，”在 17 世纪，托马斯·威利斯（Thomas Willis）博士写道，“但是在我们这个时代，人们之间建立了美好的友谊，大口喝着葡萄酒，我们所见到的这种疾病的例子已经够多了。而且我可以说，每天都能见到。”威利斯博士低估了过去几百年里人们的欲望，也高估了他这个行业的观察能力：

2 型糖尿病一直存在，只是医生们没有发现罢了。医生们开始注意2 型糖尿病，是因为健康水平的普遍提高使得医生们对于许多早期疾病和致死原因有了了解。

在弗雷明翰项目之前，我们所说的 2 型糖尿病是指有的人尿液中糖分过高且感觉不舒服的疾病。而弗雷明翰项目指出这种疾病背后存在着更微妙、更隐秘的危险。2 型糖尿病可能会对 1 型糖尿病患者的神经和眼睛造成损害，但 2 型糖尿病患者主要的死亡原因是心血管系统老化。人们以前从未注意到这一点，因为由糖尿病引起的心脏病和脑卒中，其症状和其他原因引起的一模一样。其实，它们的病因都是一样的。现在，人们既把糖尿病看作一种疾病，也当作一种危险因素。一个人可能没有任何症状和征兆，身体的糖分水平也足够低，其肾脏可以保持尿液颜色清淡，但这并不能阻止心脏病发作和脑卒中的出现。随着降血糖药物的开发，和新型降糖药与人体自身的胰岛素协同作用，使得糖尿病已经成为心血管健康中一个可改变的危险因素。

药物治疗的增加来源于人们对疾病越来越深的理解。弗雷明翰项目和其他研究加深了人们对早期死亡和疾病中危险因素的认识，使得很多原本健康的人被诊断为需要进行医疗干预。一个因血糖水平异常而昏迷的人显然是患有疾病的，但一个血糖升高却没有症状的人就难以描述了。除非被确诊并实施干预手段，否则这样的人其实并不会觉得痛苦，也就不会令人同情，所以严格来说，这些人不算是病人。语言的不严谨助长了这种不确定性：如果把每个有疾病危险因素的人都称为病人，那么药物的地位就会不断膨胀，直到它毁掉所有健康生活的概念。要知道，生命本身才是死亡最根本的危险因素。

世界卫生组织仍然坚持最初对糖尿病的定义：当一个人的血糖

样本中空腹血糖达到7毫摩尔/升或随机血糖达到11毫摩尔/升时，这个人就可以被诊断为糖尿病。然而有大量证据表明，随着年龄的增长，血糖水平会逐渐升高。就像胆固醇或血压一样，血糖水平还是越低越好。当然对于这三种因素来说，任何一种的数值出现了低到反常的情况，肯定也是有害的。而且胆固醇是一定会存在于人体内的，因为它是生命必需的物质。当你的血压过低时，你就会昏迷，同样的，如果用药物把血糖水平降得过低，也会使人昏迷。然而，在这些物质的正常值水平随着年龄不断增长的同时，这些数值也不是越低越好。

如果只是把干预措施设想为治疗疾病的方法，那么在人们没有症状的情况下，这些措施就没有什么意义。但如果把它们当作可以延长健康寿命的方法，每一种方法都能产生轻到中度的影响，且其影响可以累计相加，那感觉就完全不同了。全世界每年有300多万人因为血糖水平高于正常值而早逝。药物也将继续被人们改良，植入式血糖监测仪和类似人工胰腺的药物输送系统已经被投入使用，它们的作用会越来越大。并且，就算是技术已经如此发达，我们仍然有希望取得更加巨大的进步。

诊断某人患有糖尿病并提供治疗，不是为了将其血糖维持在正常范围内，而是为了延长其健康寿命并预防疾病。我们把糖尿病诊断为一种疾病，而低估了它作为危险因素的威胁。我们对高血压和高胆固醇的诊断也同样如此。[①] 危险因素的概念，基于它只是人们走向无法阻挡的衰老进程中可以避免的疾病。但当疾病和危险因素

① 对于喜欢用希腊语来说医学术语的人，高血压和高胆固醇分别是“hypertension”和“hyperlipidaemia”。——作者注

是年龄增长过程中不断逼近的阴影，而干预手段是减缓衰老的有效方法时，这些话就说不通了。

心血管疾病是人类健康的最大敌人，随着人们越来越长寿，它被重视的程度也会越来越高。我们可以通过治疗心血管疾病来减少阿尔茨海默病患者的数量，减少程度究竟如何还不清楚，但答案肯定是“可以减少一些”——同时，对于我们是否可以通过其他方式减少阿尔茨海默病患者的数量这个问题，目前答案是，在未来也很可能是——“不能”。如果一个人因血管阻塞导致心脏病发作或脑卒中，那么混合服用一些廉价药物后，而且在未来的几年里再次发生类似事件的概率会降低一半。但更多的混合药物在更长的时间跨度里是否还会有效，我们就不得而知了。我们知道它的大概趋势，也就是医学未来的趋势。随着我们治疗手段的绝对风险不断下降，每种药物每年的绝对有效性都会下降，虽然整体效益会上升，但其上升幅度将在一定程度上取决于新型药物中含有多少新技术。同时，这也将取决于我们所做的实验，以及我们为了追求理想的结果，能在多大程度上改变我们生活中的优先事项。能使调查干预措施在几十年的时间跨度里产生效果并非易事，但这十分重要。我们是否愿意在实验上投资，是否愿意在我们没有症状、多年看不到任何益处的情况下服用药物，将取决于实验所得出的结果有多大说服力。

一个世纪前，医学教科书只不过罗列了一些疾病而已。当问题出现时，就可以用药物解决问题。今天的医学文献也是相似的——当然这是不应该出现的情况。现在，有多少药物是用于延长生命和促进健康的？比以往任何时候都多。我们很难给出一个更好、更精确的答案，因为我们从来就没有充分考虑过这个问题，也就没有收集过足够的信息。这也证明了，在医学这个行业里，我们的思想还没有赶上我们进步的脚步。

传染病

描写医学的未来，却不提及对新出现的感染和抗生素耐药性的可怕性警告，这将是对传统的漠视，所以我收到了一封谴责信，它不仅来自首席医学官，而且来自皇家文学学会。

对于发达国家来说，传染病是否会再次成为全球性的威胁，而不是对其发展有害的地区性威胁？抗生素的抗药性是否会使所有关于征服传染病的文字显得过时，就像马克·安东尼（Mark Antony）叛变时宣布埃及战胜罗马的纸草一样古老？

世界上总是会出现新的传染病，但它们造成的损失很可能会得到控制。在2013年至2015年间，埃博拉疫苗对非洲撒哈拉以南地区的人毫无帮助，但疫情再度出现时它就能提供帮助了，并且如果不想被疫苗的研发速度所打动，需要我们有铁一般的悲观思想。寨卡病毒也是如此。季节性流感是否会与大流行性禽流感合并，引发另一场像1919年那样死亡人数比第一次世界大战还多的瘟疫？医学生很早就被教导，任何以“可能”“可以”或“是否有可能”开头的问题都应该用“是”来回答，但并不意味着这就是真正的答案。疫苗总是以上一次暴发疫情的病毒基因为模型，因此当前的病毒总是领先一步——但同时，这也意味着疫苗永远不会落后一步以上。

新的疾病和抗生素抗药性是严重的问题，但两者都不太可能导致未来的进程发生逆转。对于发达国家的人来说，最坏的情况也只是几个“急转弯”而已。我们需要新的抗生素，但随着旧抗生素过时，对它们的耐药性也会随之消失。一个关键问题是，在促进药物开发方面做了这么多工作的公开市场，却有一种不正当的动机。我们希望制药公司能开发新的抗生素，他们也希望如此。如果他们研发出来了，他们会想要尽可能多地销售他们的新药，然而社会民众则不希望这样，因为增加新抗生素的使用就会增加疾病的抗药性。开发新抗生素最有用的动力，可能是一种不需要销售也能获取利益的模式。

疟疾更令人担忧。随着人们生活水平的提高，疟疾会逐渐消失，这并不是因为有钱人买得起药物，而是因为更加良好的生活环境消除了疟疾的存在能力。几个世纪前，英格兰南部和罗马的疟疾就已经全部消失，而且这种趋势还在继续；2016 年，吉尔吉斯斯坦和斯里兰卡都摆脱了这种疾病。在不那么富裕的地区，药物就显得更加关键了。疫苗有作用，但作用有限，我们最好的药物也正因为政府无组织、无效或掺杂了腐败行为的使用方式而无法发挥功效，特别是在泰柬边境地区，那里社会混乱、经济和医疗条件落后，已经导致疟疾病毒对药物产生了抗药性，造成了数百万人死亡。

不仅在医学上，在农业上过度使用抗生素也成为一个大问题。它虽然带来了不少危害，也需要加以控制，但有时候“天塌了”这种话未免太容易说出口了。尽管面临这么多威胁，但抗生素的过度使用情况已经在慢慢减轻和解除。抛开几百年来人类身体状况的改善不谈，个别根除某些传染病的例子也是值得庆祝的。我们应该对这些事例抱有更多感激之情。除了军事细菌战研究所的最深处，天花病毒已经完全消失了，而且要想消灭地球上所有人，军队根本犯不着使用病毒武器。在很多国家，脊髓灰质炎都消失了。麦地那龙线虫病也在走向灭亡。你可能很少听说过这种病，但它带来的痛苦折磨了数百万人。这种虫子生活在人们的腿部肌肉中，需要用一根棍子从疮口将它们轻轻挑出来。从某种程度上来说，象征医学的“蛇徽”就是这种虫子缠在棍子上的美化版。这个标志马上将被弃用，这是多么令人振奋的事，令我们想起医学已经取得了过去根本无法想象的进步。

接触微生物不会导致疾病，这种情况很微妙，也很神秘。我们为何有时会生病，有时却安然无恙，个中原因我们还不清楚。奈瑟菌就是一个很有戏剧意味的例子：它是引起脑膜炎球菌性败血症的病菌，是可怕的杀手，它就潜伏在许多人的鼻子里，却丝毫没有造成伤害。大家都接触了这种微生物，为什么有人会得病，有人却不会？即使人们生活在同一屋檐下，感冒病毒的传播也没有一个可预测的模式：自身免疫性疾病和感染性疾病的细微差别是我们目前无法理解的。在我们现在这个阶段，对免疫系统用药就像用手拍画面不清晰的电视，试图让它恢复正常一样；同时我们也可以证明，在某些情况下，这么做弊大于利。药物的设计越来越有针对性，比如选择性地激发或抑制免疫系统的一部分，这意味着我们的手段已经进步了。但在错综复杂的现实背后，我们仍然面对着庞大的问题。即使是简单的感染，即使我们已经从分子层面非常详细地理解了它，它也没那么简单。接触感染，并不会以任何可预见的方式导致疾病；病房里的医生生病的次数比整天坐办公室的秘书还少。当我们接触到人类生活中不那么直截了当的部分时，我们必须记住这种简单感染背后也有其复杂性，因为我们在分子层面上对它了解得很少或根本不了解。

09
移植

自从艾滋病被发现以来，平均每年有 100 万人死于该病。即使你认识死于艾滋病的人，或者说正是因为你认识死于艾滋病的人，你会发现我们取得的成就是有缺陷的。我们在一无所有的情况下，在 15 年内就研制出了有效的药物，并能够把这些药物提供给大众甚至是穷人，这在艾滋病刚出现的时候是根本无法想象的。现如今，死于艾滋病的人，其死因很少是缺乏医疗能力，而是社会经济问题，这个问题同样导致了几百万人的死亡。我们并没有轻视现在的缺陷和过去的错误，但未来是光明的，即使还会有新的感染出现。曾经人们几乎不了解逆转录病毒，但如果现在出现另一种病毒，情况将不再如此。虽然新出现的疾病数量不可能是零，但总会向着这个数字发展。我们的应对能力只会越来越强。

如果艾滋病病毒在现代医学出现之前就已经开始传播了，它的传播范围会更广。它最终似乎也变成了一种非传染性疾病。一种特定的突变可以对抗它，一些突变的白细胞表面的 CCR5 受体将受到保护。随着艾滋病病毒的传播，病毒会以越来越快的速度杀死那些没有突变保护的 CCR5 受体，很快就只有那些有突变保护的细胞可以幸存下来。这个基因的突变变体将成为一个标准。在接下来几代人中，唯一易感染艾滋病病毒的人将是那些基因有新突变从而使他们的先天保护失效的人。如果艾滋病病毒到时仍然存在的话，这些人才会感染上艾滋病病毒，然而除非艾滋病病毒融合进我们的遗传 DNA 中，否则到时它将不复存在。

最近，有某种事物带来了进化压力，导致保护性 CCR5 进行高频率突变。其原因并不是艾滋病。这种突变存在于很少患艾滋病的人群中，而且这种情况早在艾滋病出现之前就已经存在了。在过去的几年里，有证据显示那些具有抗艾滋病病毒突变的人，情况比那些没有这种突变的人要好。但我们根本不知道其背后的原因。几千年来，其他疾病完全有可能已经从传染性疾病转变为遗传性疾病。与不太常见的人类嗜 T 细胞病毒（HTLV）一样，艾滋病病毒是已知会感染我们的两种逆转录病毒之一。病毒与细菌不同，它没有繁殖的能力，依靠寄生在宿主细胞上存活。逆转录病毒之所以得名，是因为它违背了弗朗西斯·克里克（Francis Crick）所描述的分子生物学的中心法则——信息始于基因，然后转化为蛋白质。逆转录病毒则完全相反，它会把自己插入宿主的基因组中。当逆转录病毒把自己插入卵细胞或精子中时，它就会具有遗传性。

我们的遗传密码中，有一个重要的部分是曾经受侵扰的结果。我们的基因组有二十分之一起源于病毒，并且这个数字已经是被低估的结果了。它指的是我们的基因组中曾经属于逆转录病毒的部分，而且其几乎没有功能。这个数字没有包括我们体内起源于逆转录病毒的基因组，因为它们已经进行了整合与改变，成为我们身体中的一部分，不再是明显的病毒入侵结果。

本章讲的是移植，提到这一点的意义在于这些植入的逆转录病毒可以在所有动植物中找到，特别是可以在猪这种动物身上找到，这一点与我们的未来密切相关。

从“我是罗马公民”到“我是猪”

罗马帝国皇帝戴克里先（Diocletian）先是表现出对于迫害别人的热情，然后才开始喜欢园艺。[①]在他手下殉道的人包括圣徒科斯马斯（Cosmas）和达米安（Damian）。在3世纪时，这两个人在爱琴海附近的某个地方砍断了一个人发生癌变的腿。但两人之所以被称为圣徒，还是因为接下来做的事。两人不愿看到这个人就此残废，更不愿看到他死去，所以他们不仅帮他截除了患病的腿，还帮他移植了一条新腿。为了纪念他们，人们用两人的名字命名教堂，还画了画来展示他们的行为。画中，捐赠者是黑人而受赠者是白人，这一点也增强了画面的吸引力。[②]人们想要描绘奇迹的热情太强烈而忽略了细节，以至于许多肖像画都显示捐赠者的左腿被切除，而受赠者需要的是右腿。换言之，人们很早就对移植这件事有了幻想。H.L.门肯（H.L.Mencken）在1925年写道：

> “通常，当报纸报道一个孩子因意外而严重烧伤、大面积皮肤遭到破坏时，他们会加上一个关于受害者家人和朋友的英雄故事，比如愿意为受害者捐献皮肤的人的名字、

① 退休后的戴克里先被要求恢复皇帝的头衔。当他拒绝时，他说：“与能够自己种卷心菜相比，王位的魅力不算什么。”——作者注

② 我们应该拒绝任何形式的种族歧视。黑人是自然死亡的，如果捐献者也是白人则更符合种族纯洁的观念。——作者注

需要移植的皮肤有多大面积，以及其他听起来让人心痛的细节。伤者一旦痊愈，整件事就不再是新闻了，我们再也不会听到半点消息。不幸的是，这种令人感动的牺牲自己帮助他人的故事几乎都是假的。”

门肯强调了这样一个事实：为了追求一个好的故事，记者们都太注重故事性，而不是去质疑这个故事是否合理，医生也一样。医生都想救死扶伤，都想变得成功、更有社会威望。这使得医生们陷入一种糟糕的心态，他们怀疑伤者的伤口是否愈合，但并不是出于关心。

认识论的进步有助于让谦卑取代自大，让实践取代直觉。医学花了几千年的时间，才学会了可靠地将希望与现实区分开来。与新闻业不同的是，科学自 1925 年以来是有所进步的。但是，科学本就是建立在进步的概念上的，而其他人类付出努力的领域则不一定。但这也并不是说医学不会退步：意大利外科医生塔利亚科齐（Tagliacozzi）于 1599 年去世后，他用病人的皮肤修复鼻子的技术失传了两个世纪。这样的损失不仅是科学上的，也意味着那些因创伤和疾病而毁容的人失去了得到帮助的希望。20 世纪初期，免疫学和移植领域取得了令人兴奋的进展，但其中的大部分成果后来也被丢失和遗忘，甚至在第一次世界大战之后被彻底抹除。思想消失了，就意味着会有生命逝去。

人们对实验台简化论以及不重视实验的态度，使得移植的发展受到了阻碍。直到免疫学的基本问题——人体区分“自体”和“非自体”的方法以及改变这一点的技术——被确定之前，移植都是一件不可能的事。

彼得·梅达瓦曾写道：“一个被证明是可以解决的问题，也就是一个还没有解决的问题。”他补充说：“人们认为我的工作使现代器官移植成为可能，而且老师们上课前也总这么介绍我。”梅达瓦曾笃定不同个体间皮肤移植是不可能的，身体很快会识别并排斥另一个人的皮肤。在一次会议上，梅达瓦遇到了一位研究者，这位研究者的兴趣在于研究奶牛的某些性状是受环境的影响大还是受遗传的影响大，但由于难以准确确定长相相似的小牛是同卵双胞胎还是非同卵双胞胎，他的研究遇到了困难。这是一个很容易解决的问题，梅达瓦告诉他：做一个小的皮肤移植手术就行了。如果皮肤没有被排斥，那么两头牛的基因就是相同的；如果被排斥了，那它们的基因就不同。梅达瓦非常自信，而且十分豪爽（他后来这样描述自己：“毫无疑问，我的头脑被酒或国际会议上流行的那种情感交流弄得神志不清。”），于是他主动提出由自己来做移植手术。出乎意料的是，两次移植手术都成功了，皮肤都没有被排斥。

原来，非同卵双胞胎的小牛共用同一个胎盘。在子宫里，它们会接触到彼此的血液。这导致它们的免疫系统学会了把对方识别为“自己”。正是因为探索这种区分“自体”与“非自体”的机制所取得的成果，梅达瓦获得了诺贝尔奖，并与创造了“免疫自我识别”这个术语的麦克法兰·伯内特(Macfarlane Burnet)分享了这一奖项。《免疫自我识别》（*Immunological recognition of self*）也是伯内特获奖时的演讲稿。然而，这项发现对人与人之间器官移植的实际影响是零。“这些早期实验并没有直接导致现代器官移植的成功，”梅达瓦解释道，“它们只不过是对外科医生们起了激励作用而已。”外科技术和组织分型技术的进步，以及通过药物的开发来抑制排斥外来细胞免疫反应，才是人体器官移植出现的原因。它的出现，也要归功于人们创新的但往往有误导性的外科实验。

人们对动物实验抱有疑虑是可以理解的，尤其是当实验对象是人类时。很多人没有这种疑虑，是因为他们对外科手术抱有传统的自大心态。这种心态往往出现在那些不了解自己的干预措施真正效果的人身上。然而，即使我们回顾过去，也不一定能够确定哪些外科实验是合理的。1906 年的一个实验试图给人植入猪和山羊的肾脏，能有什么好结果（除了外科医生能练练手以外）？我们现在知道，这些尝试既不会带来成功，也不会带来有用的知识，但我们当时是否知道这一点？答案有很大可能是“知道”，但也免不了画个问号。20 世纪 50 年代，人与人之间的肾脏移植被广泛认为是毫无意义、徒劳和残酷的。如今有人对这种行为进行了谴责，提出观点的人十分愤怒：“可怜的年轻女性（接受移植者）成为一个不必要的实验中不必要的牺牲品……实验以一个坟墓告终，她只不过为了外科医生的雄心壮志而牺牲。我们的同事们什么时候才能放弃在人类身上做实验的游戏？”人们从未放弃这样的实验，至少在美国是这样，但他们也确实取得了成功。当早期心脏移植的研究遇到麻烦时，英国接受了自我强加的暂停措施——考虑到早期手术可能产生的后果，这么做是明智的，但与此同时我们却盼着其他人去做实验性人体手术，这就显得我们既怯懦又不真诚。

很多人研究移植是为了寻找治疗癌症的方法。而移植和癌症治疗有着本质上的相似性，即需要了解身体是如何控制在体内生长的细胞的。骨髓移植是为了阻止移植肾脏和心脏的排斥反应而开发的，但人们却意外发现这种方法可以用来治疗白血病。人们还发现新开发的抗癌药物可以抑制免疫系统的排斥反应，从而使移植成为可能。芥子气是一种有用的治疗性免疫抑制剂，但免疫抑制会导致肿瘤生长。后一个发现对于那些服用免疫抑制剂的人来说仍然是一个威胁，但对于那些研究肿瘤是如何产生并逃离人体正常控制机制的人来说，这是一个福音。2018 年，诺贝尔生理学或医学奖颁给了两位证明刺激免疫系统有助于治疗癌症的人。

在人体移植中，免疫抑制过少和过多仍然是关键问题。与之相伴的还有实施移植手术的困难：病人面对的困难比外科医生更大。这样的手术对于健康的人来说风险都很大，更别说需要接受移植手术的人一般都是不健康的。

今天我们甚至可以经常移植肾脏、心脏和肝脏，部分肠道和胰腺。我们移植骨髓、骨头、皮肤、眼睛的晶状体、肺，所有这些都可以从一个人身上转移到另一个人身上，且有很高的成功率，也可以带来很多好处，并且移植后的组织可以持续工作很多年。

最近，在更小的范围内，我们成功移植了身体的其他部分。我们已经完成了超过 30 个面部移植手术，并取得了不同的生理和心理结果。手部移植自 1998 年以来一直在成年人中进行，而最近一名儿童也成功地更换了双手。拥有别人的手或脸长期以来一直是一件耸人听闻的事，但临床科学所涉及的领域是小说未曾涉足的。子宫移植使出生时没有子宫的妇女也能够生育。还有一位妇女接受了气管移植：为了避免终生免疫抑制，首先将气管植入她的前臂，然后将其包裹在她自己的组织中，让她的身体逐渐接纳气管为自己组织的一部分，令其正常生长。

不过小说作家确实预料到了接下来会发生什么。尽管只有“轻微的颜色差异”（虽然远比科斯马斯和达米安遇到的困难要小），不过外科医生还是成功地移植了一个阴茎。接受手术的年轻人在一次割礼后因坏疽失去了自己的阴茎，这次手术给他带来了很大好处。

甚至《柳叶刀》杂志都提到了这次手术的成功："接受者在术后 5 周报告说自己进行了满意的性行为，尽管我们建议至少禁欲 3 个月。"我们就当他是爱得太深而失去了理智吧。

自己身上有一部分是被移植进来的，从源头上说是外来的，这一点引起了小说作家们的思考。"这个年轻人先是失去了阴茎，然后又更换了阴茎，这样的双重心理影响令我们感到担忧。"《柳叶刀》中的文章如此写道，

> "在移植手术中，添加或移除器官时，原本对自己十分稳固的自我认知会变得模糊。器官的获得或丧失会对自我认知产生毁灭性的影响；它被描述为会对病人的自我认知造成连锁反应，并可能导致精神病、抑郁，甚至放弃移植器官。就连像心脏起搏器这样温和的外来物，都可能导致严重的心理障碍。"

心脏起搏器薄如现代的手机，只有手机三分之一大，并且在它被填入锁骨下方的皮肤之前，它都不属于任何人。除了外部轮廓外，它是透明的，但外部轮廓比较明显。有些人觉得心脏起搏器太大了，总让人想去摆弄它，最后导致其损坏。这个例子说服力不算强，但足以提醒我们"自我识别"不仅仅是一个免疫学问题。

心理影响、手术风险和免疫抑制的危害是对移植能力的限制，但更大的限制是器官的缺乏。恳求大家都变得更讲情理、更慷慨一些，这个做法我们已经尝试过了；虽然我们应该继续这么做，但也别指望它会突然产生前所未有的效果。与此同时，人们的死亡并不是因为我们缺乏移植器官的能力，而是因为我们缺乏足够的器官供

应。两个创新可能会有所帮助：我们可以自己制造器官，也可以从猪身上取用器官。

自体移植

自体移植是把同一个身体的组织移植到另一处。比如皮肤移植，从身体上健康的、可以再生的区域取一片皮肤，放到受损皮肤的区域帮助伤口愈合，这就是一种自体移植。这项技术的历史可以追溯到几个世纪以前。修复鼻子的技术就十分古老，包括将一个人的手臂缝到脸上，通过手臂上的血液供应让皮肤生长得更快。人们可能会因斗殴、仪式惩罚或梅毒损伤鼻子。因为鼻子受伤太显眼了，所以人们都想修复伤口。16 世纪的天文学家第谷·布拉赫（Tycho Brahe）在一场决斗中失去了半个鼻子。众所周知，为了掩盖他的残缺，他下半辈子都戴着用黄铜做成的假鼻子。生物假体这个术语指的是用强大的技术来增强大脑功能的植入物，但它也包括假牙、假睫毛、指甲油和黄铜鼻子。

自体移植的目的已经从拯救生命发展到了欺骗、作弊甚至可能根本就没有目的。比如环法自行车运动员就会使用自体血液移植来作弊。这是一种用来增加血容量的方法，运动员先从体内抽出血液并储存好，然后等身体恢复正常血液水平后，再把之前储存的血液补充回来：因为这些血液都是自身的，所以很难被查出来。这种做法基于这样一种观念，即人体在血液容量比正常水平更高时会发挥更强大的体能，这种观念从逻辑上讲就是可疑的，而且与实验证据完全矛盾。如果一名拳击手在称重前抽取 1 品脱（1 品脱≈568 毫升）

血液，称重后再输回去，虽然这么做也是作弊，但至少这么做才说得通。一位病人正在接受大型手术，血液在流失过程中又被收集起来重新输入体内，这才是将诚实和有效结合起来的做法。自体骨移植有着悠久的历史，虽然现在这项技术已经落后了，但是由于新技术允许移植外来物质或刺激物来促进骨再生，所以它仍然能发挥作用，特别是在牙科领域。

自体移植最大的好处是可以用于治疗白血病和骨髓瘤。在去除体内的一些干细胞后，再用药物和辐射破坏造血骨髓。其目的是破坏癌细胞，但代价是非癌细胞也会死亡。这将是致命的，除非通过自体移植储存的健康干细胞来恢复身体的能力。这样的骨髓移植避免了宿主组织与来自不同基因捐赠者的组织之间发生免疫冲突的风险。

理想情况下，自体移植可以包括移植用自身细胞培育出来的新器官。在细胞的细胞核内有染色体，即被紧紧包裹着的遗传信息包。正如男性的乳房包含了成为女性乳房所需的所有物质，人体的每个细胞都包含了成为其他细胞所需的所有物质。我们重新设计细胞的能力正在不断增强，这意味着那些曾经永久性分化的细胞可以再次获得受精卵的能量。不过令人失望的是，培育心脏仍然是不可能的事。

实体器官的培育不仅仅需要一份具体说明来详述其设计方案，还需要合适的环境。对于一个正在发育的心脏来说，这个环境就是一个发育中的胎儿的身体。激素的包裹，神经的动力，尤其是血液的推动和流动都是必不可少的。培育一颗新的心脏不是难事，但前提是你愿意为此培育出一个完整的身体。

从结构上讲，培育肝脏比培育心脏更简单，它不会对活体产生的压力有反应。由干细胞培育备用肝脏不是一件马上就能实现的事，但在几十年后，它可能会成为现实。大多数实体器官或多或少都需要完整的身体环境才能正常生长。肠道属于“或多”那一类。看着一个新生儿吐奶，就可以提醒我们，肠道还需要时间去学习如何运转。也许在培养皿里培育出的肠子可以之后再进行学习，但我们目前还不清楚。胰腺就不一样了，胰腺、胸腺和甲状腺的激素以及免疫腺体可能更适合在实验室里生长，不过我们对这些器官的需求较少。这些器官具有的成熟功能在很大程度上可以被技术和药物所取代。

我们身体的其他部分更有利于我们成长。从1980年以来，人们已经能够在实验室里制造出软骨并安装到缺乏软骨的膝盖里，不过我们可以做到并不意味着它总是有帮助的。从鼻子、耳朵和肋骨获取的自体软骨早已被用于其他地方。最近这些年，我们已经学会将软骨植入人造支架，让它的柔韧性大大提升。人们已经制造出了组织工程的皮肤、血管、尿道、阴道和膀胱壁，并投入使用。从技术层面上来说，这些创新比表面上看到的更加了不起——在制造这些器官的时候，培育、成形和移植的并不是成分相同的组织，而是身体上的多细胞组织部分。随着我们的医疗技术进步，心脏发育的问题可能不再那么难以解决。

在最近自体移植的例子中，最引人注目的是人工气管的培育和使用。其目的是使原本不能手术的病人可以进行手术，使外科医生能够切除那些原本接触不到的肿瘤，同时又不会让病人失去呼吸的能力。2008年，一个研究小组从一位死去的捐献者身上取下气管，剥离捐赠者的细胞，然后将受赠者的细胞植入其中。2011年，他们取得了更好的成果，建造了一种与患者干细胞受精的“特制生物人工支架”。植入5个月后，患者的肿瘤消失，移植的结果显示“干细胞归巢和细胞介导的伤口修复、细胞外基质重塑和移植物新生血管形成”，它成功地融入患者的身体。然而，实际似乎没有看上去的那么美好，之所以有这么好的结果，不仅要归功于研究小组的技术，还要归功于“编故事”的技术。调查、辞职和期刊撤刊也接踵而至。不过就算有欺诈行为，这个例子也是很有说服力的，因为它至少说明了这项技术至少已经处于被实现的边缘了。

获得器官供应的更好、更容易实现，可能也是更便宜的方法，不是由我们自己制造，而是让别人为我们制造。想要培育一颗心脏，只要你愿意培育它所属的生物就可以了。因此，只要你愿意繁殖和杀戮，制造心脏是很简单的。而世界上数以亿计的培根爱好者都知道，对于这件事我们是很愿意的。

异种移植

当年我还是学生时，整日沉浸在书籍、期刊、演讲和研究尸体中，行走在立有杰出教授石像的走廊间。那时一位才华横溢的外科医生的演讲令我印象深刻。人们都说这位外科医生十分冷酷、傲慢。他说有的孩子出生时就有严重的心脏功能异常，这些异常有时可以纠正或部分纠正。他告诉我们，对于这样一个三四岁的孩子，你能对他做的最可怕的事，就是给他做一次大型心脏手术，但这只不过是延长他的痛苦而已，到了七八岁时他依然会遗憾地死去。这番话既有见地，又十分富有同情心，所以别人对于这位医生的偏见让我十分愤怒。“到他们七八岁的时候，”他接着说，“你可能已经对他们产生了依恋。三四岁就没关系，再生一个就是了。”这时我才意识到，他有这样的名声并不是空穴来风。几年后，当我在医院见到他时，他告诉我，虽然他是欧洲最好的心脏外科医生，但谈不上是世界上最好的。他接着说，虽然他确实有可能是世界上最好的外科医生，但懂得谦虚还是很重要的。

因果关系往往很难分清。特定的职业有其特定的特点，比如古典音乐家会嘲笑中提琴手，所有音乐家都会嘲笑定音鼓手，所以医学这门专业，也有其典型的特征。这位外科医生告诉了我们每年有多少孩子死在他的手术台上，而且很多孩子死亡时他的双手甚至还在他们的身体里。我当时不清楚，现在也不清楚，他是因为不把这些孩子当成人而成为一名优秀的外科医生，还是因为他为了成为一名优秀的外科医生所以不再把这些孩子当成完全的人。①

几个世纪以来，人们一直在努力将一种动物的某一部分移植到另一种动物身上，但得到的结果通常很差，以至于连医生都不知道到底发生了什么。18 世纪，让－巴普蒂斯特·丹尼斯（Jean-Baptiste Denys）用绵羊和牛犊的血液给人类输血，后来他因谋杀而受审，最终放弃了行医。19 世纪的外科医生不仅缺乏洞察力，对外部现实的观察也一样糟糕。他们的傲慢导致了一些手术和实验的失败，在这些外科医生的指导和监督下，病人接受了来自老鼠、鸽子、鸡、兔子、狗、猫甚至青蛙的皮肤移植。早期的鼻子修复手术可能需要将病人的手臂缝在鼻子上，但有些迟钝的实验主义者却做得更加过

---

① 我的另一位外科医生朋友说，他的下属暗示说他好像不太在乎自己的病人，他只是想尽可能地给病人做最好、最合适的手术而已。“她和我一起工作才几个星期，”他自豪地说道，“她就开窍了。”能从做好工作中获得自尊的人，一定是可靠且优秀的。——作者注

火：一些皮肤移植接受者必须得忍受躺在床上，和一头活羊缝在一起。这些移植病例没有一例成功，但人们并不在意。人类体内发生的正常变异的情况多如牛毛，其中有的在不合理的治疗之下产生了好的效果，有的却在妥善的治疗下得出了糟糕的结果，所以我们在这一方面并没有积累太多经验。在 20 世纪早期，有病人接受了黑猩猩和狒狒的睾丸移植，并自我感觉良好。其实如果他们移植的是海胆的卵巢或者是一小块乐高积木，他们的感受也不会有什么区别，但这至少对黑猩猩和狒狒来说是个好消息。这样的手术进行了几百例，许多接受手术的男性在术后都报告称感觉自己重焕活力。我的意思不是说他们都是傻瓜，而是手术真正的效果很难去确定，把人格特征看作生物学的简单属性时，就很容易产生误解。一个男人“对生活的热情”，也就是他的性欲和兴趣的混合体，也可以单纯地理解为激素的水平，可以像音量刻度盘一样进行调整，这一观点很有吸引力，但非常不可靠。

角膜混浊会导致人的视力降低。角膜异种移植自 1838 年开始实施，在 19 世纪和 20 世纪，人们接受了猪、羊、兔子、鱼、鸡、奶牛和长臂猿的角膜移植。在 1888 年，一例使用兔子角膜异种移植的病例被认为取得了部分成功。而其他病例失败的报道表明，来自相关外科医生的医学观察终于具备了严谨性。19 世纪兔子角膜移植的成功可能并不完全是由于人们太过乐观而产生了误解，因为眼角膜和其他器官不同，它不会产生免疫排斥反应。因此，我们很有信心地认为从其他动物身上移植角膜的技术很快就能成功。

20 世纪中叶，人们对组织排斥反应有了更新的认识，所以完全打消了对于异种移植的兴趣。在 20 世纪 60 年代，人们进行了多次把黑猩猩的肾脏移植到人类体内的实验，但结果令人沮丧，用狒狒的肾脏所做的尝试得出的结果更加糟糕。黑猩猩似乎是不错的器官来源，但有限的可用性以及对使用异种器官的伦理争议阻碍了研究的进行。

让人们能够继续研究的伦理理由是，有时能获得暂时的成功就已经足够了。“继续研究异种心脏移植的一个理由是，在其他所有治疗手段都不起作用的情况下，进行异位心脏移植可以暂时稳定衰竭的心脏，增加康复概率。”克里斯蒂安·巴纳德（Christian Barnard）及其同事在 20 世纪 70 年代写道，他们认为异种移植可以成为通往康复的桥梁。“异位”这个术语在当时指的就是“异种”，他们移植用的黑猩猩和狒狒的心脏持续存活了 4 天。他们得出的合理结论是，只有在短期的成功可能带来长期利益的情况下，才应该进行进一步的尝试——比如出现衰竭的器官需要马上恢复的情况，或者很快就会有人类器官捐献者出现的情况。

诺贝尔奖获得者亚历克西斯·卡雷尔（Alexis Carrel）在 1907 年表达了这样一种观点：“理想的方法是将易于获得和操作的动物器官移植到人身上，比如猪的器官。”猪这种动物价格便宜且数量很多，并且它们的器官大小也和人类的相仿。并且不像黑猩猩，猪的生长周期很短。猪本来就是我们用以饲养、宰杀并食用的一种动物，所以从它们身上获取器官并不会有很多伦理争议，更别说用于器官捐献的猪会受到比它们用来食用的同类更细心的照料。生活没有压力的动物其肉质更好这一想法一直很奇怪，事实可能并非如此，但对于那些想要收获器官的外科医生来说，这一点显然是正确的。麻醉以及没有恐惧和疼痛，在生理上是有好处的。

两个实际的障碍阻止了我们进行猪器官的异种移植。第一，猪和人类一样，体内也含有逆转录病毒，而且很多。猪的逆转录病毒在人体内会有什么影响？对于猪无害的东西，也许对人就有害。这么看风险似乎很小——猪的器官可能不会传播感染，即使传播了，感染可能也不会造成伤害——但我们无法确定。在一种情况下我们可以冒这样的风险，那就是把猪的器官移植给必须接受移植否则就会死亡的病人。如果想让猪的器官移植成为一个产业，让我们能够比以前想象的更早、更频繁地进行移植手术，我们还需要更多信心。

第二，猪的身体组织会被人体迅速排斥。我们的身体很快就会发现它不仅是外来的，而且与自身差别甚大。我们也许永远也不能开发出能够预防这种排斥反应的免疫抑制疗法，因为这样会让我们对这个世界中无数的病毒彻底丧失抵抗力。于是，我们的目标变成了对猪进行基因改造。这使我们能够同时清除猪的逆转录病毒（我们在这个领域取得了巨大进展）并使猪的细胞更接近人类。随着我们在这方面取得更多成就，所需的免疫反应抑制手段可能会稳步减少。把猪变为和普通捐献者一样仅仅是一个起点——我们希望的是它们提供的器官能和接受者更加匹配，达到完全不需要免疫反应抑制手段的目的。

一部分猪的胰腺——产生胰岛素从而治疗 1 型糖尿病的部分——被移植到非人灵长类动物体内，存活了近一年。肾脏可以存活 7 个月，心脏可以存活 2 个月，肝脏可以存活 1 个月，肺可以坚持 1 周。排斥反应、感染问题，甚至是不同物种的宿主体内器官生长方式的不同，都是我们目前无法跨越的障碍，但这些障碍看起来是可以跨越的。

如果器官的匹配度能高到几乎不需要或者根本不需要任何免疫反应抑制手段，那么从器官移植中获益的人数将会大幅增加。这种益处将会无比巨大，甚至能够影响人类的预期寿命，但同样存在局限性。器官移植是大手术，老年人的身体可能无法很好地适应这种手术。对于那些只有一个器官发生衰竭的年轻人来说，移植是件好事。但对于那些已经因衰老而变得十分脆弱的老年人来说，情况就完全相反了。

CRISPR 是我们目前使用的异种基因编辑技术，于 2012 年被开发出来。虽然与以往相比，它的精确度大大提升，但与我们的需求相比，还远远不够。它会产生偏离目标的效果。基因会被插入或改变到错误的位置，而且我们无法预测其结果。基因编辑的技术困难阻碍了我们，然而这些困难似乎是无法克服的。异种移植似乎只是一项我们迫切需要实现但目前无法实现的技术。

10
交通

在 100 年前最好的那段时间里，汽车制造商们提议挖掘道路和铺设铁轨。理论上说，把汽车放到铁轨上——而且这个理论是正确的——就可以让汽车实现自动化驾驶。交通堵塞将会不复存在，道路交通事故也将成为历史，世界将迅速变得更加安全。如果这个想法没有涉及重修世界上所有道路、更换世界上所有汽车，没准还真能实现。

我们会变老、变弱，甚至连咳嗽的力气都没有；如果唾液和食物流向错误的管道，我们就会得肺炎。同时因为我们本就很虚弱了，所以肺炎往往十分致命。但事实不应如此。我们的鼻子和嘴巴没有理由连在一起，我们用来呼吸的管道也没有理由离吃饭喝水的管道这么近，它们之间的距离实在太短，所以很容易出错。我们的唾液腺每天产生一升或更多的唾液，唾液顺着一根管道流下，这根管道不仅通向胃，还通向肺。进化论的最好证据不在于它的完美，而在于它的东拼西凑、妥协和失败，神创论解释不了这些粗制滥造。我们的肺部和胃部有如此危险的连接是有原因的，在很久以前，水对我们来说不仅是食物，同时也是氧气的来源，所以这个设计才是有意义的。然而，这个设计只是一开始有意义，后来我们的进化就戛然而止了。自然并不会大跨步地前进，新的突变固然会带来改变，但已经不能无视几亿年来的基本设计了，就像我们不能把世界上所有道路都铺设铁轨一样。

每年死于道路交通事故的人数与死于艾滋病病毒或肺结核的人数一样多。在全球范围内，如果一个人去世，那么他就有 2% 的概率是被车撞死的，而这是 15～29 岁人群的最大死因。糖尿病造成的死亡人数与道路伤害造成的死亡人数十分相近。在人类财富总额中，有 3% 被道路交通事故所抵消。现代汽车的自动化程度越来越高，但医学杂志上很少出现这类内容，即使相关部门做了无数关于如何减少过早死亡的计算。这些内容不知为何总无法吸引人们注意。

说实话，我们的确应该对此多加关注。在我们的生命真正结束之前，我们都无法预料道路交通会不会对我们造成伤害。据估计，到 2040 年，死亡人数和交通事故发生率都将大幅减少，到那时，可能你都做不到故意开车撞死人。安全带、碰撞保护、发动机盖和保险杠的设计、日间行车灯和高级中央制动灯都会对此有所帮助。进化是无法预料的，除非每一个步骤都朝着更好的方向发展，否则我们永远无法进化得更完美。重新设计我们的基础设施可以做到未雨绸缪，但人类的惰性是一个无法克服的障碍。突变不可能使我们的气管和食道分得更开，因为这个设计在我们的身体里已经根深蒂固，就像道路已经在我们的日常生活里根深蒂固一样，我们不可能一次性把它们全部拆掉。

汽车的自动化很有帮助，因为它不需要巨大的飞跃。驻车传感器以及巡航控制、监测轮胎压力和发动机性能的电子设备都很有用。感应和避免碰撞的系统也一样。在某些情况下能起到帮助作用的车辆在其他情况下也能暂时控制自己。自动化，就像救赎一样，是事物循序渐进的结果。

交通事故死亡人员往往得不到医疗救助。事故之所以发生，背后的原因就是人为的失误。奇怪的是人们对交通事故的容忍度很高，因为交通事故太过普遍，人们都觉得它十分正常。有的车用汽油，有的车用柴油，但有的人却会忘记自己的车该加哪种油。如果人们不会偶尔脑子短路的话，交通事故是可以避免的，但这也就是说，我们不可能避免交通事故——但其实这类事故是可以避免的，只需要重新设计油泵油箱，使汽油油箱和柴油加油管无法连接就可以了。如果这是一个可以通过循序渐进的步骤来实现的改变，那么它早就已经发生了。

据世界卫生组织估计，到 2030 年，每年因道路交通死亡的人数将达到 250 万人，超过疟疾和结核病死亡人数的总和。实际数字可能要低得多，因为世界卫生组织完全忽视了自动驾驶汽车的存在。这是一个很明显的疏漏，但医学界却对此普遍认同。医生们感觉自己被排除在汽车工程之外，与自己在疫苗研发领域的地位天差地远。这一点很关键。对前进方向的自信，不应该导致对到达时间的漠不关心。我们对突破的热爱使我们容易“对边际收益的幻想破灭”，而正是这些幻想的破灭创造了人类的历史。当涉及我们如何接受、接纳和认同来自自动驾驶汽车的风险时，尤其是认识到自动驾驶汽车带来的风险丝毫不亚于人类驾驶汽车带来的风险时，制定符合公共利益的相关法规就显得至关重要了。

边际收益的总和大于边际变化。汽车的自动化将在未来几年内不断提高，直到达到一个临界点，即汽车不仅帮助我们驾驶，还可以替我们驾驶。如果你的职业是司机的话，那这对你来说是个不小的麻烦。全自动汽车将改变我们生活和通勤的方式，重新规划我们的城市景观和家园面貌。并且，到那时汽车可以按需自取，你甚至不一定需要拥有自己的车。

所有这些都不仅仅是发达国家的解决办法，正如道路交通事故不只是发达国家存在的问题一样。发达国家几乎垄断了汽车的设计和制造，即使它们不这样做，它们制定的法律法规也会影响汽车的设计和制造。能够自动驾驶的汽车将越来越普及。也许每一辆汽车不会以同样快的速度到达每一个地方，但它们一定会到达目的地，而且它们会被设计成即使某些系统出现故障，其他系统也能保证正常工作。社会发展仍然是解决经济问题的最好办法，不过预防交通事故导致死亡的代价可能很小，比如在非洲安装减速带只需要 7 美元，在孟加拉国修建围栏只需要 135 美元，要知道交通事故造成的总损失可以达到发展中国家国内生产总值的 10%。不过，就算非洲不设减速带，孟加拉国不设围栏，发达国家也仍会给他们带来交通安全方面的进步。

研究开发车辆还有利于公众的健康，从汽车转变为电力车，可以减少环境污染。我们呼吸的空气将比以往任何时候都更能转变为滋养生命的物质。青春期的男孩在学习开车时因为交通事故而导致死亡的概率也会更小，社会流动性和社交隔离的情况都会改变。对于那些存在驾驶困难或驾驶不安全问题的老年人来说，很大一部分人将重新获得驾驶的自由。社会隔离不仅仅是社会成本。对于那些因为太年轻或太老而不能开车的人，以及那些买不起车只能租车的人来说，孤立感将会减少。正如汉弗莱·鲍嘉（Humphrey Bogart）所说，美丽新世界将由梦想构成。

11
性

关于人类的性行为，医学中并没有过多解释，这让我松了一口气。这一章本应讲的是人类性行为的模式，并从地理和历史角度考虑其变化，但这些信息都与性行为没什么关系。尽管金赛（Kinsey）和其他人拍下了一些照片，但现实中不存在性行为的流行病学，也没有可靠的流行率和发病率图表。从怀孕、疾病和其他信息中我们可以做出推断，但能够获取的信息却很少。例如，有的人在未到法律规定的年龄就发生了性行为。我们是可以对性交频率进行估算的，这应该可以为新闻业提供有趣的素材，不过一旦涉及我们真正想要思考的问题时，这只会分散我们的注意力。安东尼·特罗洛普（Anthony Trollope）在自传中写道："我的婚姻和其他人的婚姻没什么两样，除了我和我的妻子之外，没人在乎。"

了解别人的性生活，并不会增强我们对自己性生活的兴趣。打听别人的性生活，往往带着一种扭曲的淫秽感；青少年之间谈论自己早期的性生活时不太可能说出事实，就算他们真的尽力说出真相，八成也会被听众曲解。成长，并不需要去发现别人都在做什么，而是要接受别人做什么根本不关你的事。毕竟偷窥可不是什么正义或道德的事情。

关于人类性生活的真正价值其实很少有报道，至少没有直接的报道。艺术作品往往蕴含某种暗示，但淫秽作品绝对不属于艺术作品。美国最高法院的法官波特·斯图尔特（Potter Stewart）对淫秽作品做出了非常著名的定义——“看到就知道了”——他的言下之意就是，旁观者的视角也很重要。窥视之所以是邪恶的，是因为亲密是建立在私密的基础之上的。所以，比起我们掌握的关于人类生活其他方面的丰富数据，关于人类性活动数据的缺乏反而是一件好事。

催情药

催情药的名字和希腊的爱情女神阿佛洛狄忒（Aphrodite）有关系[1]，但催情药在早于她甚至早于她的原型苏门答腊女神伊娜娜（Inanna）的时候就已经存在了。如果要衡量催情药在人类未来的生活中会有什么作用，就不得不先聊聊我们的过去与它的关系。

在现存最古老的医学文献中，勃起功能障碍是用天麻、动物大脑、豆类、泥土、松树、柳树、杜松树和梧桐树的锯末、相思树汁、亚麻籽、洋葱、油、鹅脂肪、猪粪、没药[2]、盐和牛油来进行治疗的。据说，把它们混合在一起，用绷带涂抹药膏裹在萎靡的阴茎上，就能使其重焕生机。

在古代，如果医生宣称某种疾病是可以治愈的，但自己又没能治好它，那么这位医生是要受到惩罚的。《汉谟拉比法典》（*The*

① 催情药：aphrodisiacs。——译者注

② 没药：myrrh，为橄榄科的一种植物。——译者注

Code of Hammurabi）中规定，这样的医生不仅不会得到报酬，在某些情况下甚至会被实施刑罚，比如把双手砍下。神奇的是，这么做却有着把医学思想集中起来的力量。在成功的机会渺茫时，医生最正确的选择是宣布该症状无法治疗，并拒绝进行尝试。所以，亚伯斯古医籍中所写的治疗勃起功能障碍的古老智慧和天然材料一定是有效果的，否则这道古方——也许还有这位医生——都不会存活下来。

对于那些买不起古医籍上列出的药品或者支付不起医生诊费的人，还有另一种治疗方法。这种方法很简单，但希腊人曾经对此警告过，它可能会引起强烈的性欲，需要小心使用。这种需要小心使用的催情药就是莴苣。不熟悉蔬菜的人可能不认识这种莴苣，它不是圆形的，而是直立挺拔的长叶莴苣。在埃及人眼里，它的造型就像阳具。再加上这种莴苣被切开时会渗出一层不透明的乳白色液体，所以更加容易让人产生联想了。

有钱的人一般会直接使用混合了各种成分的膏药。这种膏药里的混合成分已经够多了，但催情药的历史还要更加丰富。很多催情药都来自异域，而且其中有的催情药，比如土豆，就已经失去了异国情调。在它被引入欧洲后不久，人们普遍认为，这种来自遥远海岸的稀有而特殊的块茎可以恢复因衰老而丢失的性欲。因此，歌剧《法尔斯塔夫》（*Falstaff*）中的老色鬼贪婪地祈求“让天空下一场土豆雨吧”。

曾经有那么多的催情药，随着文化更替慢慢失去了效用直至被替代，对此只有一种解释是合理的：那就是在人们给自己敷上、喷上、服用的各式各样的催情药中，没有一种是真正有效果的。至少，从药理学角度来说，这些催情药并没有给人们带来想象中的效果。

每当有人因为觉得牡蛎中含有某种可以壮阳的化学物质而剥开它的壳时，他只不过是在做无用功而已。谁也不知道你的性欲会使你更想吃帕尔玛干酪还是软体动物。问题不仅仅在于一涉及性的问题人类就会欺骗自己的表现，或许还因为人类在不断地变异，所以我们不可能在没有经过细致实验的情况下从有效药物中找出安慰剂。真正的问题在于，我们总是愿意相信被性格特点和文化特征错误引导的生物学解释。

将黑猩猩的睾丸切片并植入老年人体内以恢复他们的性欲，"可以被称为 20 世纪 20 年代的伟哥"——一篇历史回顾评论文章如此写道——这样的比较还是很有意义的，当我们想到伟哥在现代社会的作用时，一定要牢记这一点。这是一种蓝色的小药片，看起来不大，但却产生了巨大的文化影响。当我们思考到它的实际药理作用时，其中会不会暗藏玄机？研发伟哥的目的是扩张血管，从而成为治疗高血压和冠状动脉狭窄引起的心绞痛的一种有效疗法，它作为一种前景不错的药物，经历了正常的研究过程。起初，它只被分发给了一小部分志愿者服用，这个实验的目的不是测试它的有效性，而是为了确保它的安全性和检查是否存在副作用。

实验结果显示，这些年轻人中有人确实经历了一些副作用。这种药物使他们中的少数人勃起了。这给辉瑞制药公司带来了一种灵感，于是他们开始大量生产类似的药片。两者都通过相同的分子途径起作用，但后者在血液中停留的时间更长，这种药最终达到了数十亿美元的销售额，它也帮助我们增强了对提高性能力药物的信心。把伟哥和类似药物用作娱乐功能是很常见的。但究竟有多么常见则难以说清，因为这种用法是非法的。不过巴西的一项研究发现，9%的健康的巴西年轻男性采取过这种方式，而在阿根廷，这一数字为

22%。

当给健康的年轻男性服用伟哥后，他们勃起更容易，也会更坚挺、更持久。它可以带来更强烈的性高潮，并减少紧随其后的不稳定时间，加速恢复。虽然这样的效果很棒，但对人类的生活来说，也只是一点微不足道的好处而已。但在同一个实验中，安慰剂也起到了所有这些作用。① 伟哥可以对身体问题产生影响，但它对心理的影响更大，不管你一开始有没有问题。它在器官性功能障碍患者中的有效率高达80%，而在主要存在心理问题的患者中，有效率更高。令人惊讶的是，这种药物在那些没有身体问题的人身上使用时效果还会更好。这是为什么？为什么偏偏是在这一项实验中偶然发现了这种药物可以帮助年轻男性勃起，而在专门研究这类药物的其他实验中却发现不了呢？难道伟哥的功效也只是海市蜃楼，其实它真正的功能也只不过和当年人们吃下莴苣和土豆一样？

健康的年轻男性对伟哥的普遍使用无疑证明了他们对这方面的关注和安慰剂的威力。药理学壮阳药，包括伟哥，对性健康的人一般不起作用。也就是说，增强和改善人类正常性功能的药物只不过是我们的想象而已。药物当然可以改变人类的性功能，并在某些方面以牺牲其他功能为代价来改善性功能，但没有一种药物能够单纯地只去改善它，而且永远不会出现这样的药物，因为我们的性行为本身并不是任何单一生化途径的简单产物，而药物的极限也就如此了。那些具有催情作用的药物，其目的都是把渴望变为爱：它们影

① 这项实验结果确实有一个不同之处，即对于勃起后生理上强迫性无力的时间，服用伟哥比服用安慰剂缩短了很多。目前尚不清楚这种边缘效应是真实的，还是在正常变化的汪洋中寻找大量不同事物的结果。只要你摇骰子的次数足够多，总会摇到6的。——作者注

响的其实是人的精神。酒精是最常见的例子。“关于酒精对女性性功能影响的研究非常有限，没有结论性的结果。”这句话里后半句很正确，但前半句有些问题。认为人们很少进行这样的研究，就是忽视了关于这个问题的大量非正式工作。像杜松子酒这样可以改变情绪的“药物”，也调节着我们对事物的体验，正如爱情、共情、想象、食物、饮料、衣服和音乐一样。有人会觉得在药店里或在我们的未来，一定有一种药物可以让我们变成性超人，这种想法已经不算新潮，但也不会过时。在未来，仍会有人继续相信这种事，仍会有人继续欺骗自己。我们不能研发这种药物，是因为它们根本就不可能存在，至少不会以我们想象的方式存在。对于这种药物的设想建立在一个简化的概念上，在这个概念中，心理特征与某种生物开关或状态只有一对一的对应关系。

伟哥真的有效吗？累积的证据表明它确实有效。但这样的评价可能存在缺陷。伟哥和类似药物都会产生副作用。在安慰剂对照实验中，如果有人注意到了副作用，即使是在无意识的情况下，他们也会意识到自己服用的不是安慰剂。如果他们意识到了这一点，那么这次实验测试的就不是该药物和安慰剂之间的区别，而是知道自己服药了的人与知道自己没有服药的人之间的感受区别。这样得出的积极结果可能存在欺骗性，因为安慰剂存在的意义已经被剥夺了——为了让实验存在对比性，为了让安慰剂发挥其作用，实验对象不应该知道自己是否服用了它。

对伟哥是否有效的证据审查仅限于描述患者对自己是否服用了安慰剂的判断。这些证据之所以有局限性，一是因为它们的描述不够详细，二是因为它们正在审查的数据尚未全部公布。制药公司做的许多实验都没有公开。这种对证据的歪曲是否会导致出现本不该有的化学效应?

这很有可能，但我们也有理由不去这么想。伟哥带来的副作用比较常见，但也没那么常见。在一项调查中，12% 的人注意到自己出现了脸红的情况，另有 11% 的人感到头痛，有 5% 的人出现消化不良。相比之下，每两个服用这种药物的男性中就有一个产生效果。如果一种药物对一半服用它的人群都能有效，那么它的效果已经称得上很棒了。即使有四分之一的人能够通过副作用来判断他们服用的是伟哥还是安慰剂，这也不能抵消每两个人中就有一个人在服用伟哥时感觉更好的功劳。

在人类历史上，我们第一次有了真正符合我们想象的催情药，至少对于那些本来就有需求的人来说是如此。但这并没有阻止我们想象它的工作方式，尤其是对那些没有循环问题的人来说。伟哥之所以有效，并不是因为它能增强人类的性欲，而是因为它能缓解某些因年龄限制而导致的血液循环系统问题。对于任何单一的医学进步，我们能期待的最多只有微小、有限的进步，并且往往伴随着烦人的副作用和缺陷。即便如此，如果要可靠地将实际效果与观察错误、幻想、偶然性以及既得利益者的腐败区分开来，我们还是需要保持高度谨慎。

有这么多的伟哥类药物被批准，而且市场如此之大，很明显还会有下一阶段的进展。女性性冷淡早在 1952 年就被确定为一种正式的精神病诊断。无论你是男性还是女性，因缺乏性欲而患病，彻底失去性生活，都是一件值得关注的事情。把它定为精神病是另一码事，这对我们认真严肃地对待它还不一定有帮助。随着时尚之风重塑了精神病学术语的沙丘，这个术语也发生了变化。最新的变化是从“机能减退的性欲障碍”（HSDD）转变为“女性性兴趣、性唤起障碍”。这个不断变化的术语意味着这个标签正在寻找它的市场，而这个市场一定会很大。

氟班色林原本是一种治疗抑郁症的药物，但是它被判定毫无效果。斯普林特制药公司发现了这个机会，果断出手买下了它的专利。该公司曾尝试给此药物申请治疗 HSDD 的许可，但失败了，因为这种药物确实没有效果。

但该公司毫不气馁，又开始尝试。这一次，斯普林特制药公司出资组织了一场宣传活动，宣称之前拒绝氟班色林的行为是对女性的性别歧视。一位著名女性学者写道：“为了数百万患有 HSDD 的女性，美国食品和药物管理局（FDA）必须克服制度化的性别歧视问题。”国际妇女性健康研究协会指出，已经有 24 种治疗男性性功能障碍的药物获得批准，并有报告指出三分之二的受访女性认为，在联邦政府批准的性欲、性唤起或性高潮功能障碍治疗药物方面，男性与女性的可用药物比为 24：0，这是非常不合理的。说来古怪，这两份声明都没有提到作者是由斯普林特制药公司资助的。

经过这样的大肆宣传后，氟班色林在美国被批准使用。调查结果显示该药品在性生活方面有轻微的改善，平均每两个月才会增加一次“令人满意的性生活”。这种效果可以说是微不足道，甚至还没有它带来的副作用和潜在的危害大。还有其他原因值得关注，这种药物并不能修复已知的生化或生理问题。对所有证据的复查结果表明，其勉强算是有积极作用的结论，依据的数据质量“非常低”。这篇复查评论中罗列出了一系列担忧，指出这种药物过低的研究标准会导致研究结果的可信度受到怀疑。研究人员对他们所寻找的结果进行了重组，实际上是有失公平地改变了条件（这项研究一开始测量的是性欲和性兴趣的增长，但没有发现任何结果，所以很快就转向了测量其他方面，比如“令人满意的性行为”）。还有一个问题是，我们尚不清楚服用氟班色林的患者能否判断实验人员开给他的是这种药物还是相应的安慰剂。这种药物很容易产生副作用，而参与者也被提醒过这种药物具体会产生哪些副作用。这样一来，患者就不可能不知道自己的分组，所以对照组得出的结果可能只是假象而已。安慰剂对性功能有巨大的影响，因为一个人的实际性体验会受到事前期望的影响。如果没有公平的分组，那么氟班色林勉强算是有积极作用的结果也许意味着该药恶化了人们的性生活体验，而这种方法仅仅是因为参与实验者知道自己在服用药物且认为它有效的情况下，才产生了这样的安慰剂效应。

在获得许可证批准的 48 小时后，斯普林特制药公司就把氟班色林的使用权以 10 亿美元的价格出售了，要知道人们广泛认为这种药物的效果小到还不如它的副作用大，并且就连这样的效果也可能是得益于糟糕的实验设计才产生的。

智慧、性欲、幸福、勤奋、幽默、善良、仁慈——这些特质，或任何类似的特质，都不会像毒品、机器、宗教仪式、装置或神经递质那么容易被我们掌握。作为人类性格和文化的特质，它们正当如此。正常的性欲会因缺乏激素而受到损害，在这种情况下，可以通过增加激素来进行修复。但这并不能引申为正常的性欲可以通过增加额外的激素而增强。缺乏激素会损害智力——年轻人甲状腺激素不足会导致精神残疾，这曾被称为克汀病[①]——但增加多余激素

① 这个名字来源于瑞士法语中对基督徒的称呼，它是为了提醒人们，那些受影响的人和我们其他人一样，都是人类。——作者注

并没有任何帮助。我们总是会过度轻信，而轻信也是我们的一种特质，并且无论技术如何进步，它也永远不会成为一种可以通过药物、基因疗法或植入式生物假体来解决的问题。

有各种各样的统计数据描述了不同环境下同性恋和异性恋的行为模式，这些数据虽然不完全可靠，但具有启发性。甚至还有关于行为模式随时间变化的数据，但数量很少。不过这些数据都不会给人留下什么印象：我们生活在一个对性向差异越来越宽容的世界里，同时这样的环境也可能使性向差异的情况越来越多。

至少150年来，我们进入青春期的时间比以往任何时候都更早，这是因为人们的健康状况变得更好，有利于更加快速的成长发育；与此同时，我们对儿童的保护也越来越强，对早期性行为更加关注。这两种趋势都没什么不好，但两者之间产生的矛盾压力确实值得一提。青春期据说是一个人可以相对安全地进行成人性生活的时期。对于进化生物学家来说，这一概念部分是基于这个时期生育率低的事实。这种说法是准确的，但其背后的原因也许不能用进化论来解释。眼睛能够感知微小数量的光线——2016年的一项实验报告称，人眼可以探测到单个光子。如果用严格的进化论观点来解释这一点，就是选择性优势。这样的论调将一个观察结果（“人眼可以探测到单个光子”）简化为了一个单一的离散特征。但事物的某种属性代表的往往不仅是事物本身，而且是一种附带的现象。人眼只能在特定范围内感知光线，在不同的范围内人眼感知光线的能力也会有不同。人眼进化出的感知光线的范围是有一个中心点的，而能感知的最大和最小的光线量只不过是进化的附加结果而已。我们本来无法感知单个光子，因为我们的眼睛并不需要进化出这个特质，但我们之所以能够做到这一点，是因为我们的眼睛为了能在强光下看清事物而进化，这种能力只是进化中的偶然附带现象。人类的生育能力遵循同样的正态分布规律。相对较低的早期生育率就其本身来说可能代表不了什么，但它却是之后曲线上升的起点。

用进化论来解释性行为通常没什么用，而且也是不正确的。尽管人们努力想要确定同性恋是由某个基因决定的，但毫无所获。同样的，就像一个人的政治偏向或是对鞋的喜好，性行为模式也不受基因影响。科学很少能证明什么样的行为是最好的，也很少能证明什么样的行为是正确的。科学能做的，只是观察这些行为会增加幸福度还是减少幸福度，或者测量神志正常或不正常。

我们能够生育的最晚年龄将不断延长。父母将继续对他们的孩子负责，但却不能对孩子完全掌控，因此，青春期的孩子还是会出现早孕的情况。我们越能控制生育激素，就越能维持生育能力，或者在生育能力下降时恢复生育能力。无论是这种技术能力，还是支撑它的科学知识，都不会告诉我们应该做什么，不应该做什么。

当生育能力消失时，性行为并不会结束。对于人类这个物种来说，娱乐和繁衍之间是有区别的。对于其他大多数哺乳动物来说，雌性只有在有生育能力时才有性接受能力，但人类女性的性欲和排卵并不耦合。经过实验，我们证明了女性排卵和性欲之间存在周期性的联系，但这一点和上面的观点并不冲突。性欲与生育能力的分离，充分说明了如果我们想要证明事物间的某种联系，一定要经过仔细的实验。年龄的增长并不会打消我们进行性生活的念头，除非实在是衰老无力了。

单偶制生物的生活方式与男女两性相似，外貌上也相似，所做的事情也相似。我们把天鹅和斑鸠作为性忠诚的象征，就是很好的例子。黑猩猩和大猩猩则不然，两者都不是单偶制生物，物种中的雄性一般体形更大，也有着很大的睾丸。狮子和鹿也一样，它们中的雄性体形也更大，因为需要承担除了采集和狩猎以外的责任：为了获得雌性而与其他雄性搏斗。它们为了后代的生存而战斗、死去。人类遵循哺乳动物通常的性别二态性模式，通常情况下男性更雄伟、更强壮、速度更快、寿命更短。

这与我们今天和未来的生活有一定的关联。在一个竞争激烈的社会等级体系中，青春期男孩的冒险和竞争心态似乎是半开玩笑、半认真地争夺地位的一种表现。男性有着更大的患心血管疾病的风险，这与他们的体力有关：他们可以干更多的活儿，但代价是损耗更大。这些考量可能有助于我们对这两方面的继续探索，有助于我们思考如何去调整它们，以及塑造我们的期望——怎样才能在不改变人类特性的情况下改变现有局面。

虽然我们注意到这些观点的影响有限，但这并不影响我们的兴趣。如果能证明我们从根本上是一夫多妻制（或一妻多夫制），我们就有理由怀疑一夫一妻制是最可能过上幸福生活的社会习俗的说法了。但是生物学的基础原则和人类历史是两码事。最近，我们在人类身体上发现了多偶制的痕迹。从进化角度来说，人类的生活几乎没有什么变化，我们对自己也没有足够清晰的认识。尽管我们同样具有性别二态性，但基于后代DNA测试得到的出轨率却非常低，为1%～2%。作为对比，在本该是单偶制鸟类的物种中测试得到的该数据要高得多。我们在离得不远的过去，甚至都无法预测我们的现状；我们也不能指望现在能够确定以后会过上什么样的生活。最好还是把我们的基因和道德标准分开来看。

每一种性别的外表及其构成要素，不仅反映了这种性别的人所需要的生活，而且反映了另一种性别在情感上需要感知的要素。我们只会选择我们喜欢的特质，同时通过选择来制造这种特质。

达尔文（Darwin）曾写过美感外表的演变以及我们欣赏它们的能力。性别选择产生了“战争法则”，正是“对美的品位”导致了这场战争：

> 如果雌鸟不能够欣赏其雄性配偶的美丽颜色、装饰和鸣声，那么雄鸟在雌鸟面前为了炫耀它们的美所做出的努力和所表示的渴望，岂不是白白浪费掉了？这一点是不能不予以承认的……雄性大眼斑雉的例子非常有趣，它很好地证明了最优雅的美可以作为一种性的吸引力，并且别无其他目的……通过几代雌性大眼斑雉对更具美感的雄性的喜爱，雄性大眼斑雉逐渐变得越来越美丽；雌性的审美能力是通过锻炼或习惯来提高的，就像我们自己的品位也会逐渐提高一样。

生物学家圣乔治·米瓦特（St George Mivart）反对说：“这是雌性任性无常之处，它的选择性行为不可能产生恒定的审美。”米瓦特对雌性性格的偏见并不是唯一的分歧。博物学家和探险家阿尔弗雷德·罗素·华莱士（Alfred Russel Wallace）不同于达尔文，他坚信人类例外论：对于人类来说适用的观点，对于其他物种则不一定适用；其他物种的智力是通过自然选择进化而来的，人类则不是；人类的原动力是对美感的追求，其他物种则不是。他写道："对于我们观察到的事实想要给出正确的解释，唯一的方法就是假设颜色和装饰与健康、活力、普遍的生存能力密切相关。"他所说的"生存能力"，指的并不是广义上的"生存能力、魅力以及吸引力"。

我们的审美能力会引导我们选择潜能，尽管潜能的能力是由遗传决定的，但潜能发展的边界以及内容并非由基因决定。说一个人"有种"可以是一种夸赞，前提是说话的人有隐喻的意思。而喜欢用隐喻的方式说话，则提醒了我们这么做是因为我们继承了想象力，我们一代又一代的祖先觉得这种说话方式有魅力。但说我们的孩子是我们爱的结晶，这并不是隐喻。我们，就是我们祖先审美累积的结果。美国第二任总统约翰·亚当斯（John Adams）在给妻子的信中写道："我必须学习政治和战争，这样我的儿子们能自由地学习绘画、诗歌、数学和哲学。我的儿子们应该学习数学和哲学、地理、自然历史、造船、航海、商业和农业，他们的孩子才能够学习绘画、诗歌、音乐、建筑、雕塑、织锦和烧瓷。"如果亚当斯并不相信他的妻子会很认同这种想法，或者如果他不想向她展示自己的思想和性格，他就不会这样写了。

如果女性是单独重新设计的，那就不会有月经了。月经是女性从祖先身上遗传下来的，而祖先又是从周期性发情的动物身上遗传下来的，这样的动物只会在生育期发情。现在，性行为并不意味着受孕，也不是抚养孩子的夫妻之间维持关系的方式，性欲和繁衍分得越来越开了。对人类来说，女性的胸部和臀部具有的意义，和雄孔雀的尾巴意义类似。它们都代表着性成熟，可以光明正大地（在身体其他部位看来）浪费着代谢资源，而且这些部位在生理角度上看并没有那么"有用"。其他类人猿的乳房只有在哺乳时才会长出，而人类的身体为了模仿这种外观，在青春期就出现了永久性脂肪。人类审美的改变会导致人体的改变吗？也许会，但没有明确的证据证明这一点。

医学不能创造美丽、个性或满足性需求，但可以防止它们出现缺陷。我们可以更轻松地治疗功能障碍。得不到性满足感已不再是纯粹的私人或家庭悲剧，而是一个有时可以寻求专业援助来解决的问题。对于那些想要生孩子，却因故失去了怀孕机会的人来说，她们将不再心碎，并且这一情况还将继续改善。

世界上大约 15% 的妇女没有孩子。并且，也并不是每个怀了孕的人都一定能生出小孩。在受孕后的最初几周，胎儿流产通常不会被注意到。因此，我们并不知道发生的这么早的自然流产到底有多少起。我们甚至不清楚我们会不会把类似事件看作自然流产。这些非常早期的妊娠失败通常是异常的突变造成的：它们越是异常，就越是会在正常发展之前消失。如果失去了一个发育不全的早期胎盘，其中含有很少或根本没有胎儿组织，那么这并不意味着失去了一个婴儿，至少是因为受孕者还没有寄希望于此。对于有多少人在流产前就知道自己怀孕了，其实不知道的人占大多数。从怀孕第五周开始，婴儿存活的概率就变得很大了，有 80%～90%。进化操控着婴儿过早死亡或无法茁壮成长的大部分过程，就像在我们衰老和繁衍的过程中，进化也操控着我们基因的命运一样。现代生活并不能改变这一点，科学技术也不行。

一个茁壮成长的孩子，充满了年轻的新陈代谢能量，在活力背后隐藏着巨大的可能性。这是一场碰运气的游戏，变幻莫测的命运激发了必然性，再加上成功所需的无数次的运气，这个孩子才最终诞生。“有时我会想，爸爸是怎么遇见妈妈的，他们又是怎么怀上我的？”回想起来，我们自己就是性选择最为偶然的结果，还有什么比这概率更小的呢？这也提醒我们，性生活不仅仅是一种性交行为，任何抚养过孩子的人都会强烈同意这一点。比利·布拉格（Billy Bragg）说过：“怀上孩子所需的时间可能就是泡一杯茶的时间，但一杯茶可不会在20年后找你借车开。”有句名言是这么说的：“世界上的一切都和性有关，除了性本身；性关乎权力。”[①] 前半句话是错误的：蓝绿藻，以及快乐的性冷淡人群，都不会表示同意。并且，后半句话也是错误的，关键在于你如何去理解性。我们祖先的审美世代相传，才造就了今天的我们。

① 出自美剧《纸牌屋》（*House of Cards*），原话为“A great man once said that everything inlife is about sex except sex. Sex is about power”。——译者注

12
高度

一个人所站的高度不同，其思想境界也会不一样：

> 也许在思想的高塔上常常沉思时间和空间的人，能够在脑海深处组成有趣的特质；而在平地上停滞不前或匍匐前进的人，思想高度有限，会沉浸于嬉笑欢闹，为妙语而自豪，为雄辩而膨胀。

这是塞缪尔·约翰逊（Samuel Johnson）的观点，至少他写下这些文字时是这么想的。只要一想到能给病人开好处方，我的精神就不可避免地振奋起来。我知道我的高度绝不在地下或地面：高处窗外的景色能让我更加兴奋。这种感觉可能是我在拥挤的人行道上行走时对正常生活状态的一种反应，尽管我对此存疑。不过这当然是我身处人群中时很少能够体验到的感觉，这是一种超越了竞争和争辩的感觉。我心里很清楚，我的高度还不够。

没有人能避免自己产生偏见，也很少有人能确定自己有偏见。直到中年，我才意识到我一直把自己实际的身高高估了半寸。我之前都没有意识到这一点，我也不相信我是故意高估自己的，但是否故意并非关键所在。当我和朋友划船游玩时，我们会把船从水里抬起来，举过头顶，它偶尔会离我的头顶太远，以至于我举起手来用指尖都碰不到它。我安慰自己，如果我出生在过去的时代，我应该还算是一个巨人。如果一位来自 18 世纪的访客穿越过来和我站在一起，那我肯定比他高。济慈只有五英尺（1 英尺 =30.48 厘米）高，但从他嘴里说出的话有时很有高度，我需要弯下腰去听。几个世纪来，人们的身高在不断增长。遗憾的是，事实证明我对这种增长的估计是不准确的（接下来会讲到）。

关于身高对人格的影响，比讽刺漫画更有趣的是，我们发现有的人并不会受身高的影响：高个子不跛扈，矮个子自信十足，不会与别人比较。但毫无疑问，身高给我们带来了挑战，即便我们不同意这个想法，但很明显它对于我们最后会成为什么样的人有着决定性影响。至少，当涉及我们自己时，我们不会同意身高会对我们的性格有影响——但对于别人我们的标准就不一样了。“我从来不认为自己有资格对任何人的才能做出决定性的判断，”约翰逊写道，“我对别人的认识都是有局限性的。”

在身高和社会特征的交集中，最直接的关系是财富和健康的相互促进，两者都有助于塑造名望。对于人类身高的记录，也给了我们机会去了解不同的社会状态。远古时期的人类到现在还留有遗骨，而被历史遗忘的很多事，都记录在这些遗骨中。一项研究选取了 1000 具从 200 年到 1850 年的男性遗骨，比较了身高和财富的变化关系。两者的相关性会让我们对平等有更深刻的认识。当一个国家经济繁荣，而平民的身高却没有增长时，那么这个国家就已经处于发展的顶端了。

罗马人为我们做了什么贡献？事实证明，除了很多其他方面的贡献之外，他们还使英国人更富有、更健康、更高、更平等。从 3

世纪初到罗马统治结束，英国人的身高从新石器时代的平均 167 厘米增加到了 170 厘米。而新石器时代英国人的平均身高就比古埃及人高出 2 厘米。农业、商业和文明的发展并没有给埃及带来足够的平等，无法与英国人温和的采集和狩猎生活相媲美。

我并不是在给原始共产主义的好处与发展型社会的不公平之间的区别下定论。正如罗马人证明的，这种观察是偶然的，而非必然的。被殖民对英国是有好处的，当入侵者离开时，英国人平均身高开始下降，直到撒克逊时代结束时，平均身高已经接近前罗马时代的最低点。另一股移民热潮再加上对撒克逊人长久以来的镇压，产生了惊人的效果，诺曼人的平均身高进一步增加。这几百年里，温暖的气候起到了一定的作用。随后在 14 世纪，气候变得寒冷，再加上农业生产力的枯竭，平均身高再一次下降。1400 年开始，由于收入的增加和经济的繁荣，平均身高再度增加，在 17 世纪中叶达到了 174 厘米。

然后在工业革命到来前的一个时代，由于社会和劳动力的不平等（每年工作天数从 165 天增加了一倍，达到 330 天），英国人平均身高再一次呈下降趋势。在 1650 年至 1850 年间平均身高也在下降，但其中的原因我们并不清楚，将其归咎于工厂的出现和城市化是不合适的。伦敦在 18 世纪末才开始爆炸式发展，其他新兴工业城市还要更晚。从 1850 年开始，当英国真正开始变得更加工业化和城市化时，平均身高才开始攀升，达到了前所未有的高度，而且还在继续增加。

我的身高约为 173 厘米，如果想要高于平均身高，我得回到罗马时代的不列颠，或是英国历史上更悲催的挫折时期之一。不过如果我能跨越空间而不仅仅是时间，那我的选择就更多了。在现代，世界各地的平均身高都在增加，但孟加拉国和缅甸是例外。我出生于 20 世纪 70 年代，我的身高超过了上述这两个国家以及海地、津巴布韦、也门、埃及和朝鲜民主主义人民共和国同代人的平均身高。我选择继续待在英国当“矮子”，也不仅仅是因为我的爱国心大于我的虚荣心。

在美国总统选举中，个子高的候选人更有可能获胜，这肯定是无稽之谈，但是候选人确实都比他们选民的平均身高要高。很明显，这并不意味着美国人长得越来越高就会有越来越多人参加竞选。但这是否意味着那些追求更高职位的人在基因上更加优越？

“遗传力”这个词的意思是基因影响性状变异的程度。身高就十分具有遗传力。思考遗传力对于身高有何影响，也会有助于我们思考遗传力在智力、健康和其他特征上的作用。这一点很重要，因为这决定了我们是否能调整这些特征的潜力。对于基因影响身高差异的程度——也就是它的遗传力——人们已经进行了一个多世纪的量化研究。在发达国家，身高遗传力的大多数估计值是 80%。这个数字恰好也是智力遗传力最普遍的估计值。

这些估计值是通过比较共同基因和共同环境的影响得出的。最理想的比较对象，是一对出生时就分开成长的同卵双胞胎和一对不分开成长的同卵双胞胎，但我们很少能找到这样的双胞胎。在进行此类研究时，人们有意地制造出了同卵双胞胎，因为其意义太过重要，且太过稀少，但原因不止于此。我们有意制造同卵双胞胎，还因为我们有一种顽固的愿望，即希望被广泛认可的事实也一定要通过遗传学的狭隘视角来证明。

对身高的测量就是它本身，但测试智商，也就是 IQ 测试，测量的并不是智力而是表象，它把复杂的特征简化为了单一的、可测量的概念。智商测试确实有一定的可靠性，足以证明它确实测量了某种东西，我们也可以自信地说智商测试确实测试的是智力的一部分。没有谁会认为人类的智力是用数字就能概括的。但身高就不一样了。

当一项研究表明身高的遗传力约为 0.8 时，就意味着 80% 的身高差异是由基因决定的。这种说法比表面上看起来更有局限性。它表明基因决定了 80% 的身高差异，但没有说明剩下的 20% 就是由环境因素决定的，它甚至没有说明这 80% 针对的是人类身高差异。它告诉我们的只是，在所研究的人群中，在进行研究的那一刻，基因对身高差异贡献了 80%，而环境的变化贡献了 20%。

在过去的几千年里，人类的身高一直在增加，且并不是因为基因改变。尽管历史和地理差异几乎完全是由环境因素造成的，但历史上人类的身高变化仍然存在，并且现在的地理环境也一直在变化。换句话说，我们对遗传力的估算可能错得离谱，而且基因因素甚至可能还没有环境因素占比大。想象一下，山的两面都铺满了麦田，沿着山谷向下延伸，但是土壤类型在半山腰发生了变化。这样一来，麦子长势的差别基本上就完全是由环境因素造成的，而影响小麦株高度的遗传力就会很低。取同一种小麦，在受控的条件下进行种植，土壤和日照完全相同，那么影响高度的遗传力就提高到了 100%。

但影响人类身高的条件因素没有小麦那么简单。营养物质和寄生虫都会影响人类和小麦的生长，但谷物不会有行为、文化和思维模式的变化。在较贫穷的环境中，人类身高的遗传力较差。在发展中国家，身高遗传力的估计值往往是 50% 或 60%，而不是 80%：这就是环境因素的影响，也意味着基因似乎没有那么重要。这样的差距不需要很大。几十年前，我们有同样的基因，那时我们吃得饱穿得暖，也不缺少干净的水或像样的厕所。然而我们在这几十年里却越长越高。答案就隐藏在基因和环境影响无休止的相互作用中。我们能观察到这种相互作用的整体效果，但我们却不了解其中错综复杂、无穷无尽的细节——潜在的效果组合实在是太多了。

我们也不知道，如果环境改变会发生什么。在不同的环境下，身高的遗传力可能会发生改变。即使环境的变化不会影响 80% 的遗传力估计值，那这种变化会改变我们基因组的哪些部分，以及我们生活的环境中哪些部分会对身高差异产生作用，才是关键问题。在遗传力没有变化的情况下，不同的环境可能意味着一些本来应该矮的人长高了，而一些本来会长得很高的人却长不高了。孟德尔（Mendel）对豌豆的著名实验表明，单个基因会产生可预测的颜色或形状，但这并不能很好地反映大多数基因是如何运转的。他的实验经常被当作案例，不是因为它代表了大多数基因的作用方式，而是因为其易于教学和理解。

在我们的基因组中，人们发现大约 400 个地方有 700 个基因对身高的遗传差异有作用。这些变体的排列组合数量是个天文数字。即便如此，它们也只是影响身高的因素中的一小部分，即使把范围缩小到基因层面也只是一小部分。就算加在一起，它们也只占某个单一时间点的遗传力的五分之一，在几代人得出的数据中占比甚至更小。

这些变体中，有很少一部分会产生巨大的影响——人们发现有 83 种变体最高能够影响 2 厘米的身高变化。这听起来也许很了不得，但我们并不能预测这些变体在不同的环境中是否还有同样的影响。另外，我们应该再想想 700 个变体加起来产生的作用都如此之小——只占遗传力的五分之一，所以真相并不是几个影响 2 厘米的变体加在一起就能解释的。我们体内是不存在“身高基因”这种基因的。最近的一项研究认为，我们的分析漏掉了那么多与身高有关的基因，是因为每个基因的作用都很小。研究展示了 100 万个变体中的三分之一，据估计，这些突变加在一起可以解释一半以下的人类身高差异。最近的一篇论文表明，人类身高变化有三分之一的原因是可以用 10000 种变体来解释的。“这一结果与人类身高的遗传结构一致，其特征是数量非常大但有限（数千个）的相关变体分布在整个基因组中，但以符合生物学和基因组规律的方式聚集在一起。”确实是这样，但这句话没什么用。基因组是“以符合生物学和基因组规律的方式”组织起来的，这不过是重复赘述，所以上面那句话只是指出了有数千个变体参与了决定人类身高的过程而已。我们的基因组中只有 20000 个基因，这一点是不容置疑的。所有这些变体有什么功能、如何相互作用，都是在不断变化的。对于一个孩子，这些基因在他的生长环境中可能对他产生了巨大的作用，但对于住在隔壁的孩子或者后一天出生的孩子，这些基因可能就完全没有产生作用，或者在另外的方面产生了作用。即使在可以了解其规律的情况下，这种相互作用也是不稳定的。

在任何社会阶层中，比同龄人长得高的人更有可能升迁。“社会经济阶层升高的人的平均身高比他们离开的阶层平均身高更高，比他们加入阶层的平均身高更矮。”你长得越高，你就越快乐，受教育程度就越高，收入也就越多。自 1900 年以来，人类平均身高每十年增加 0.5～1.0 厘米，代表我们确实有长得更高的潜力。平均而言，是可以把身高和成功结合起来说的，但在较小范围内，在个人生活的尺度上做出身高和成功有联系的预测是不可靠的。“矮人情结”这个概念最初用来解释拿破仑的行为和他身高之间的关系，这个概念的吸引力在于它很简单，而不是它的真实性。身高与命运的相互作用很有趣，但如果我们假设身高就是命运，就抹杀了其中的趣味性了。我们知道身高确实很重要，我们也想知道这是如何反映、塑造和扭曲我们的社会的。

20 世纪的最后几十年里，人们开始将不同的研究集中起来，进行更有效和更可靠的分析。这种做法来源于预防心脏病发作的干预措施对人类健康影响的研究，这些干预措施的影响过于平衡，无法从个别案例中加以判断。这种技术被称为统合分析。理查德 · 多尔是进行这些研究的先驱，他觉得这个词用希腊语毫无必要又晦涩难懂，只不过是令人讨厌又毫无帮助的行话而已。他认为这种方法只不过是综述而已，但他输掉了辩论，所以“统合分析”的名字被保留了下来。对于身高对健康有什么影响，有无数个小型实验着眼于此，但也正因为有无数个小型实验，所以得出的结论都各不相同。对所有数据的最好综述，即结合了 121 项研究和超过 100 人的统合分析，得出了最可靠的结论。长得高的人活得更久。

这其中有多少是关联关系，又有多少是因果关系？身高是身体健康的结果，因此它也是健康的标志。高个子的人患心血管疾病的风险较低，这意味着他们寿命更长。但是高个子的人死于癌症的概率更高，死于肺部血栓的概率也更高。因为这有些反常，所以看起来似乎是因果关系。你甚至可以得出这种结论：个子高对你来说可能不是件好事。也许长得高本身对你来说不是好事，但却代表着其他好事。我们不知道具体是什么，但这也不重要，除了我们幻想着要对孩子进行基因工程改造让他们长得更高的时候。

对身高优势的进化论解释指出，身体健康的人会长得更高。其结论是，我们更重视高个子而不是矮个子是有其道理的，我们在进化过程中，下意识地把需要抬头仰望的人看作需要尊敬的人。因此，有一个观察结果经常被证实，那就是个子高的人挣的钱更多。这听起来不错，但一项可靠的研究表明这是错误的。高个子的人确实有更高的收入，但这和他们成年后的身高无关。如果对他们十几岁时的身高加以控制，那么最终他们的身高和收入就不会再有任何联系。雇主不会因为人的身高而对这个人有不同的评价，也不能根据一个人青春期的身高来对其进行评价，因为他们并不知道这个信息。因此，雇主看重的特质，也就是决定收入的因素，要么是 16 岁时长得高的原因，要么是 16 岁时长得高的结果。

作为一个青少年，个子高的好处是什么呢？研究人员发现，家庭资源、经济或其他方面的因素都不重要。他们指出，同卵双胞胎在 16 岁时的身高差异也预示着成人后收入能力的不同。[①] 其他分析也指出，16 岁时的身高是导致未来身高差异的原因，而不是影响两者的其他因素的结果。如果高个子是社会资本或金融资本的结果，那么它们的作用不仅与一个人在任何年龄段的身高有关，还与其父母的身高有关。但这种说法是错误的。同样，16 岁的身高不能代表 16 岁之前和之后的健康状况。令人惊讶的是，研究人员还发现青少年的身高和自尊心之间没有联系。他们确实发现，高个子的青少年在社交方面更活跃，无论是体育运动、学术俱乐部还是约会。他们相信，这才是真正的原因：那些在 16 岁时长得更高的人，在这个时期会获得他们永远不会失去的社会资本。

身高的好处不是来自长得高，而是来自比别人更高。在一个人的成长时期，它能给我们的精神带来永久性的收获。

---

① 即使在同一间房子里一起长大，同卵双胞胎的身高也不一样，不过一般差距不大。——作者注

除了健康方面的考虑——对此我还有些开心——一个人长得太高还有别的坏处，不仅仅是会觉得飞机上的座位太挤了。[①] 网球运动员个子越高，发球就越好，但接球就越差。这时候也许你想问为什么。首先由你发球，如果对手接不住，那你就能得分，如果对手打了回来，就轮到你接球了。矮个子球员在反击时表现得更好，是因为身材矮小带来的优势，还是因为身材矮小而不得不多加练习从而获得这种优势？这个问题的答案，会影响我们对他们，以及对他们的高个子对手的看法。

我们对遗传力估算时的重复性，导致我们错误地认为它给我们带来了有趣、重要且有用的信息。在有限的环境下，这些信息都是错误的。注重遗传力的结果，往往是会对其进行简化或夸大，模糊或混淆。对遗传力的估算——80% 的身高和智力都是遗传的——给错误的想法以一种错误的真实性，这么做只不过满足了人们用一个解释和一个数字来回答难题的欲望而已。

历史上人类平均身高的增加代表了人类的福祉。并非所有的生命和生活方式都是平等的。长得高并没有什么优势，就像长得矮离地面更近也没什么值得骄傲的。但长得高确实意味着更多财富，也就意味着会遭受更少病痛和贫困，享受更长的生命。以身高为标准判断一个社会的优劣这种观点是正确的，就像以婴儿死亡率判断一个社会的优劣一样。再重复一下，我的身高比孟加拉国、缅甸、海地、津巴布韦、也门、埃及和朝鲜民主主义人民共和国

---

① 《圣经》中的谚语说：“仇敌跌倒，你不要欢喜。”是个不错的建议。但是高个子的人活得更久，赚的钱也更多，而且有种看不起我们矮个子公民的倾向。看到他们的脑袋撞上低矮的梁木，我们还是可以笑话一下的。——作者注

同龄人的平均身高都高。除了公民的身高以外，这些国家还有着其他共同点。

平均身高将会继续攀升，但我们也不清楚究竟会有多高。虽然矮个子的人仍会存在，但也会变得比以往更高。增高药有作用，但效果出奇地差。在纠正缺陷时补充生长激素有不错的效果，但成人身高的正常差异不应归咎于缺乏生长激素。把生长激素补充给激素水平本就正常的人，几乎没什么效果。我们应该为此感到庆幸；如果不是这样的话，人们对于自己低于平均身高的恐惧可能会引发一场由药物引起的身高竞赛。事实上，无论是药物还是基因疗法都不能改变身高。

"你们哪一个能用思虑使身高多加一寸呢？"如果你真的想长高些，可以使用伊利扎罗夫股骨延长术——这是将思想转化为技术的结晶。伊利扎罗夫股骨延长术就是在腿部固定一些钢圈，使钢圈的辐条嵌入腿骨内。把两个固定钢圈之间的腿骨截断，在腿骨重新生长时，两个钢圈会逐渐分开：其中一个钢圈内的腿骨会长得更长。这种技术应用于意外事故后恢复身高，当一条腿的腿骨被破坏时，两条腿的长度就不一样了。当然有的人只是为了让腿变得更长而接受这种手术，不过我们还是应该足够理智，不要让这种手术像牙套一样泛滥。如果事实证明身高是健康的标志，也是健康不良的原因，我们会生产药物来限制发育吗？我们可以这么做。生理青春期的结束标志着发育接近尾声，骨骼中的发育部分会封闭并停止生长。我们可以利用药物让这一阶段提前到来。但目前，我们没有任何合理的理由去这么做。

只要环境改变，人类就会改变，所以既然改变环境的正是人类本身，那么只要人类还是人类，我们的身高就永远不会固定下来。我们生活的方方面面都会相互影响；我们的基因在环境的风暴中漫天飞舞。遗传学家西奥多西厄斯·多布赞斯基（Theodosius Dobzhansky）在1962年出版的《人类进化》（*Mankind Evolving*）一书中写道，身高是我们试图从遗传学角度理解人类特征的一个范例。“有人说，基因决定了一个人的发展可以达到但不能超过的极限。”他写道，

> “这种说法只会混淆视听。我们不可能预测一个特定基因型在无限可能的环境中可能产生的所有表现形式……我们也不知道如何证明婴儿在某些人为刺激生长的环境中可能会长得多高。认为极限有一些基本的或内在的规律的想法其实是一种错觉，特别是上限……极限是难以捉摸的，我们很难去确定它，尤其是在没有规定环境条件的情况下……就算冒着重复的风险，我也还是要说，遗传不能被称为‘命运的骰子’……人类特征，特别是精神特征遗传条件的证据，必须以最谨慎的态度加以审视。”

最后这个观点可谓一针见血。对于像身高这样简单的东西，我们都不能从基因的角度有效地理解、预测或操纵，那么对于人类生活中其他更加复杂微妙的特质来说，这个观点就更加正确了。

13
宽度

“坚韧不拔的现实主义”是1920年出现的一个短语。它酝酿了许久，直到20世纪70年代末才开始大肆流行。有这种想法的人自诩比满足于现有阶级的人优越，但其实这种想法是很有误导性的，心胸狭隘的人通常会这么想。这个短语的含义是，我们不应该保持乐观，这个世界根本不是一个快乐的地方，幸福在蔓延、我们在进步，都是那些享受特权的人故意伪装出来的，这些人对那些由于他们的特权而被压迫者的痛苦故意视而不见。只有当你被沙砾吸干了水分，迷住了双眼时，才能看到真正的现实。

在这种观点下，全球肥胖率的上升就是明证。当我们都在变胖的时候，医学的胜利和自由富裕的工业化生活又带来了什么好处？这个世界正处于病态之中，任何一个持相反观点的人都忽视了糖尿病、与体重有关的残疾和早逝的增加，以及数百万人的生活受到自由市场和大规模生产损害的事实。

全球肥胖率提高固然是坏消息，但这个坏消息与大量的好消息相比就相形见绌了。那些超重的人如果瘦下来能活得更久、更健康，但他们之所以超重，是因为他们生活在一个更加健康和长寿的世界，而不是那个让他们的祖先别无选择只能瘦身的世界。肥胖是一个全球性的问题。这个问题也严重影响了第二和第三世界国家，但这并不是污染扩散的严峻标志，而实际上是一个令人高兴的证明，证明了我们发展得有多好、有多快，发展利益的传播范围有多广。但令人高兴的地方也只有这些了：那些有足够多的财富导致肥胖症的国家，却没有足够多的财富治疗糖尿病，这给当地人的身体健康和预期寿命带来了严重的打击。

肥胖和好脾气常常相伴相随。两者都会因为对生活的渴望而不请自来。英国牧师西德尼·史密斯（Sydney Smith）（1771—1845）本身是一个非常胖的人，他把这两者完全结合在了一起。当他听说有人要和一个与他体形相仿的女人结婚时，他大喊道：

> “谁要娶她？不可能！你的意思是她的一部分吧，光凭他一个人是娶不了她的。这都算得上犯法了，这都不是重婚了，而是三婚；她胖得能和整个教区的男人都结婚了。一个人要娶她？太可怕了！你可以和她一个人建立殖民地，组织集会，或者围着她走一圈就当散步了，如果你身体不好还得找地方多休息会儿才能接着走。有一次我太膨胀了，还没吃早饭就想绕着她走一圈，我才走到一半就累得不行了。你也可以宣读镇暴条例把她赶走得了。总之，不管你做什么，千万别娶她！”

在某种程度上，他也取笑了自己的肥胖。医生建议他空腹时进行长时间的散步。他同意了，但回答说：“谁空腹？”节食后，他写信给一个朋友说：“如果你听说哪里发现了16磅（约7.26千克）或18磅（约8.16千克）的人肉，那八成就是我的了。我减下的肉比得上我的助理牧师的体重了。”

超重也并不总是一件痛苦的事，我们的快乐会不断增加。胖可以是胃口好的标志，瘦也可能是厌恶生活的结果。莎士比亚笔下的尤利乌斯·恺撒（Julius Caesar）警告说瘦弱饥饿的男人一般很危险；法国的美食家布里亚－萨瓦兰（Brillat-Savarin）为瘦弱的女性美食家提供了怎么变胖的建议，他知道（正确地说，考虑当时的时尚风气）女性美食家都希望自己变得丰满。如果说体重是幸福家庭生活的产物，那很少会有人把我们想象成瘦子。

现代人对肥胖的憎恶，部分源于清教主义，他们认为放纵是一种道德缺陷。这是一种带有美国式歪理的新教主义，有这种想法的人相信用蛋清做的蛋卷更加健康，而且如果要让他形容一顿美味佳肴，他一定会说这种饭菜会导致心血管疾病。事实上，体重过重确实有缺点，其中也有道德上的缺点。尽管出于受虐或优越感的原因而用饥饿来折磨自己是可悲的行为，但总是吃零食也不好。永远不让自己挨饿，总喜欢吃甜食，有这种倾向的人也许是成年人，也有可能是在生活中很受人尊敬的人，但在这一点上，他就是个幼稚鬼。

我们对于情绪和体重的看法，对于我们理解对人类体重增加的担忧，以及我们调节这种担忧和体重的增加是必要的。不要把外科手术当作一种用来切除病灶或治愈伤口的工具，而是把它看作一种直接重塑我们身体和生活的技术。我们会想起激动人心的移植、组织工程和生物假体等技术。这些技术确实很厉害，也是真实存在的，但只有极少数人能够享受，以后也会是这样。另外，世界上确实存在治疗肥胖症的手术，我们可以做，但我们基本上不会去做。这样的差别很难去解释，除非从情感角度来看待。

世界是“肥胖的”。超过三分之一的人属于超重（BMI 体重指数超过 25），四分之一的人属于肥胖（BMI 超过 30）。虽然世界上最富裕的国家的人的体重可能开始趋于稳定，但据估计，到 2050 年，大多数人还是会变得肥胖，人们投入了大量的精力到减肥方法的研究上，结果收效甚微。在给加工食品贴标签以及改变其生产方式等方面我们已经取得了成果，我们在这方面所做的努力是有效的，但是当涉及帮助个人减肥的干预措施时，则收效甚微。现在存在着一个医学研究行业，但除了提供大量的工作岗位、出版了一系列书籍杂志以外就几乎没有别的作用，虽然这些书籍提出了控制饮食和加强锻炼对我们有益的观点，但这对于我们是否能做到这两点毫无帮助，即使是最平衡的饮食也改变不了什么。综合我们已有的资料来看，只要选择节食，无论是以哪种方式，都能帮助人们在一年后减掉 7 千克的体重。在实验环境中，节食确实达到了最低效果，但在现实生活中效果肯定没那么好，所以对于节食的建议就更掀不起什么风浪了。一篇论文指出：“这种看似明显的区别常常被忽视。”我们积累的医学知识表明，在节食的医学实验中加入锻炼只会帮助人们再额外降低 1 千克体重，而药物及其所有的副作用，可以使体重再减轻 2～5 千克，这样的数据可谈不上好。一个拥有平均身高的美国人，当其体重达到 93 千克时就满足了肥胖的最低标准。这些干预措施完美结合并不再反弹的话（这在实验中是没有出现过的情况），合在一起也只相当于减掉体重的 10% 多一点。即使对于刚刚进入肥胖领域的人来说，这也不足以让他们的体重降到理想的水平。就算是以不现实的理想实验角度来看待节食、药物和运动，它们的综合作用也远远不够。

减轻体重的手术——比如减少食物的吸收或减小肠道的容

量——效果更好，而且好得多。它可以额外减轻我们26千克的体重。这足以让那位美国人的体重从肥胖领域的门槛降到最健康的标准，而且这么做的效果有可能是永久性的。饮食、运动和药物加在一起，只能勉强算是一种治疗方法，但有如此强大效果的外科手术，似乎正是肥胖的“解药”。

1956年，人们进行了首例减肥手术；2003年，全世界共进行了146301例减肥手术，比五年前增加了266%。这意味着在符合手术资格的患者中（也就是超重的人），只有约1%的患者接受了这种疗法——这是目前唯一有效的治疗方法。2008年，全球减肥手术的数量上升到344221例，但到了2011年，这个数字下降到了340768例。使用治疗肥胖症最佳方法的人越来越少，但肥胖的人数却在不断增加。

超重本身并不是一种疾病，除非太过极端。只是因为在这种状况下，患病的风险概率更高，比如心脏病、脑卒中、糖尿病、癌症，甚至抑郁症，当然最有可能出现的情况是运动能力下降。我们不应该以它对体重的影响大小来判断肥胖症治疗方法的优劣，而是应该从它对我们的身体健康影响的角度去做判断。例如，一项实验已经证明，在短时间内进行高强度的生活方式干预对实验对象的肥胖和健康状况都没什么影响。出现这种情况的原因是减肥其实并没有什么益处，这一点似乎让人无法相信——相反，这肯定是因为即使是最好的实验，其规模也太小、时间也太短。但这种说法的依据只不过是信念和情理，而不是确凿的证据。我们不知道减肥药对人的生存、死亡、患病或长期保持健康有什么影响，鉴于我们以前有过被此类药物伤害的教训，这方面知识的缺失就显得尤为关键，许多这种危害在服用药物后很久才会出现，并导致药物被匆忙下架。

针对他汀类药物、抗高血压药和其他旨在降低心血管疾病风险的药物实验往往会招募数千或数万人，并且持续数年，只有在证明这些药物真的有效果时，才会将其投入使用。对于减肥的干预措施的实验，无论是节食、运动还是药物，我们很少能做到其中任何一点，更别提全都做到了。我们从它们身上能够获取的知识很少，因为它们本身也是需要研究的对象。我们明明知道如何进行更好的研究，并且在其他领域我们也是这么要求的，为什么到这儿就不一样了呢？

手术可以大幅减轻体重，而其他方法收效甚微，几乎证明了“手术是目前唯一有效的治疗方法”的观点。有资料显示，减肥手术可以对血压、血脂和 2 型糖尿病的缓解产生显著影响。减肥手术的安全性出乎意料地高，毕竟肥胖者并不是理想的手术对象，但减肥手术的手术期死亡率只有 0.3%。但这一比例，加上有 4.3% 的人在手术期间遭受严重伤害（比如出现血栓、延长住院时间，甚至术后需要回医院再次手术等问题），也证明了该手术并非完全无害。与通过手术避免心脏病、脑卒中和糖尿病等与体重有关的问题而挽救的生命相比，我们值得去承担这样的风险吗？

我们并不能够对此下定论，实验证据太少而且实验期不够长，但证据还是很鼓舞人心的。这项研究持续了 20 年，表明术后终生用于医疗保健的费用都将大幅下降，但关于减肥手术长期的效果究竟如何，我们的相关知识很少。虽然这比我们所掌握的关于节食、运动和药物作用的知识要多一些，但仍旧少得可怜。在医学的其他领域都没有出现过这样的情况，一个巨大的全球健康问题有着一系列的治疗选择，但我们竟然完全没有去进行研究调查以确定它们对人类生活的影响。

在探索如何真正解决肥胖问题时，我们对肥胖症的担忧和我们缺乏努力之间的巨大鸿沟，又该怎么解释？在不知道药物是否具有严重的长期危害或任何长期利益的情况下，我们竟然就敢于使用药物，这简直令人难以置信。减肥手术的短期影响比其他所有选择都要大得多，所以我们本该以严谨的科学态度来对其进行研究。然而，我们对此拥有的数据全都来自短期的实验数据，而且参与过所有实验的病人人数比最近参加一次血液稀释剂新实验的人数还少。缺乏证据并不是因为减肥手术是新兴手术，虽然它的前景很不错。一篇对减肥手术 200 多项研究的综合评论指出："这些出版物（仅）总结了手术的短期效果、结果和并发症，我们需要更多更好的证据。"这篇综合评论是在 1976 年发表的。

我们总是对那些已经被证明无效的干预措施表现出极高的热情，比如高蛋白饮食。我们在减少糖分的摄入方面投入了大量的努力，并深信糖分的摄入对公众健康有着极大影响，然而就算干预措施获得成功，我们减少的体重也没有几十千克，只有几百克。最近一本著名的医学杂志上发表了一篇关于全球肥胖的学术评论，其中对于减肥手术的重要性只是一笔带过，后文就再也没有出现过，但却对饮食和运动的干预措施提出了很多建议。值得重申的是，通过限制含糖饮料来减少糖分摄入量的规定，能够使人们的体重减轻几百克，这一规定受到了极大的关注。然而，减肥手术可以使你减重 26000 克，却得不到任何关注。

人们是否应该因肥胖而受到责备，这个问题不属于医学的领域。但人们是否重视自己的健康状况肯定属于医学领域，然而令人吃惊的是，我们总是专注于给别人提供没用的建议，而不是实施行动。如果我们认为肥胖不是一个医学问题，而是道德上的问题，并且我们没有适当地去探索可用于减肥的医疗手段，那么这个世界会是什么样子？想必，那将会和我们现在生活的环境没什么两样。

减肥手术本应有极好的效果。然而，“人应该少吃多动”这种令人舒服的论据，却在某种程度上取代了真正的行动。对我们来说，不健康的生活方式更像是思想问题，而不是可以用技术解决的问题。西德尼·史密斯嘲笑胖女人的行为在今天是不能容忍的，不管我们多么确信他也愿意以同样的理由取笑自己。我们不要去评判别人这种想法变得太过重要了。在医学文章里曾经充斥着关于医生有责任与道德败坏和道德弱点做斗争的讨论。史密斯的那种“幽默感”的消失，也意味着这样的讨论将不会再出现在医学期刊或医学教科书上。现在，关于肥胖症的讨论都会刻意避免带有批判性的词语。其结果就是，我们仍然会有这样的看法，但我们不敢再去承认，并且我们受这种看法的影响将会越来越深。因为我们从来没有认真考虑过治疗肥胖症的问题，所以这个问题已经被我们完全忽视了。比起在做一些选择时或者因为疏忽而透露出来的轻率的偏见，我们不如选择去进行经过深思熟虑的评判。

过去，人们认为丰满是性感的，而苗条则令人讨厌。不过在现在这个以瘦为美的世界里，这样的风尚似乎不太可能再次流行。即使我们的药片可以消除因肥胖而产生的问题，但画家们似乎也不可能再觉得胖胖的肚子比平坦的腹部更漂亮了。

有没有这样一种可能，我们能够研发出一种医学干预措施来增加人们的新陈代谢，这样可以在解决肥胖问题的同时，还能让人们尽情地暴饮暴食？这种措施其实已经以锻炼的形式存在了。手术可以让我们保持健美，让我们的身体更健康，但是如果用药片代替健身房会出现什么情况呢？当我们运动时身体会发生变化，难道我们不能从药理学上模仿这样的变化，使得我们不仅能变苗条，还能保持纤瘦吗？

在可预见的未来，这个问题的答案是否定的。我们总是习惯于把运动和单一的化学物质画等号——比如内啡肽——但是运动对我们身体的影响有很多种方式，这些方式不是与单一一种化学元素有关，而是无数种。在我们有生之年，是不可能模仿得出这样的规律的，至少不能有效地模仿。

对于人类现如今的成就仍持怀疑态度的人可以停下来想一想，一个现代的肥胖型糖尿病患者如果服用全套合适的药物，那么他仍比我们苗条的祖先更加健康。这些药物既不会改善我们的肥胖状况，也不会加剧它：人们会选择去过不健康的生活，因为他们觉得药物的存在可以让自己不需要保持良好的生活习惯。

肥胖的情况将会继续加剧，这不仅是因为我们的生活正变得更加富裕、幸福，食物变得更好，而是因为肥胖会像感染一样扩散。这是一种“模范带头”的力量，超重会通过网络传播，当我们崇拜的人变得很胖的时候，我们也会变胖。提出这一观点的论文指出：“有同伴支持（改变人的社交网络）的戒烟、戒酒和减肥措施，比那些没有同伴支持的措施更为成功。也就是说，我们不仅要把肥胖当作一个临床问题，还要把它当成公共健康问题来对待。”如果像史密斯那样去取笑肥胖的人，能让肥胖的人变得更苗条吗？如果一个可靠的实验证明了这样做确实会帮助人们减肥呢？如果这么做真的对别人有益，那么让别人感到不舒服或许是一件合理的事。当然，我们并不希望恶语中伤别人，让他们对自己无能为力的状况感到更加痛苦，但是我们已经在这么做了，不是因为我们会开政治上不正确的玩笑，而是因为我们会无休止地提出关于饮食和锻炼的建议。这样的建议说起来容易做起来难，于是最终这些建议并不能帮助人们减肥，而是让他们在无法减肥的绝望中更加痛苦。史密斯的玩笑话也许不那么残酷，反而更加有用。

14
软骨

石棺（sarcophagus）因其功能而得名。把一具尸体放在棺材里足够长的时间，那么除了骨头就什么也剩不下了，因为它吃肉，所以被称为石棺。生命就像是一具石棺，人到老年就会变得消瘦，年纪越大，身体就会越发瘦弱。老年人的太阳穴下沉，面颊骨随着面部肌肉的溶解而突出。老年人的胳膊和腿不复往日的健壮，手背被岁月犁出了深深的沟壑。

在人的晚年，每个人都会出现这样的迹象，没有例外。在年轻人身上出现这样的情况，往往有一个可以被解决的病因，或有一些可以被治愈的潜伏疾病，但老年人身上往往没有，对他们来说，消瘦不是营养不良的结果。老年人的饮食习惯一般不好，但其原因通常是他们失去了食欲。他们营养不良、肌肉萎缩、骨瘦如柴，遭受着衰老和孱弱的痛苦。

这些同义词意味着在老人身上出现了不止一种症状——淋巴结核、肺结核、肺痨、白色瘟疫——这一系列术语证明了肺结核的严重性，也证明了我们对它的成因了解甚少。在较贫穷的国家，肺结核仍然常见，但现在除了“肺结核”之外，很少有人对它使用其他名称了。我们对这种疾病的理解已经很深了，所以没有必要再使用同义词，它们已经合并成一个单一的、可理解的症状。然而对于“岁月食人肉”这件事，我们还没有这样的理解。

通过改变心血管老化来重塑人类生活这个做法有着清晰的轨迹。它将继续积累成效，一点点积累成果，实现我们对健康生活的期望。我们的心脏和大脑将能够保持很长时间的健康，这是我们的祖先无法想象的。但说到软骨、骨骼和肌肉时，我们的理解和能力就很有限了。我们都还很年轻，不知道羡慕过去身体机能十分健康的自己是什么感觉，我们只会想象我们身上有一个关节老化时会是什么样子。在对抗关节炎这方面，我们几乎毫无进展。氨基葡萄糖是一种流行的非处方药。最不可靠的证据说它没什么作用，而最可靠的证据说它根本没有作用。其他类似的非处方药也是如此。

更换关节这个办法已经问世很多年了，以至于我们都感觉这不是什么稀奇事，但它给人们带来的影响却一点也不普通。它已经变得越来越重要，因为已经成为惯例。然而放眼未来，并没有人造肌肉在前方等待着我们，也没有能使衰弱的肌肉恢复活力的药物。对许多人来说，手上和脚上的一些小关节出现问题仍令人十分痛苦，并且这些关节不能轻易被替换；我们能做到的只是掩盖出现的症状，并且至今没有什么太大改变——吗啡是最古老的有效医疗干预措施。新上市的止痛药只会为那些持有专利的人赚更多的钱，而不是为了增补已有止痛药缺失的效果。顽固的背痛症状困扰着很多人。针对该症状有许多有效的治疗方法，但不管是手术，还是给磨损的椎骨注射对身体无害的骨水泥，这些方法在实验中的表现都不如“假手术”。[1]

我们习惯把疾病归咎于现代生活，而不是感谢现代生活给我们带来的福祉，但骨关节炎的高发病率除外，我们倾向于把它与我们祖先艰苦的体力劳动生活产生的损耗联系起来。我们知道关节炎在人类历史上一直存在，因为在化石中找到了证据。如今，更高的患病率被归因于现代社会带来的好处——人们寿命更长，所以得关节炎的人更多了，同时人们吃得更多，体重更重，这增加了对关节的损耗。这样的想法可能是错误的。对于关节炎来说，现代生活可能才是实际上的病因，但我们却在错误的地方如此频繁地将其视为有害的存在。即使你把病因归结于我们越来越老、越来越胖，骨关节炎依然越来越常见——其发病率在过去 60 年里翻了一番，其原因还不明确。

随着年龄的增长，我们的皮肤会变薄、破裂，我们的关节会衰老，我们的肌肉会萎缩。医学在其他领域，特别是在确保我们不会过早死亡方面展现出的有效性，意味着我们中将会有越来越多的人生活在这些问题的困扰之中，并与这些问题长期共存。关于软骨的老化，也许并不存在本质上无法解决的问题，但我们目前还不清楚，前方似乎没有光明。在可预见的未来，这些问题并没有被解决的希望。

---

① 一个奇怪的结果是，英国人在私人背部手术上花费特别高。如果手术更有效的话，国家医疗服务体系会提供这些服务的。但国家医疗服务体系内不包含这项服务，所以人们争相加钱去做这项手术。——作者注

15
力量

皮埃尔·德·顾拜旦（Pierre de Coubertin）曾说：“这三个词语代表了道德美的纲领。”这三个词语是“更快、更高、更强”，也是他在1894年创立的奥运会的座右铭。随着道德美的概念不断发展，“更快、更高、更强”也不再受追捧。力争上游、努力探索和永不屈服当然是好的，但体育运动总是容易从追求卓越和胜利变为想让对手遭受打击和失败。两者之间的差异比帝国的疆域还要辽阔，其影响可能并不总是显而易见的，但我们一般都看得出来。如果运动员心中没有明确的拼搏精神，可能他们就不会从事体育运动了。观看乌塞恩·博尔特（Usain Bolt）冲刺的画面，就是与每个人一起分享人类突破极限带来的荣耀。看着他在比赛即将结束时放慢速度斜视的样子，仿佛我们也能体会到把对手甩在身后的满足感。

在2008年以前，通过运动产生内啡肽从而使人感到快乐的观点，都是基于人们觉得运动时自己会感到快乐的感受，同时他们的内啡肽水平会增加，并会被阿片[①]受体阻滞剂阻止（内啡肽 = 内源性吗啡，意思是阿片剂）。这听起来很有说服力，而且很符合科学规律。但对于肾上腺素水平、钾（通过肌肉运动释放）或二氧化碳来说，情况也是一样的，而且这些物质带来的影响也可以逆转，并使你感到不舒服。2008 年，新的证据出现了。对 10 个人的脑部扫描显示，经过两小时的跑步，他们的大脑确实发生了与内啡肽激活相一致的变化。“很了不起。”一位神经科学教授在该实验的报告中说道。“这真是开创了先河，”另一位教授说，“并不是说这个想法不对，而是以前我们没有这样的证据。”

人们对研究结果的理解是内啡肽确实影响了人的某种感受，但是扫描结果其实只能证明内啡肽参与了这种感受的形成。也许有一天，当扫描仪足够先进时，可以从人们的大脑中扫描出人类太容易对自己的感受得出糟糕的简化论的证据。但这样一来扫描仪就代替了思考，因为我们不需要扫描仪来告诉我们这一点。关于内啡肽的讨论往往会贬低它们本身的属性，同时又会过分推崇它们的功效，即在人们快乐的感受中扮演某种角色，这是生理学转变为心理学复杂过程中的一部分。认为影响阿片受体的内源性神经递质参与了我们的运动体验，这并不是一个愚蠢的想法，显然它们确实参与了。愚蠢的是人们解释这一现象的方式。有时，使用科学术语只是我们伪装自己头脑清晰的方式而已。

内啡肽似乎可以缓解随着比赛进程而累积的疼痛，但耐力运动员既不会在脸上表现出来，也不会用语言表达极度的疲惫会带来快

---

① 阿片又叫鸦片，俗称大烟，源于罂粟植物蒴果，其所含主要生物碱是吗啡。——译者注

乐和幸福。“闭嘴吧，腿！”据报道，环法自行车赛选手延斯·沃伊特（Jens Voigt）在比赛过程中如此喊道。他的意思并不是让腿停止欢呼。[①] 用外源性吗啡补充内源性吗啡——也就是服药——证明了同样的观点。内啡肽创造的快乐感并非来源于我们心中，而是以牺牲我们的思想为代价获取的。虽然吗啡使人陶醉的效果能让人感到快乐，但这并没有得到人们广泛的认可。我们将找到新的方法使人们感到幸福，这是完全合理的，虽然新的方法可能看起来会和旧的方法十分类似。从文化上来说，实现这一点并没有简单的方式，但是有无数种困难的方式。

紧跟技术语言和化学进步的潮流在体育领域也很重要。我们的决定和行为总是依赖于科学的解释，但可惜的是这些解释有时候并不那么科学，也解释不了太多。我们制订训练计划并做出选择，服用营养品和药物，但我们对自己的所作所为知之甚少。

直到 2017 年，人们才首次对促红细胞生成素（促使身体产生更多红细胞的激素）对竞技自行车运动员的影响进行了可靠研究。人们到这个时候才研究它，并不是因为这种激素是禁止用于比赛的，而是因为我们之前一直相信这种增加血液黏稠度的药物肯定对运动成绩有好处——我们总是对复杂的生理系统进行未经测试的简化。回顾环法自行车赛运动员滥用药物的情况就能给我们敲响警钟，前提是我们愿意听的话。多年来，人们对作弊的热情已经使他们顾不上测试所用的药物是否真的有效果了。乙醚和酒精作为性能增强剂不再具有多少伪科学的吸引力了，但认为体内血液越多越好的想法

---

① 据说他是这样安慰自己的：“如果我感觉到疼，那其他人一定比我更疼。”后半句话让人们对他的好感降低了。——作者注

总是挥之不去。我们有没有理由怀疑是进化辜负了我们，使我们的血管里流淌的血液量少于可以使身体保持最佳状态的血液量？也不是没有这个可能性，因为自然选择可能会降低我们在身体机能上的表现，以便我们在其他地方获得收益，无论是在效率或成本方面，还是在抵抗疾病和衰老方面，但我们不能就这样假设我们的猜测是正确的。这样做会使我们低估我们身体的不可预测性，而以往的经验告诉我们这么做是不可取的。有许多专家认为促红细胞生成素和其他药物确实有效果，许多胜利者，比如兰斯·阿姆斯特朗（Lance Armstrong），就是因为服用了这些药物而获胜。但历史上也不乏判断错误的专家，更有不少服用了无效或者有害的药物但依然表现出彩的运动员，人们使用水蛭作弊正是出于这些原因。癌症对一种化学物质的反应过程很简单，然而我们已经看到有一半的新实验药物即使在动物和人体实验中表现良好，实际结果却是弊大于利。经验和专家意见不能起到指导作用。简单的解释往往等同于没有解释。路易斯·麦克奈斯（Louis MacNeice）的描述十分准确："这个世界比我们想象的更疯狂、更深奥。"

只有经过几十年的使用，促红细胞生成素被赋予了科学力量的光环，专家们对这种药也很有信心，我们才会进行实验，看看它究竟是否有效。2017 年，这项研究报告的作者指出，之前对该药物药效的实验支持太少，基本上算是没有：

> "关于促红细胞生成素在高水平竞技体育运动中提高成绩的证据相当匮乏。这些实验的规模通常很小并且不受控制，实验对象也是不具代表性的人群，并且往往体现的是运动员最佳表现时的参数，这是不恰当的。"

想要评估最大运动能力，在实验室里对自行车产生的动力进行一些简单的测试是不够的，这样的结果并不可靠，不能代表真实的体育成绩。最佳表现并不能帮你赢得环法自行车赛，只有持续的最佳表现才可以。当某人踩下踏板时，如果把一头大象放在他的膝盖上，那他踩下踏板的力度会大大增加，他们的最佳表现将短暂提升，但这并不意味着一个人在膝盖上有头大象时会骑得更快。促红细胞生成素可以增加血红蛋白水平和各种依赖于它们的体能指标，但这并不意味着有助于提升整体表现。

这项实验选取了48名优秀的自行车运动员，随机给他们注射两个月的促红细胞生成素或安慰剂。最后，那些服用促红细胞生成素的人血液更浓，血红蛋白含量更高，在两项短期表现测量中得分更高。在另一个时间稍长（45分钟）的测试中，两组表现没有差异。为了衡量总体结果，使其与自行车运动员的目标相匹配，实验组安排了一场正式的比赛，参与实验的运动员们将在冯杜山上进行比赛。1967年，自行车手汤姆·辛普森（Tom Simpson）正是在这里去世的，他为了提高自己的比赛成绩而服用了苯丙胺和酒精。苯丙胺和酒精对运动成绩都有很好的短期影响，但它们对于像登山自行车比赛这样的长时间运动有什么影响则不太确定，但可以肯定的是有负面作用。

这项研究发现，无论是给骑自行车的人服用安慰剂还是促红细胞生成素，对他们在冯杜山上的表现都没有任何影响。就像之前无数次的医疗干预一样，人们感觉这种药物有效，人们自认为看到过它起作用，人们觉得了解它的作用机制，但这并不妨碍它其实根本不起作用这一事实。理论、专业知识和科学观察都无法弄清对人体这样复杂的系统进行干预到底有何规律。只有精密的随机实验才可以做到这一点。科学并不能“心想事成”，如果真的可以这样，那就不需要实验，也不需要什么科学方法了。

从历史角度来看，作为一个物种，我们体内的血液本应该比现在拥有的血液少。频繁的感染、不良的饮食习惯、缺铁——一系列因素导致正常的血红蛋白浓度本应低得多，就像贫穷国家人们的平均血红蛋白浓度一样。也许在当今更富裕的社会里运动员表现会更好，因为他们身体里有更多的血液和更多的促红细胞生成素，但这并不意味着两者一定有关联。关于促红细胞生成素可以使骑自行车的人骑得更快的想法，其实并不愚蠢。真正愚蠢的地方在于我们认为只要有可能，就可以实现：我们总是过度自信，我们相信了一个想法，却没有意识到对它进行测试有多么重要，也没有意识到进行这样的测试需要多么严格。会不会在一些情况下，较少的促红细胞生成素和较少的血液会给人带来好处？也许会，甚至在环法自行车赛上也有可能。这样的话，我们每升血液中携带的氧气和二氧化碳会更少，但每升血液泵送起来会更容易，而且更有可能与我们的循环系统进化所期望的血液含量相匹配。

如果处理得当的话——而不是加以粉饰——科学将会继续帮助我们变得更高、更快、更强。运动员在不断打破奥运会纪录，并取得这种进步的部分原因是我们更健康，人数更多，还有部分原因是我们长期以来对职业体育认真对待，筛选和鼓励有运动潜力的儿童是近几年才出现的事，同时训练方案的“排列和组合”也正在被改

进，所以现如今世界纪录被频繁地打破也就不足为奇了。纪录被打破并不意味着我们进化了，也不意味着我们的基因库发生了变化。

在一定的时间限度内，进化能完成的任务是否有局限性？即使在没有任何基因工程技术支持的情况下，只要有足够的时间和资源以及充分的自由，我们就能让人类变得越来越快、越来越高、越来越强吗？忽视人力短缺问题——世界上疯狂科学家的短缺和现代独裁者数量的下降——进行选择性繁衍可能会有作用。除了智力和排汗能力[①]，人类在任何领域都不是最强的，而且似乎连这两项能力我们都没有达到顶端。不过，在数代人之间进行强制选择性的繁衍，也是有局限性的。从家畜身上我们能看出这一点，比如狗和牛。狗类繁衍最大的问题是关节问题，并且如果繁殖进行得足够“近亲”，还会出现一系列的行为问题或者肛门腺过臭的问题。在繁衍了几代后，意外后果定律就会开始发挥作用了。

动物的身体有着复杂的相互作用，并不是那么容易就能被改造的。改动其中一点，就会产生一些后果，有些后果是我们无法预料的。比如经过几代的精挑细选，人们提高了马匹的速度。我们有两个世纪前马匹赛跑的时间记录，虽然趋势表明短距离冲刺的速度（我们过去没有关注这一方面）还有一定的提升空间，但中长跑的速度似乎已经接近顶点。马匹的速度似乎已经达到了选择性繁殖的顶点。过去几十年来，在三场比赛中夺冠，荣获“三冠王”称号的马的速度基本持平。

---

① 后者是因为我们身上的毛发并没有功能。如果你有动物毛皮的话，出汗时就像是穿着棉质衣服被淋湿了一样——这可不是控制体温的好办法。能够出汗的能力非常好地帮助我们提高了智力，温度控制对大脑发育至关重要。但没有皮毛并不是我们智力高的原因，只是环境压力的选择结果。——作者注

马既要生存，也要比赛，要想比赛，就必须先活下来，还要经过训练。以牺牲生命为代价来提高奔跑速度的突变，即使被人为选择，也不会成功。还有一种限制是以平衡多态性的形式出现的，在这种情况下，理想的品质来自两种遗传因素的混合。它们在混合均匀时会产生最佳效果，只选择其中一种便会破坏平衡并减慢马的速度，生理学就是这样充满了权衡。比如当生物变大时，从理论上看它们奔跑的速度会提高，因为它们的肌肉越多，产生的能量也就越多，但是实际速度却不会增加。这样的理论之所以是错误的，是因为我们很难预测随着体形的增长而变得越来越多的约束——比如能量传递的约束以及血液、肌肉、骨骼、热量调节和无数其他因素的约束——有些已知，有些未知。就像大象奔跑的速度比猎豹慢一样，暴龙可能也跑不过迅猛龙。随着人类身高的不断增长，现在个子越高越吃香的运动在以后可能不会再有这种情况了。

自第二次世界大战以来，女性在 1500 米及以上距离的长跑比赛中的平均速度增长了 21%，而在马拉松比赛中的平均速度则增长了 60% 以上；男性也在进步，但由于他们激烈竞争的时间更长，因此进步幅度较小——在过去一个世纪里，男子在 1500 米长跑比赛中的平均速度增长了 14%，而在马拉松比赛中的平均速度增长了 23%。其他运动的统计数据也说明了同样的进步，虽然有的数据并不稳定。在 1966 年的世界杯足球决赛中，德国队球员传球 300～400 次，并且传球准确率达到 78%。2014 年，传球次数几乎翻了一番，准确率升至 86%。

人类将继续变得更快、更强，但肯定不会永远如此。随着人口的增长，我们将会发生更多变异，人类的极限也将拓展。无论是否使用有效药物，我们都会有更科学的训练方案——体育科学中缺乏严格的实验，这表明我们还有改进的余地。更重要的是，人类健康的绝对增长意味着我们将打破更多纪录。100年前，许多伟大的运动员来自上流社会，因为其他人根本没有机会。100年后，即使在那些不能给自己的公民提供有利条件的贫穷国家，至少也有足够的环境让公民充分发挥自己的长处。即使是最贫穷的国家，其居民的平均身高也在上升，这表明我们的体能在越来越有利的条件下正在继续提升。更快、更高、更强似乎对我们的道德美没有什么帮助，但却是人类生活改善的丰厚回报。

基因工程会带来改变吗？编辑我们的基因并没有超出我们的能力——这种方法就在我们面前，并且我们已经摸索出了一些门道。阻止马匹每一代变得更快的相互作用也会限制我们的力量。没有任何一种基因可以等同于体育运动的成功。我们的身体各处可能会做一些微小的改变，但这些改变的影响很小，也是不可预测的——每次都要花整整一代人的时间来看看它们是否与促红细胞生成素一样，其实没有效果。在可预见的未来，创造出身体天赋的奥秘将仍是我们无法企及的。试图推测不属于这个世界所能取得的成就，那就离现实太过遥远了。它当然有其吸引人的地方，但那是科幻小说才该讲的故事。

对体格的关注可以追溯到虚荣心出现的时候，也就是在有性生殖出现的大概一秒钟前。拜伦勋爵（Lord Byron）不是历史上第一个为了保持肌肉发达而奋斗的人，也不是最后一个。久坐不动的人的身体不如那些用手耕田的人的身体强壮，正如耕田的人也并不会比整日泡在健身房里的人体格健美一样。

生物学给肌肉发达的趋势定了基调，但它并不是由生物学完全决定的。因为即使我们的身体发生改变，我们的生理特征也不会改变。我们能不能开发出一些药物，让我们的身体不需要运动就可以变得肌肉发达呢？我们已经有这种药物了：如果你经常健身、玩橄榄球的话，你就知道它的名字叫作维生素S。使用合成代谢类固醇，我们不需要做相应的锻炼就能拥有肌肉。这类药品必须凭处方购买，并不是因为人们是否应该拥有健美的外形需由我们医生来判断，而是因为药物只增强了锻炼的一些效果。它们只会给人一种肌肉发达有力的外部观感，但实际并非如此。

效果相似的新药也会有相似的副作用，运动对身体施加的一系列压力并不容易被复制。有什么药可以帮助你加速新陈代谢和燃烧脂肪呢？我们也有苯丙胺，但这类药物同样没有被广泛建议用于追求健美的体形。肌肉的力量不可能被合成代谢的类固醇所还原，就像快乐不能被还原成内啡肽一样：两者中的某些物质都可以通过药物产生，而且在短期内非常有效，但是不可能完全相匹配。

我们是否能够很快研发出一种新的药物，它将比我们以前拥有的任何药物都有更好的效果，使我们更持久地变得强壮、变得苗条、变得健康呢？几乎不可能。像抗生素这样的药物有着神奇的效果，它们算得上是“神奇的子弹”，可以精准有力地击中目标。抗生素的目标是我们体内不应该存在的但对细菌细胞至关重要的部分：因此才存在精确靶向的可能性。当涉及控制我们身体的无数相互交叉的作用过程时，就不存在这样的靶向目标了。我们的进化使我们在某些情况下变得强壮和苗条，而在另一些情况下我们会失去肌肉并增加脂肪。这是因为我们体内并没有主导一切的生化调节器。它们是上千个不同过程的结果，通过这些过程，我们身体的不同部分不断地进行自我调节。即使是体育锻炼也没有标准化的结果。进行橄榄球运动与登山运动会锻炼出不同的体格，产生的身体形态之间也有着更深层的生理差异。

由于地球上数十亿人的基因差异，我们还没有发现任何一种基因突变造成了体重约为 20 千克的弱不禁风的人与强壮如牛的查尔斯・阿特拉斯（Charles Atlas）之间的差异。相反，我们都拥有同样的一系列基因，这意味着选择权在我们自己手里，部分取决于我们所做的练习：因此，阿特拉斯的训练计划取得了成功。而且，就算投入了大量的资金来研究减肥或增肌的药物，我们也没有取得多少成果。我们甚至连一些微小但可靠的干预措施都没有。在我们有生之年当然也会有一些可能出现的干预措施——比如我们可以更可靠地鉴定出哪些基因可以使我们身体的苗条度增加一两个百分点，或者哪些药物可以减缓我们久坐时身体的软化效应。但也仅此而已。

人类的强壮和肥胖一样，都有着一定的趋势，并且不应该被对未来人类进化的模糊幻想所打乱。我们的进化一直以同样的速度继续着，我们也不需要捕食者或灾难来催生进化，因为我们中有的人会生更多的孩子。追寻这样的趋势，并不是断言直到现在女性才喜欢帅气的男人，而男人们直到现在才喜欢漂亮的女人。关键的问题是，我们要注意到这种重要的趋势并不是生物层面上的。

在下一个世纪，我们拥有什么样的身体，我们渴望和寻求的身材和形状，将取决于审美和环境，而不是药物或基因编辑。和其他很多事情一样，严格来说，重要的不是基因，而是它们赋予我们的巨大能力。我们的聪明才智给了我们一种并非独一无二的潜力，它赋予了我们一种能力，一种在遗传基础上正常运转的能力，即使我们在基因中无法找到这样的遗传基础。

16
文化

基因使你在进行体力劳动或体育运动时感到愉悦，也让你在静坐、休息以及吃饭时感到快乐。不过这么说其实是对基因概念的延伸，因为基因给我们带来的是潜力，而潜力是不可预测的。并且尽管有着无数能够改变你的潜力的基因变异，但它们也改变不了这一点。基因变异的种类实在太多了，更加大了其不可预测性。在某些环境中有特定影响的基因，在不同的环境下就可能产生不同的影响。生命就是遗传学给我们上的一堂课，这堂课的主题就是在基因变异中不存在预先决定好的事。基因塑造了我们，并非让我们去遵循某种固定的生活方式，而是能够自主地过不同的生活。基因、环境和自然选择三位一体，塑造了人类，而人类又反过来塑造了它们。

所有重要的环境并非都是生物环境。好莱坞影星们的体格深受美式足球的影响，即胸大肌很重要。在大多数体育运动中，胸大肌提供了强大的力量，但代价是增加了体重。在美式足球中，就算你有着河马一样的吨位，只要你能够像受惊的水田鼠一样加速，体重的增加就能给你带来优势。美国队长的胸肌和二头肌太大，不适合足球、板球和大多数体育运动。但美国好莱坞电影和美式足球都从壮硕的体格中获益，因此在世界范围内，对于那些具有雄性气概普遍形象的男人来说，他们的上半身不仅不适合正常生活，甚至不符合大多数体育运动的需要。“这怎么可能呢？”乔治·席美尔（Georg Simmel）在1910年问道。这当然是可能的，只要有行为标准、传统以及知识。正如摩加迪沙市民的预期寿命因卫生和营养标准的变化而提高一样，美国人的身体形态也因理想观念而改变。在比利时，心脏病发作后的存活率上升，其原因不仅是药物、手术和血管成形术的发展，还因为比利时人的生活方式更健康，其中包括药物、手术和血管成形术的成熟，但不仅限于此。与我们的基因一起传承下来的，是我们的文化。我们长期以来一直生活在这样的环境之中，所以我们的基因和我们所做的决定都深受其影响。我们脱离不了文化，否则我们就不是人类了。没有人是一座孤岛，约翰·多恩（John Donne）布道时曾如此说过，比他年幼的同辈人托马斯·布朗（Thomas Browne）深表同意。“没有人是孤独的，”他写道，“每个人都是一道缩影，并承载着整个世界。”

我们文化的独特性是一种副作用。进化并非因为宗教信仰而发生，而是因为我们的头脑有能力做出这样的选择。文化受到我们遗传基因的制约，但这样的约束并不紧密。偶尔也有反例，比如我们对乱伦的强烈厌恶，但也并不能改变这个事实。人类具有显而易见的侵略性，人们也对此产生了兴趣，致力于研究其程度到底有多深。但这样的兴趣十分有限。这些研究并没有帮助我们理解为什么有些文化因具有侵略性而令人生厌，或者因其暴力性而令人恐惧。我们不应该从生物学的角度来理解文化，而应该从文化本身的角度出发。当苏联逐渐走向衰败时，其文化也发生了一些改变，但其文化的本质核心没有变过。2005年，俄罗斯男性在55岁之前死亡的可能性是英国男性的5倍多，饮酒是主要原因。其背后的原因是文化，而非基因。2005 年后，情况有所改善，饮酒造成的损失也减少了——这种文化被有意识地、有益地改变了。

数学、法律、歌曲、诗歌、会计和消费者保护的出现改变了苏美尔社会，并改变了社会中的人和未来的人。从数字零的概念到英国学校把星期三下午用于进行体育运动的传统，都是文化塑造着我们的生活的体现。文化是卡尔·波普尔（Karl Popper）所说的第三世界。第一世界是物质世界；第二世界是我们内在的精神世界；第三世界是行动的世界，在那里，人类的思维、想法和经验在不同的国家和时代中相互碰撞。如果不是第三世界的存在，今天出生的人和 5 万年前出生的人就不会有任何差别。因为第三世界，我们才成为今天的人类：我们的思考方式不同，看到的事物不同，生活的轨迹不同。波普尔的术语没有独特的价值；为了描述文化，人们也创造出了许多其他术语。把遗传说成“外生的”或“体外的”，只不过是人们把本来容易理解的话用希腊语说出来，显得更高级而已。

说到宗教，达尔文曾说：“我深切地感受到这个主题对于人类智力来说太过深刻了。也许连一条狗都能够揣摩牛顿（Newton）的思想。”他没有提到的是，如果牛顿真的养了狗，那它一定会这么做的。我们和其他动物的区别在于程度，尽管这样的程度十分极端。被无法完全理解的事物所震撼，是任何有思想的头脑的特性。国家是由属于该国的国民组成的，但在英国、美国、法国、德国或任何其他国家的观念中，都有某种特别的民族性观念，那是属于这个国家自己的东西。我们相信这些东西是存在的，尽管我们不确定它是由什么组成的。我们的观念有一半是虚构的，但民族和文化正是由虚构的神话组成的，因为神话讲的就是人、历史和传统。文化是一个社会正常运转所产生的现象，我们不可能精确地对其加以说明，因为它是生活、记忆、习惯、思想、地理、气候、文学和传统不断变化的产物。

安东尼·特罗洛普曾写过《英语世界的一万上层人》（*The Upper Ten Thousand of this our English world*），这是19世纪的贵族阶层定下的基调。对雪莱（Shelley）来说，诗人才是那个时代未被承认的立法者。今天，我们可能更倾向于选择真人秀明星，这也揭露着我们的时代已经衰落太多。马基维利（Machiavelli）曾写道："人们总是毫无来由地称赞过去、谴责现在，并颂扬他们自己年轻时所度过的时光。"任何一个时代过去，人们都会抱怨一切已不是原来的样子。流行文化的巨浪席卷了我们，但大多数的流行文化都退出了历史舞台。一两百年后的人回首看我们这个时代，会发现他们的时代似乎不太可能像我们今天这样感觉被各种明星充斥了生活：至少，他们应该不会对我们这个时代的明星感到厌烦。比起我们取得的成就，我们更关注当下的问题，这很合理，因为成就并不需要被关注。然而，如果总是更在意眼前的问题，那我们就忽视了所取得的进步。这不仅会导致不必要的幸福感丧失，而且会让我们对这个世界产生误解。

如果以健康水平衡量一个国家的公民，有些国家的公民要比其他国家的更加健康，这也代表着这些国家的公民生活得更好。在2016年新年前夜，科隆和其他德国城市发生大规模性侵事件，袭击几乎完全是移民所为，但人们所担心的不仅仅是那些受伤害的个人。人们担心国家的规范受到了威胁，大规模的移民可能会

降低法律的地位。人们对性侵犯的态度各不相同，对赋予女性权利的态度也不尽相同，并且尽管人们都有着不同的信仰，但很少有人认为这种差异很重要。相对主义是有限度的，如果一种文化中认为女性比起男性更容易在街上受到侵犯或攻击，那么这种文化就是相对低级的。同理，如果只是因为别人身为移民就对其发起攻击，这种文化也是更加低级的，就像在德国发生性侵事件后，许多没有参与其中的移民也受到了牵连。在第一次世界大战之前，只有在挪威、芬兰、澳大利亚和新西兰，女性才有投票权。直到1971 年，瑞士女性才获得投票权。民主制已经蔓延开来，并且在它生根的地方很少有被连根拔起的情况。我们取得的进步是真实的，进步的基础源于我们确信某些形式的生活更好、某些行为规范更令人钦佩、某些传统和文化更加优越，以及某些科学理论更加真实。同样，不同的语言也并不都是同等有效的。这需要我们有一定的鉴别能力。一种语言是清晰的还是陈腐的，这是语言风格上的问题，而我们要做的就是选择出哪种更好。陈词滥调的语言更能提供意见，但也更难以思考。当一门语言起到与此相反的作用时，才是好的语言。

无论是菠萝的味道，还是全球的菠萝贸易，我们都无法用菠萝的原子成分或交易对象来对其进行预测或解释。就像人类是基于基因的一样，生物学是基于物理学的，但是物理学不能解释生物学，就像基因不能解释人一样。你也不能“把个人的属性相加，从中衍生出一种文化”。不同层次的组织需要以各自的方式来处理。我们需要根据文化自身的基础来对它进行判断，而不是基于构成它们的原子。遗传学家悉尼·布伦纳（Sydney Brenner）曾以生物学为例进行过探讨：

“X 射线晶体分析法、电子显微镜和核磁共振方法的进步，使我们能够确定大量蛋白质分子甚至复杂蛋白质组合的结构，但从一维多肽到折叠多肽，活性结构的问题仍未解决，甚至可能根本无法解决。”

他敢这么说，是因为他知道这就是事实，并且无论是他指出这一点的能力还是他发现这一点的能力，都是他的母文化以及创造这种文化的世界历史的结果。

人类并不是唯一继承了行为规范和思想的物种。鲸群会以特定的方式捕猎，黑猩猩和猴子会向父母学习如何狩猎、采集和使用工具。行驶在英国乡村公路上的汽车撞上雉鸡已成为一种文化现象，而造成这种现象的部分原因是“雉鸡文化”。雉鸡都是被集体圈养，到一定的时候再集体捕杀，所以它们在生长过程中并没有成年雉鸡可以教它们应有的行为方式。它们对汽车的反应，无论是试图与汽车赛跑还是看到汽车就跳上马路，其原因一部分是天生的愚蠢，另一部分就是文化的缺失，而其他鸟类就有更多的机会可以通过模仿来进行学习。很多动物，像我们一样，都是有文化的，只是不像我们的文化这般丰富。

有一件事人们十分关注，那就是从解剖学的角度来看，人类的骨骼是在哪一个具体的时间点变得如此现代的。是从什么时候起，我们的骨骼才变得和现在类似，如此具备人类的特征？提问不是什么坏事，只要我们能记住正确的问题是什么。我们真正关心的不是骨骼，而是人类本身，而人类最主要的特征就是文化能力。人类是什么时候获得这种能力的？这个问题并没有精确的答案——比如某一天，某一年。当我们获得文化能力时，我们的进化，无论是骨骼的进化还是生命的进化，都没有停止。这两件事是分不开的。自然选择继续发挥着其作用，随机的基因变异也在推波助澜。我们的文化能力帮助我们创造了现在的自己，并将继续如此。我们的祖先在这一方面的能力较弱，这一观念看起来似乎是真理，如果我们回到很久以前，这一观念的可能性就变成了必然性。但这样的可能性，源于这样的想法：我们的基因库中有某种负责控制文化的基因，帮助我们塑造了如今的文化。然而这种基因并不存在，我们也不可能读了哪本书就能获得这样的基因。文化起源于你记不起你是从哪里学到了某些事情的时候，即这原本不是我的想法，但我也不记得是在哪儿读到的了。基因以丰富而不可预测的方式相互作用，传统、行为规范以及我们文化世界的其他部分也是如此。试图追溯我们基因中文化的来源，就像试图研究原子物理学来制定绘画原理一样：要学的东西多，有用的东西少。

从 15 万年前解剖学上现代骨骼的出现，到苏美尔人保存下来的书面形式的抽象的思想、诗歌、法律、数学和经济学的开端之间，人类发生了什么变化？最难解释的往往是那些没有发生的事情。有人指出，在医学史上，从显微镜的出现到细菌的识别之间有着 200 年的历史，这令人无法解释。为什么写作、诗歌、数学和经济学没有更早出现？这可能不是基因变化的原因，只是我们没有想到而已。展望未来，最难预测的创新并不是那些我们已经了解但尚未实现的技术突破，或者说我们已经有了构思但却没有能力实现的，而是那些我们已经有了能力，却因为没有想到所以没能实现的突破。

文化和传统是经验和共同自我意识的现实表达。社会学家爱德华·希尔斯曾写道："社会的现在和过去中某些部分是相同的。"我们的自我意识来自我们对他人的感觉，无论是过去和现在，还是真实或想象。在济慈和莎士比亚的作品更加流行的时代，他们的成就可以改变人们的生活。"人是高贵的动物，在灰烬中极尽辉煌，在坟墓中矫揉浮华。"所以说即使在我们死后，我们也能够影响他人。想做到这一点我们不需要成为济慈或莎士比亚，而他们也深知如此。对他人情绪敏感的特征成就了他们。在《凯拉·维瑟为大主教而死》（*Death Comes for the Archbishop*）中，主人公正在品尝一碗洋葱汤。"约瑟夫（Joseph），我并非贬低你的个人才能，"他对煮汤的朋友说，"但是想来这样一碗汤的诞生并不是一个人的努力，而是源于不断地完善，这种汤已经有近千年的制作历史了。"文化本身就是一碗"千年熬制的高汤"。文化是不可预测的。从某种程度上说，人们对文化的判断都是基于文化的结果。文化播下种子，播种思想，在丰饶的融合中，新事物诞生了。但趋势永远不能代表肯定的结果。就算是在奥斯维辛集中营里，纳粹也曾组织过包含人类最优秀音乐的音乐会，这些音乐就是高雅文化的最佳体现。

我们的基因组和我们的身体并不是一系列对周围环境的最佳适应结果，而是复杂的历史产物，并不总是能够朝着任何可能"改良"自身的方向自由变化。我们的外来包袱——文化，也是如此。人们试图从生物学的层面来理解社会学，从而产生了社会生物学，它就是人们走上岔路的证明。社会生物学学者首先把人类的行为想象成单一的特征——比如同性恋、种族主义、侵略性——然后编造故事，在故事中这种特征提供了一种选择性的进化优势，每一个特征背后都潜藏着基因的概念。这个想法很有误导性。对于未来的医学来说，文化是至关重要的，但我们必须从文化本身出发去对它进行解释，并且无论技术如何发展都改变不了这个事实。

斯蒂芬·杰伊·古尔德写道："社会等级不能缺失的观点和神秘主义毫无关联。主张人类文化独立性，并不是在驳斥'可意会不可言传'的存在。"他用《蒙娜丽莎》（*Mona Lisa*）做了例子。这幅画的成画可能取决于所使用的颜料颗粒，颜料可能会引起人们的兴趣，但"只有傻瓜才会用这种化学反应来解释这位女士的魅力"。如果你想更好地理解这幅画，那么过于仔细地观察它的画法结构有时反而没有帮助：比如伦勃朗（Rembrandt）就把靠得太近看画的人们给拉开了。

文化不能从生物学的角度来判断或理解的这种说法，提醒我们理解文化需要从文化本身的角度出发。世上的每件事或每个人不一定都是平等的，有些看待世界的方式就是比其他方式更好。没有区别对待，我们就如同"睁眼瞎"一般。有些差异是很重要的。"比起提醒我们自己以及我们的学生政治有多么伟大、人类有多么伟大、人类成就的顶峰有多么卓越，我们已经没有更大的责任，也没有更紧要的责任了。"哲学家利奥·施特劳斯（Leo Strauss）曾说，

> "我们应该训练自己和他人去看待事物的本来面目，这意味着要看到它们的伟大和不幸、它们的卓越和卑鄙、它们的高贵和胜利，因此永远不要把平庸——不管它看上去多么辉煌——误认为真正的伟大。"

说这段话时，他正在与学生们讨论前一天刚刚去世的温斯顿·丘

吉尔（Winston Churchill）。

文化塑造着我们的生活，不仅体现在世界历史的大舞台上，还体现在各个层面上。在我职业医学生涯的中途，我向几千人解释了他们心脏病发作可能造成的影响。冠状动脉血管成形术或搭桥手术、治疗血脂和血压的药物、饮食和锻炼的改善……我已经把这些事情讲了很多遍，以至于我需要有意识地努力去确保我是认真地在和人们说话，而不是向他们背诵陈词滥调。[①] 我曾对吸烟者说过，就算你使用了全世界最精良的医疗设备，得到了最为妙手回春的治疗，其好处都没有戒烟来得多。对于个人来说，最关键的是社会选择和心理选择，而非医疗选择。对于社会来说，最重要的是文化选择：我们愿意采取哪些措施来劝阻吸烟、限制吸烟者的自由？即使在病理生理学的分子水平上完全可以理解的问题，也不一定是最好的解决方法。

文化判断必须基于文化价值。150 年前，马修·阿诺德（Matthew Arnold）敦促读者磨炼他们的辨别力。他举了一个例子，讲的是那些很富有但文化水平很低的人：

---

① 在文字上没有区别，但是在语音语调上有很大不同。困难在于，医生只有在治疗一种他们以前见过一百次的病症时，才算得上技术精妙的好医生。也就是说，一个训练有素的医生的标志就是有点无聊。长年累月的医生生涯可能导致一个人逐渐习惯重复和枯燥——很多医生都自命不凡、自鸣得意，但如果把这错认为是医生的职业要求，那这类人也不值得同情——或者就算觉得重复、枯燥也能够掩盖住情绪，但这也是有代价的。对这种情况的最佳解决办法，也是我们都能时不时做到的办法，就是利用精神自由，少想一些技术问题，多为患者着想。与人交往比治疗疾病更有趣。但是，谁也不想看到医生对自己的疾病感到激动，就像是飞行员渴望驾驶一架不熟悉的飞机一样。——作者注

"那么，想想这些人的生活方式，他们的习惯、他们的举止、他们说话的音调；仔细地观察他们；看看他们阅读的文学作品、给他们带来快乐的东西、他们口中说出的话，以及构成他们思想的一个个念头。"

阿诺德希望人们认识到他们所缺乏的东西，认同其价值，并有自我完善的渴望。"因此，文化引起了一种对自身的不满，"他总结道，"这才是最有价值的地方。"

在威廉·黑兹利特(William Hazlitt)的笔下，当(他全力支持的)法国大革命激进地与等级制度做斗争时，有些事情在他看来仍然是不可或缺的。"当我们没有了既定的等级制度或者根深蒂固的阶级观念时，真正的优越性——不管是我们自己的还是别人的——才会很快出现。"为了有机会追求和实现我们自己的优越性，我们必须学会认识优越性、学会做出判断。否则，如果我们不加选择地用放大镜错误的一面来看待任何事物，那么最值得尊重的就会变得微不足道，最优良的品质也会和最邪恶的混淆在一起。除非放弃所有的判断尝试，否则判断过程中的盲目和错误一定会发生。"我宁愿忍受对伟大而杰出的人物最盲目和偏执的尊敬，"黑兹利特总结道，

"也接受不了那种可悲的、卑躬屈膝的心态。这种心态并不以智力的优越和快乐为荣，而是谴责那些证明了这一点的人，并将其降低到自己的水平。如果知识不断传播，我们的观念却得不到扩大和提高，那么知识的意义何在？"

如果我们不能经常性地意识到别人比自己更优秀，那就无异于生活在极度贫瘠的土地上。文化给了我们一个机会，让我们认识到自己身上最优秀的地方、我们遇到的人身上最优秀的地方以及过去的人身上最优秀的地方。就算我们唯一的目标只是促进健康而发展文化，这些品质也非常重要。并且如果你真的想发挥这些品质的功用，它们就更加重要了。

作为我们生活的基础，文化值得我们去尊重它所带来的一切。18 世纪的博物学家，布冯伯爵乔治·路易斯·勒克莱尔（Georges Louis Leclerc）认为，只要一篇文章提到“造物主”，那么这个名字就可以被“自然”二字代替。然而，他写信给一位朋友称：“当我病入膏肓，感到自己的末日即将来临时，我将毫不犹豫地去接收圣礼。有人把这种心态归咎于公众崇拜。”大限将至时他确实这么做了。作为无神论者，他这么做可能只是出于恐惧，就像大军来袭时把自己藏在散兵坑里一样。但究其根本原因，也许更加普通，也更加微妙。社会的礼节和传统，就算是像穿衬衫打领带一样荒谬，也依然很重要。之所以重要，是因为它们是我们的遗产。如果我们对曾经参与某事的人很感兴趣，我们自己也会在这件事上认真投入精力；就像对前辈不敬的足球运动员靠不住一样，对于医学史不感兴趣的医生也是不值得信任的。当我们认真参与某件事的时候，我们就进入了一个集体：

这样一来，对战争艺术感兴趣的人，不仅熟悉伟大将领的表现，而且对他们怀有敬仰和热情。同样的，想成为画家或诗人的人，也会情不自禁地喜欢和欣赏那些在他之前如指路明灯般的伟大画家或诗人。

文化存在的演变过程并不复杂，它产生的整个趋势都非常清晰。康拉德·洛伦兹（Konrad Lorenz）写道："人类真正的特性无比重要，它始终保持在一种发展的状态，这无疑是我们对人类'幼态延续性'的一种恩赐。""幼态延续"指的就是保留幼年的形态。这并不是说我们成年了还会模仿小孩子的举止打扮，而是我们的身体依然基本没有毛发、牙齿依然很小、头颅依然很大，以及我们对学习的喜悦和享受快乐的能力。从生物学角度来说，人类是具有幼态延续性的，那么有一个很好的问题就是，人类幼态延续性的自然选择驱动力是生理上的还是心理上的。我们不能根据现状来回答这个问题，虽然智力和文化比薄头骨和低眉骨更重要，但这并不意味着它们在人类产生伊始就带来了好处。进化就是这样，它能对手头的任何材料加以利用。只要有好处，自然选择就会让我们保留青少年时期的某些特质，无论是身体还是头脑。喜欢玩耍和乐于学习的意愿可能只是自然为我们选择的某种发展模式的副作用，这种模式倾向于四肢比躯干短，这样有利于抵御严寒。然而一旦通过自然选择而发生，这些本身只是意外收获的属性就成为被直接选择的对象。认识到我们的幼态延续性有助于我们充分地去利用这一特点。穆罕默德·阿里（Muhammad Ali）曾说，如果一个人在 50 岁时看事物的观点和在 20 岁时相同，那他等于是浪费了 30 年的人生。但这就从进化论角度转变为心理学角度了。幼态延续性是我们最终成长为我们自己的一种趋势，而不是一种告诉我们应该成为什么样的人的道德标准。我们不喜欢浪费自己的力量，因为它是我们为了保持在思想和学习上的乐趣而做斗争的理由。如果把幼态延续性看作一种道德上的正当理由，让我们可以在 50 岁时还能像 20 岁一样行事，那么这不仅是失败的判断和错失的机会，同时还是一种归类上的错误。

幼态延续性的存在不是因为某种基因，就像我们诚实的品质一样，不过对于幼态延续性，确实有一些产生作用的基因引起了我们的兴趣(研究这些基因,可以帮助我们理解在过去的不同时期，幼态延续性的哪些部分是被自然选择的)。相比之下，想用基因方法来研究诚实这种道德品质就不太可能得出有价值的结论，因为诚实有遗传基础，就像所有特质一样，都基于我们的生理特征。我们甚至可以注意到人类最近才进化出的一种鼓励诚实的特质，那就是我们的眼白，它使得我们的凝视和注意对于旁人来说更加明显。① 不管我们愿不愿意，它都给我们带来了展示我们的兴趣和关注的代价，但它带来的好处、给我们争取的信任以及共同理解，是很有价值的。这也是斯蒂芬·杰伊·古尔德所谓的“如此故事”的另一种解释。它不是没有价值，而是它的价值取决于我们自己。然而对于这种价值我们无法通过技术手段来进行衡量，所以这并不属于科学的范畴。

在所有影响人类未来生活的因素中，文化是最重要的。文化本身也在不断地被重塑，我们也能从一定程度上控制这样的重塑。行为的本质无论好坏，其力量都在不断增强。波兰犹太人贾尼娜·鲍曼（Janina Bauman）与母亲和姐姐逃离华沙犹太人区，躲在她的非犹太人同胞中间：

① 不过这一特质可以被程度较深的情感欺骗所隐藏。或者利用技术——这也是一个科学可以影响文化的例子——比如用墨镜来遮盖，这么做会更加有效。——作者注

“躲了一段时间，换了几个庇护所，我才意识到，对那些庇护我们的人来说，我们的存在不仅仅意味着巨大的危险、麻烦或额外的收入。不知怎的，我们的存在也影响到了他们，或是提升了他们身上高尚的品质，或是加深了他们卑鄙的行径。有时我们的存在会导致家庭分裂，有时却会让家庭团结在一起，努力给我们提供帮助、共同生存。”

德国人也发现了自己塑造文化的能力，因此希姆莱（Himmler）在 1943 年努力为祖国攫取塔西佗（Tacitus）的《日耳曼尼亚志》（*Germania*）的珍贵复制品，这是早期深受德国人民崇拜的作品。“极度美德”的概念在某种程度上有助于塑造出一个符合要求的人，正如英国的公平竞争和个人自由的概念也起到了同样的作用。在文化世界里，我们确实因为相信美德，所以才培养了美德。布冯伯爵投入上帝怀抱的做法是完全正确的。好莱坞胸肌健硕的男明星和好莱坞的女明星们一样，塑造出的形象并不现实，但好莱坞的塑造方式却让他们显得很真实。当这些电影中的男女主角比我们勇敢和优秀时，我们也会向他们学习。我们可能会从所看的电影中受益，但这些电影拍摄时所反映出的大众品位，也是由我们塑造的。英雄主义和美德在现实生活中的指导作用看似无用，但它们并非愚蠢的理想情况。我们的历史感和美德感源于我们认识到了怎样才能让这个世界变得更好。认识到几个世纪以来世界是如何发展的，更有利于我们更快地取得未来的成就。

我们拥有文化是由基因决定的，但我们有什么样的文化不是由基因决定的。基因无法解释文化、我们的主要兴趣和我们最实际的兴趣之间的差异。基因不能解释文化，就像生物学不能解释心理学一样，洞察力局限于浮夸而无意义或精确而琐碎的东西。一切事物都是事物本身，假装社会学就是神经生理学是一种无比轻率的想法。当我们过于不公正地从社会学角度看待生物学角度理解事物的方式时，当我们过于急切地用生物学角度理解物理学时，我们得出的结果都是无稽之谈。就算我们的理解方式很有见地，但通常也根本没有什么实质作用（也许是因为“我们的文化基于我们的生理结构”）。我们从生物学角度理解社会学和人类学的能力，就如同从量子物理学的角度解释植物生物学的能力一样有限。虽然植物是由亚原子粒子构成的，但这并不意味着我们就该从这个角度去理解植物。

苏美尔人对文字和金钱的发明代表着我们思考能力的提高。我们的文化财富算得上是一种人工智能。当我们观看、阅读或听到思想和思维方式时，我们能够真正参与其中。伟大的运动员也一样：当我们观看他们的比赛时，我们能够感受到他们身体的力量和优雅，并为之振奋。他们是我们集体自我意识的一部分，他们扩展了我们对人类能力的共同意识。好的文化对我们的生活大有好处，正如差的文化对我们的生活大有损害。清楚这其中的区别是很重要的。如果要搜集关于这个世界的信息，我们最好去搜集其中最好的、最值得了解的部分。

我们并不需要去理解共识和集体自我意识是如何产生的。不管我们如何去理解，它们都将继续存在。但是，无论我们是从本能、政治和文化，还是从社会学或心理学角度来理解群体问题以及它们相互联系的方式，它们都将继续主导我们的社会。我们可以确信，生物学、医学和硬科学不仅没有起到什么帮助作用，还更有可能通过提供错误的洞察力表象造成伤害。

20 世纪 60 年代爆发的自由主义，使我们能够更清楚地看到我们文化的价值。但去区分持久的价值和短暂的价值，其代价是我们的信心。我们已经有效地降低了成见和习俗的作用，但在这个过程中我们得失兼并。“如果没有成见和习俗的帮助，”黑兹利特说，“我可能在自己的房间里都找不到路。”比如，对于经典的文学作品，现在的人们对其认同度比 100 年前要低，即使是大众都普遍认同，但其实也只是名义上的，并不能代表人们心中更深刻的信念，很多文学作品没有被大众阅读就证明了这一点。100 年前，伟大的诗歌不仅得到广泛认同，而且为人们所熟知：士兵和军官在第一次世界大战中都把这些诗歌的副本放在背包中或者记在脑海里，因此他们对战争的体验是由他们共同拥有的高雅文化所塑造的。技术变革和大众传媒起到了一定的作用，冲淡了许多曾经被认为最具价值的东西，但两者都是在文化层面上发挥了作用，而不是在技术层面上。文化的未来一如既往地充满不确定性，依然值得我们为之奋斗。明确我们所珍视的、希望为之奋斗的东西，是我们应该迈出的第一步。注意到一些能够帮助人类活得更长久、更健康和更幸福的文化特征，可以帮助我们做出判断。

17

阶级和不平等

阶级差异导致了健康差异。阶级的概念存在了多久，这种差异就存在了多久，并且肯定比人类存在的时间更久。权力、阶级和竞争对社会有着强烈的影响。最根本的冲突存在于个人之间：权力、阶级和竞争是社会生活产生的第二形态，这一点显而易见，且并非人类独有。社会地位对其他物种的健康也有影响，事实上在所有存在社会这个概念的物种中似乎都是如此。有的人看到自然界中的动物有尖牙利爪，就得出结论认为人类也当如此，但这种观点是错误的：我们不能把类比当作要求，但是差异总会导致斗争，就算比较的只是个人的品位或理想。完全的平等是不可能存在的，除非生命不存在。

人们最近才开始担心社会阶层会导致基因差异，即社会不平等会被自然选择过程所放大。但人们并没有把微生物的早期进化考虑在内，只讨论了人类社会的发展。当群居动物开始思考时，基因差异对于我们的社会有着怎样的影响，这个问题已经被提出。现代人对阶级或群体对我们的人种造成“污染”的担忧并不是什么新鲜事，古人也有同样的担忧（尽管他们更多地关注文化属性，而较少关注肤色）。但是在 19 世纪和 20 世纪，这样的观念还算新鲜。因为弗朗西斯·高尔顿（Francis Galton）和其他 19 世纪、20 世纪的科学家们给它披上了遗传学的外衣，他们热衷于用“人种改良学”为自己的偏见辩护。

只要有动物社会或植物群落的存在，我们就会在其中发现差异和不平等，问题在于我们如何应对这种差异。在英国，出身在上层社会的新生男孩的平均预期寿命比出身在底层社会的男孩长 6 岁，而女孩的平均预期寿命差距不到 3 岁。长期以来，伦敦一直存在富人和穷人生活在一起的情况，这就意味着在同一条街上出生的婴儿，其预期寿命可能和邻居家的新生婴儿相差甚远。我们从 18 世纪的伦敦地图上可以看出这一点。今天也是如此，并且在今天的地图上还可以看到不同的地铁站点，骑士桥区附近人们的平均预期寿命达到了 90 岁，而怀特教堂附近人们的平均预期寿命只有 75 岁。

在过去，不平等问题是最难以衡量的，古罗马和中世纪的古人们并没有今天的信息技术，他们收集数据是非常麻烦的。14 世纪至 17 世纪，英国君主、公爵和公爵夫人的子女寿命基本上与平民一样长。出生时的平均预期寿命从 1330 年的 24 岁上升到 1779 年的男性 45 岁和女性 48 岁，这一数字在很大程度上受到婴儿死亡率的影响。那些熬过了生命中最为脆弱的前 5 年的人，有很大概率能活到 70 岁。同样，传染病的致命性意味着人们的财富不足以抵御其他人带来的感染性危害。1861 年，阿尔伯特亲王（Prince Albert）死于伤寒的例子经常被提及，这位高贵的女王配偶竟然像贫民窟的居民一样，死于一种贫困带来的疾病。

从 18 世纪开始，人们在寿命上出现了很大的阶级差异。到 19 世纪中叶，英国贵族的平均寿命为男性 50 岁、女性 62 岁，而平民的平均寿命只有 40 岁。从那时起，不平等不仅在总体预期寿命方面有所减少，在绝对寿命上也有所减少。我们受限于出生地的情况越来越少了。这样的进步可能会停滞、倒退，甚至在进展中也可能极其缓慢，但至少我们确实取得了进步。希尔斯（Shils）提出："现代自由民主社会越来越追求平等，尤其是诸如血统、种族、职业、财富和权力等属性的重要性减弱了。"与 1750 年、1850 年和 1950 年相比，我们已经取得了巨大的飞跃。

人们不再那么强烈地认同最聪明、最优秀的人——或者至少说比起科学和高雅艺术，精英阶层现在更加关注那些社会名人了——同时人们对于那些含着金汤匙出生的最富有、最有优势的人的崇拜感也弱化了。两种变化都给我们带来了很大的好处，但即使是在后一种情况下，我们也依然有所损失。对贵族的渴望表明了我们对上层阶层思想挥之不去的喜爱，这种喜爱不仅限于成为《故园风雨后》（*Brideshead*）或《唐顿庄园》（*Downton Abbey*）居民的幻想。这些豪华古宅往往庄严而美丽，如果没有跨越几代人的不平等，它们就永远不会出现。遗产税以减少景观豪宅的数量为代价，使世界变得更加公平。虽然这个代价非常合理，但它仍然是代价。

遗产税最近有所下降，这对于豪宅来说是个好兆头，但我们也有理由担心不平等的情况会加剧。遗产税使两项重要的自由主义原则相互对立：一是政府应该让人们在他们认为合适的时候处置他们的财富；二是永久的、世袭的精英阶层会使社会变得不健康和不公平。这些问题需要妥协，并根据持续不断的争论进行调整，我们也要为自己的论点提供实际证据。健康的不平等就是有用的论据。

1872年，弗朗西斯·高尔顿开始研究“祈祷”这件事。他指出，所有有宗教信仰的人都相信自己的祈祷，但不同宗教的信徒之间很少相信别人的祈祷。他还发现，很少有医生将祈祷作为治疗的手段，也没有将其作为自己治疗手段的一个关键部分：“要充分欣赏医务人员的‘沉默的雄辩’，我们必须牢记他们已经努力为每一种可能产生影响的手段赋予了疗养价值。”他指出，报纸上刊登的胎死腹中的新闻与死婴的父母是否信教没有任何关系，尽管有宗教信仰的父母在怀孕的焦虑期可能会祈祷。然而，他通过观察得出了自己最主要的结论：整个大英帝国的人们都在为他们的君主祈祷。他把皇室成员的寿命与神职人员、律师、医生、商人、海军军官、军官、文学家和科学界人士、艺术家、绅士和贵族下层成员的寿命做了比较。他指出，皇室成员的死亡年龄比所有人都要年轻。高尔顿并没有得出祈祷无用的结论。[①]“皇室生活如此致命……但它的影响会不会被公众的祈祷部分地、不完全地中和掉？”也许吧。

展示一段关系，并不能证明它的前因后果，也不能证明它会朝哪个方向发展。健康会影响财富，但不如财富对于健康的影响程度深。健康状况差的人更容易从自己的阶层跌落。向下的社会流动性必须是公平社会所鼓励的，因为没有它，社会就不可能流动，阶层就永远是固定的和世袭的。但同时公平社会也将寻求流动性的精英

① 这有部分原因是他注意到，祈祷的效用并不仅仅在于实现它所表达的愿望。“祈祷的声音可以让心灵得到解脱。用声音倾诉感情的冲动不是人类特有的……我们的心中有一种渴望，一种得到帮助的渴望，我们不知道帮助从何而来，至少不会从我们看得见的源头而来。类似的情况就是当猎狗接近时野兔发出的尖叫声，它已经放弃了自救的希望，只能尖叫——但是它在对谁尖叫呢？”——作者注

化。这种精英化的性质，以及我们如何实现它，将永远无法确定，但我们当然不希望其中包括疾病带来的随机影响。

社会梯度在任何地方都存在，无论是英国公务员还是东非狒狒。花更多的钱在医疗保健上，往往收效甚微。但把钱花在减少社会不平等上，人们的健康水平往往会提升。有些社会特征与血压、糖尿病和医院一样对健康有影响。教育、财富和个人自由——不仅能免于严苛法律的压迫，还拥有个人自主权——也是医疗保健的重要领域。当马尔萨斯（Malthus）注意到人口增长的趋势时，他发现他的实际观察导致了政治争论。考虑到人类的贪婪本性，普罗大众只能得到空头支票，面对的却是战争、饥荒和疾病。我们需要用政治上的解决办法来引导人类走上更好的道路，过去如此、现在如此，未来也将如此。对于无法解决但不可避免的问题，则需要不断进行调整和妥协。机会平等与自主权是互相冲突的，没有完美的解决方案。如果自主权和机会平等仅仅意味着我们和其他人都有着一模一样的机会的话，那它们就毫无意义了。

我们所需要的是相对不平等。当大众拥有了一定的食物、收入、住房或其他财产时，这些东西并不会立马消失，也就是说，我们并不能通过让每个人都变得富有来解决问题。1992 年，《英国医学杂志》（*British Medical Journal*）上说："压力、自尊和社会关系可能是现在对健康最重要的影响因素。"我们可能一厢情愿地认为这只是社会学的结论，而不是有事实依据的真相。但证据一再表明这就是真相。

在研究人们的收入达到天文数字时不平等带来的影响是否依然重要的时候，研究人员偶然发现了一个不存在经济贫困的群体。也许其他研究未能发现财富的细微差别，因为有些人能够负担得起更健康的生活方式，在这里我们就不讨论这个问题了，只谈社会地位的差异。他们将获得奥斯卡提名的男女演员与曾参演过同一部电影并且年龄和性别相同的同事进行比较，结果发现，获得奥斯卡奖的人不仅比那些从未获得提名的人活得更久，而且比那些被提名但没有获奖的人活得更久。[①] 研究人员指出："结果表明，获得成功能给人带来生存上的优势。"得奖的演员的平均寿命延长了 4 年，这相当于我们彻底消灭癌症带来的影响。

成功对人们是有某种好处的，而且绝不可能被药片、注射剂或基因所取代。我们无法消除社会等级制度，也无法通过药理学或遗传学消除它们的影响。不过它对我们生活的影响程度是可以改变的，但这取决于政策、社会学和文化。

流动能力可以是社会性的，也可以是地域性的。其中一些原因是伦敦地铁站之间的不平等比社会上层和底层之间的不平等更严重。来自贫穷国家的移民的预期寿命比他们移居到的国家里的公民要短，但也比祖国同胞更长，这种差异并不都是通过移民而获得的利益。移民们本身就会标榜自己的与众不同。东道国会接收那些具有优势的人，主动让他们移民。这种优势包括继承得来的财富和可以带来机会的社会特权，也包括他们本身的智慧和创造力。

社会阶层和收入很重要，宗教和种族、饮食和锻炼、吸烟与否和生活方式的差异也很重要。教育也不能被忽视，尤其是对于女性

---

① 唯一的例外是，1951 年凯瑟琳·赫本（Katharine Hepburn）因出演《非洲女王》（*The African Queen*）而获提名。她是里面唯一的女性。——作者注

的教育：这对人类健康有直接的好处。这不是我们可以通过酶或DNA序列追踪到的，也永远不会是。

不平等还有另一种形式，那就是不仅女性的寿命比男性长，而且她们的绝对优势也在增加。它也确实有着简单的生物学原因。在不同的国家之间，在这一点上有着5～8年的差异。这方面的不平等并没有随着时间的推移而改善。自1841年以来，英国人的预期寿命翻了一番，女性的优势也翻了一番（图5）。男性在其他领域的优势减少了我们打击这种不平等的兴趣，我们当然是可以对它进行调整的。这种优势可能是遗传性的，也可能是由于男性的冒险行为（特别是在青少年时期）以及中年以后更高的心血管疾病风险，但这些因素都可以在不改变基因的情况下减少。男性在权力和收入方面的优势不应妨碍我们关注男性在年轻时的劣势。在这些问题上的进展都不应与任何其他方面的进展有所关联。

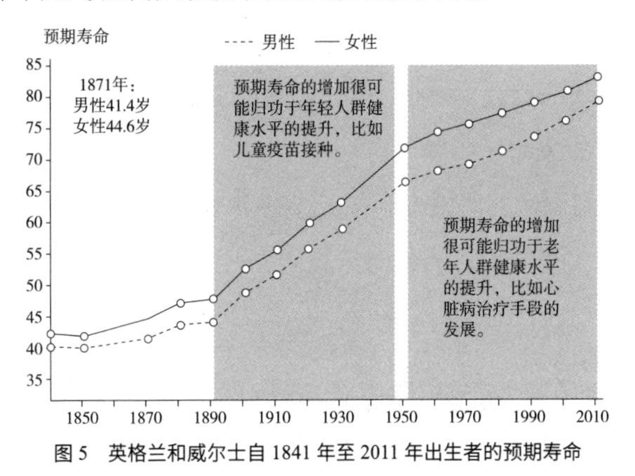

图5　英格兰和威尔士自1841年至2011年出生者的预期寿命

尽管现代生活中仍然存在着歧视、不平等和不公平——以及对于这些事情可接受程度的不确定性[①]——但人们还是很容易忽视我们飞快的进步速度。仅仅在几十年前，英国女性结婚后停止工作还是一种常态。英国只有两位女首相，但在50年前，在撒切尔夫人（Mrs Thatcher）成为第一位女首相之前，甚至连一位女首相都是不可想象的。赋予女性权利会削弱社会的观念，这仍然萦绕在顽固之人的脑袋里和反动的怀旧情绪中，但我们已经取得了长足的进步，这种进步是我们在50年前完全无法想象的。性别平权带来的好处究竟有多少我们还不清楚，但至少我们的世界在许多方面已经比几十年前更友好、更温和。往小了说，学校里的霸凌行为已经不再被认为是男孩成长为男人的必经之路，而被视为一种可悲的行为，受到了严格的控制。往大了说，战争和暴力行为已经减少，我们变得更友善、更温和、更谨慎、更懂得规避风险。在过去的几个世纪里，谋杀率急剧下降并非偶然。[②]人的生命被赋予了越来越大的价值。汽车的安全带、公交车后面的门，它们代表着安全第一，安全无处不在。打仗时我们不想让士兵牺牲，我们为他们被夺去的生命和作为间接后果而逝去的生命感到痛苦，而不是加以庆祝。我们还会在操场上放上软垫。我工作的医院也会接受学生参观，教他们如何避免轻伤；在地下室的太平间里，人们对来自阿富汗和伊拉克的英军阵亡将士

---

① 绝大多数药品都是由已经去世的第一世界的白人发现和发展起来的，就像英国文学课上教的大多数书都是他们写的一样。这代表了几个世纪以来的结果，在这些岁月里，许多人的才华和天赋被压制或扼杀在我们共同承受的代价之下。如果我们做得更好，前途就会更光明。不过，就目前而言，如果我们改变药店和图书馆，提供绝对的平等代表权，那么虽然世界将更加平等，但不会变得更好。——作者注

② 在过去的50年里谋杀率的降低，并没有削弱社会将变得越来越仁慈的观念，但这可能表明我们不能指望这一趋势还能继续保持。——作者注

遗体都进行了仔细的查验，希望能从中找出改善战斗护甲和提升生存能力的方法。

传染病的减少使之成为可能：人们不会再莫名其妙地丧失亲友了。随着我们管控风险能力的提高，我们对风险也就越发厌恶。亲友突然离世的情况越来越少，减少风险成为我们生活中越来越重要的一部分。我们将更加热衷于使用药物来减少风险，并且这些药物的剂量在今天来看似乎都不值一提，我们也会更加致力于减少工作和家庭的危险，无论是战争时期还是和平年代。其中有一项代价是，人们将越发感到遵守指令和遵守协议的重要性。[①] 冒险精神是使青春期男孩比女孩更有机会自杀的因素之一，我们会减少这种情况的出现。我们的未来一样会是得失并存的。我们将把世界变得更加稳定和安全，但冒险和挑战不会完全消失。日常的家庭和职业生活中还会存在无数的因素，但我们将不会像奥德修斯（Odysseus）那样怒吼着寻求战斗，而是更像他的儿子忒勒玛科斯（Telemachus），"谨慎耐心地教化粗野的民族，用温和的步骤驯化他们，使他们善良而有用"。

社会经济的进步会导致生育率的下降，因为随着婴儿死亡率的下降，父母不再需要生很多个孩子来保证自己不会"绝后"。避孕的障碍会减少，女性得到的机会也会更多。儿童教育的重要性也是如此，儿童需要具备真正的思想和能力，而不仅仅是另一双用来满

① 在2003年的电影《加勒比海盗》（*Pirates of the Caribbean*）中，年轻的女主角指责其中一名海盗违反了他们自己的行为准则，即"海盗守则"。他回答说，与其说这是真正的规定，不如说是"指导方针"。——作者注

足无休止的体力劳动需求的手。家庭关系也会发生改变。在过去50年里，在发达国家，受过大学教育的父母比没有上过大学的父母每天陪孩子的时间更多。不平等和未实现的潜力，它们的种子并非都是由税收政策和学校教育播下的。

总体生育率的下降，以及富裕阶层和受教育程度高的人群的生育率下降，引起了人们的担忧，这其中有对难以控制的贫困人群可能会制约发展的担忧，也有对正在进行的进化趋势会产生什么影响的担忧，还有对种族纯洁性和种族退化的担忧。这些担忧总是在人们心中反复出现。两个世纪前，正是由于西班牙贵族担心摩尔人和犹太人会稀释自己的高贵血统，所以才有了“blue blood”（高贵血统）这个词。英国政治家伊诺克·鲍威尔（Enoch Powell）虽然对那些以肯尼亚人是低等民族为由，企图忽视英国谋杀肯尼亚人的人进行了严厉的谴责，但在他用罗马语录表达他对黑人移民到英国的恐惧时，却对长期以来种族焦虑的历史发表了夸大的看法，暗示会有“血统流失”的结果。20世纪的大规模屠杀也没有消除我们心中的这种恐惧，美国希望在美墨边境建立一堵墙，部分原因是担心美国文化被非法移民淹没，而英国首相大卫·卡梅伦（David Cameron）谈到进入英国的“移民潮”时也说过类似的话。发展中国家的生育率较高，但这仅仅表明应对全球人口过剩最好的办法是让大家都富裕起来。另一种不断出现的观念则与此不同，即较低阶层或不太受欢迎的人种或宗教团体将会不断繁衍，导致社会质量的降低。

在某种程度上，缺乏教育、文化和文明是对社会的一种威胁，解决办法不是担心出生率的差异——任何自由社会对此基本上都无能为力——而应关注机会的差异。在我们现在这个社会，下层阶级的人们就算不识字，也可以通过努力变得出类拔萃——就算他们仍面临巨大的挑战，近年来不利因素也有所增加，但比起过去情况已经大大改善。

社会的成功是取决于其最成功的成员在生殖方面的成功，还是取决于它的理想会在下一代中得到救赎，无论富人的孩子是否比穷人少？从另一个角度来看，根深蒂固的不平等是否会导致不同社会阶层和种族群体之间的基因差异日益扩大？随着时间的推移，不同的文化和机遇的经历是否会积累成基因上的分岔点——一种可能创造新的种族甚至新物种的方式？如果觉得这个想法很快就会成真，那未免有些疯狂，但如果作为一个遥远的可能性来看，它更具说服力。在阿道司·赫胥黎（Aldous Huxley）的《美丽新世界》（*Brave New World*）和大卫·米切尔（David Mitchell）的《云图》（*Cloud Atlas*）以及其他无数本书中，都存在着对我们之间的差异以及将要成为生物学上的差异的恐惧。从犯罪到勤劳，从奔跑速度到音乐或暴力，种族的每一个概念都包含着特殊的遗传属性，无论是正面的还是负面的。“有些特征在某些种族身上表现得比其他种族更明显”这种说法其实是多余的，因为我们本就是根据某一群体有某些特征来定义种族的。我们经常想到的例子就是肤色。如果鼻子形状的变异可以被遗传，那么我们认为像智力或性格上的变异就不会被遗传，是不是太过一厢情愿，或者说思想太过盲目？如果说这种遗传是可能的，那么对坏的东西进行压制或规避，对好的东西进行鼓励或支持，这难道不正确吗？

1869 年，高尔顿在谈到《世袭天才》（*Hereditary Genius*）的第一版时写道：“当时人们普遍认为人类的思维独立于自然法则。”高尔顿在书中考虑了堂兄达尔文提出的关于人类思维是自然选择的产物的观点及其含义。关于血统继承的真实性、关于人类特征会遗传世袭的观点，有了新的生命力。

相信阶级和种族建立在基因基础上的说法的人，也就是相信我们的命运不掌握在自己手里而是基因手里的人，认为是基因变异的传播才导致了一个社会的可识别特征的出现。但是这种说法无法解释将遗传密码与人和集体联系在一起时不可预测的复杂性。阶级、不平等、文明和文化不能通过遗传学来理解。

一个组织的层次不能降低，不是因为我们缺乏知识，也不是因为某种科学无法理解的精神品质，而是因为某些模式只存在于组织的某些层次上，而且只有这样才有意义。当我们从夸克上升到原子、分子、基因、细胞、器官、有机体、社会、文化和历史时，就会产生这些模式。没有一个层次比任何其他层次更能代表真理，只有一个存在着某些属性，并服从于某些方法、描述和理解的领域。我们在某些群体或文化中所珍视或厌恶的特质，可能是偏见和误解的表象，也可能是真实的，但我们也不能从遗传学的层面上来理解。

“如果你问一个物理学家对黄色光的看法是什么，他会告诉你，黄色光是波长约为590微米的横向电磁波。”埃尔温·薛定谔（Erwin Schrödinger）写道，

> “如果你问他：‘但黄色是从哪儿来的？’他会说：‘黄色并不在我的照片里，但是当这些振动波撞击到一只健康眼睛的视网膜上时，会给眼睛一种黄色的感觉……对颜色的感觉不能用物理学家对光波的客观描述来进行解释。’如果生理学家对视网膜的工作原理以及它们在视神经束和大脑中建立的神经过程有更全面的了解，他能解释吗？我认为不能。我们充其量只能获得客观的知识，即哪些神经

纤维对此敏感，以及敏感的程度……但即使是这样的私密知识也不能让我们明白为什么会有对颜色的感觉，尤其是黄色。”

我们找谁来描述黄色，取决于我们对它的哪一层定义感兴趣。物理学家和艺术家对黄色的定义都是正确的，只不过他们的出发点不同。拉尔夫·瓦尔多·艾默生（Ralph Waldo Emerson）曾说，世界上不存在历史，只有个人的传记，这话就像他说世界上不存在社会，只有独立的个人一样，简直大错特错。如果用肤色来定义人种的话，那么肤色就是一种可以在种族层面上分析的特征。通常情况下，我们也会想到一些其他的特征。问题是我们对这些特征的了解并不够深刻，它们与表皮黑色素的关联是虚构的或文化意义上的，或者两者兼有之，而其文化部分也无法通过生物学来理解。

道德、智力、教育成就、才能、天赋、品格和能力，这些东西都不是由基因决定的。人们的遗传变异造成了一个群体内的遗传变异库，这个群体既没有种族差异，也没有阶级差异。人们倾向于和自己相似的人结婚，但这种倾向不是那么强烈。即使是在由最严格的种姓制度驱动和两极分化的社会里，内部基因也不会真正分化，就像刀子划过水面一样。

1873 年，高尔顿被种族间的差异深深震惊，他给《纽约时报》（*The Times*）写了一则建设性的意见：“中国在其历史上展示出了一种高物质文明的非凡才能。”当时中国的状况并不起眼，只是因为“暂时的黑暗时代仍然盛行，但这并没有削弱这个民族的天赋”。高尔顿建议邀请并鼓励中国人到非洲定居，他说：“如果我们的繁衍能力能够超越黑人并最终取代黑人，那么对整个文明世界的好处将是巨大的”。在《枪炮、病菌和钢铁》(*Guns,Germs and Steel*)一书中，贾里德·戴蒙德(Jared Diamond)描述了地理和生态事故是如何引导文明发展的。高尔顿的观点被戴蒙德的知识击垮了。但类似的论点在今天是否也适用呢？非洲国家的一些社会经济困境——算不上是彻头彻尾的失败，但它真实存在——是由劣等基因造成的吗？我们现在这个时代已经拥有了基因疗法，如果基因差异真的是原因，那我们也有能力去修复。历史上最吸引那些对生物决定论有种族主义信仰的人的东西，如果被证明确实有一定真实性，那么就可能成为赋予黑人权力的工具。如果阻碍非洲发展的是基因方面的问题，那么解决办法可能也一样。

这个逻辑成立，但它的前提不成立。一个群体，不管是什么群体，其内部的基因差异都多于不同群体之间的基因差异。这些差异都无法解释我们想要它阐明的特征，无论是文化的和心理的，还是能力的和个性的。史蒂文·罗斯(Steven Rose)发表在《自然》(*Nature*)杂志中的一封题为“研究群体差异没有错，只是毫无意义”的信中写道：“问题不在于了解这种群体智力差异(黑人和白人之间或男女之间)太危险，而在于在这一领域根本找不到有效的知识。”当涉及我们股骨的长度、鼻子的大小或眼睛的形状时，基因差异提供了一扇理解之窗，并且我们已经打开了一小部分。但这并不意味着遗传学已经准备好完全打开这样一扇窗户，让人们了解那些不太自然、更复杂的特征。

人类的特点，如智力和文化、道德和想象力、同情和体贴，在种族层面上不存在基因差异。这不是因为人们进行过研究调查，而是因为不应该在种族层面上讨论这些属性。

即使是地球上两个最独立、最孤立的人类群体——因纽特人和科伊桑布须曼人——他们之间的基因差异也无法解释他们历史和文化的差异。这对那些担心不同繁殖率会对未来造成影响的人有着重要意义。同一个国家的一个阶层和另一个阶层之间的基因差异极其微小。当然如果能把“极其微小”换成“不存在”，争论就会少些，但这不是事实。任何两个群体，无论是根据肤色、阶层、耳垂大小，还是仅仅通过掷骰子来选择，都会包含基因差异——这是随机变异的本质，有太多的基因可供选择。事实上，人们倾向于和自己一样的人结婚，这一点在某种程度上得到了加强，甚至有的人会看重两人耳垂大小是否匹配。

但是，对于那些希望了解历史、文化或个人特征的人来说，种族间的基因差异只会给他们带来困惑。那些寻找基因技术来改变社会的人也会十分失望。由于没有基因是用来控制教育成就、婚姻和谐或创造力的，我们就不能把对这些品质的追求建立在将基因组用针管注入卵子的空想之上。给一个成长中的孩子注入热情，或者给一个社会注入相互帮助的行为规范，则是另一回事。那些担心社会的未来将由阶级、群体或种族的不同繁殖率决定的人需要认识到，他们的担忧不在基因层面上。这种情况可能存在也可能不存在，在文化或社会层面上可能是真的也可能不是真的，但至少在基因层面上，这只不过是幻想。文化差异非常重要，值得我们认真对待，这意味着我们不能把它们误认为是生物学。当你尝试滥用基因来探索文化时，就等于蒙蔽了自己的双眼。

对奥茨的尸检显示了他的胃里的东西以及他的身体构造，但人们对他脑子里的想法一无所知。他有着什么样的思想和价值观？他所处的社会的品质在多大程度上决定了他的思想和价值观？他的社会地位又在多大程度上限制了他对社会精华部分的接触？“托克维尔（Tocqueville）在19世纪初访问美国时说新民主主义是虚构的，他并不是说它是虚假的：他是说富人和穷人可以共享相同的条件，即使只是在他们的头脑中。”对奥茨的好奇，就是对他的文化的好奇。所有的文化都是虚构的，文化可能被文字所记录，但除非有人读到了它们，书页上的文字才会变成人们脑海里的想法。这些想法之所以成为文化，是因为这些想法在被人们读到之前，是存在于别人的脑海之中的。

基因就是基因，文化就是文化——巴特勒主教（Bishop Butler）曾说，一切事物都是其本身，和其他东西无关。不混淆基因和文化的好处之一，是可以自由地、更清楚地思考后者的价值所在。文化的价值在于它所创造的社会。一个人们生活得更长久、更幸福的社会要比一个生活得短暂而痛苦的社会要好。自由、体贴、善良和创造力也胜过它们的对立物。这些差异并不存在于我们的基因中，也无法通过基因技术加以调整。

被排除在世俗社会之外的人越来越少，随着社会的不断发展，它对公民的要求也越来越高。当人们需要阅读能力来完成工作，并且为此而学习阅读时，他们也会为了其他原因而阅读。把《圣经》译成普通人能读的语言，是有想象力之人的勇敢之举，也是社会进步的必然结果。所以我们的问题不是它会不会发生，而是它会何时发生。

阿马蒂亚·森（Amartya Sen）指出，饥荒不会在开放的社会发生。绝对贫困是人类历史上日常生活的一部分，已成为发达社会可以解决的问题。相对贫困则不同。当我们看到卫生不平等时，我们就会产生担忧。我们之所以担忧，不仅是因为其本身，还因为这种不平等暗示着社会在其他方面也不平等。健康的不平等意味着生命被疾病缩短和限制。这表明，受疾病困扰的人也会受到机会限制的损害，这些机会不仅限制生命安全，而且会限制自由和追求幸福的脚步。

自动化给需要大量非技术人员的社会带来了一个问题。如果这些人在基因上与其他人不同，无法获得更复杂的技能，那么由此产生的不平等问题将无法解决。自动化将消除对许多类型工作的需求——它对需要做的工作量没有限制。自动化能做的工作不受我们的身体条件限制，而是受我们的欲望和想象力限制。自动化的出现，要求我们培训出高于货架管理员和出租车司机的职业功能，正如我们的祖先根据农业和经济的需要，改变了人们需要的读写能力水平一样。货架管理、开出租车和传统农业一样，并不是说这些工作不光彩，只是更容易被取代。自动化和机器人技术的发展将使大量不需要技术的工作消失。这也许可以减少人们从事单调乏味的苦差事，让人们过上更有趣的生活，但前提是我们必须采取措施保障人们能够过上这种生活，否则他们只会失业。关键在于，我们不必再被现有的阶级差异和不平等所束缚，也不需要把结果留给不受监管的自由市场。我们的进步都是按部就班的。为第二次世界大战的结束做准备，罗斯福总统签署了《退伍军人法案》（*GI Bill*），这意味着退伍军人有机会接受更好的教育，重新开始他们的生活，这非常有用。澳大利亚在第一次世界大战后也做了同样的事。即使是最狂热的自由市场支持者，也不得不承认有的事情还是由政府组织比较好。他们之所以明白，是因为任何与军队扯得上关系的人都不会得出任何其他结论，而在那些年里，基本上每个人都和军队有联系。人们用“混乱局面”来形容第二次世界大战，但谁也不会认为如果第二次世界大战的每个参战者都是自己做决定，局面会更好。[①]

社会现实主义和沙砾现实主义是指那些真正了解世界发生了什么的人应该为此感到痛苦。在某种程度上，他们确实应该这样做，因为社会的痛苦和未兑现的承诺是真实存在的。但社会的进步和机遇的改善超出了我们祖先的期望，这也是事实。我们不能保证未来也会继续保持改善，但看起来很有可能——我们还有这样的趋势——如果我们对这种潜力信心十足，它发生的可能性就会更大，并且如果我们意识到它的替代方案有多么糟糕，它的可能性还会更大。现实很残酷，但也很值得欣慰。天才可以在任何地方出现，但我们早就知道这一点了。如果天才这种东西是那么容易理解的，那就不叫天才了。我们保持乐观的真正理由，在于平凡。更幸运的阶层并不是因为他们拥有更好的基因而在世界上表现更好，他们表现得更好是因为他们更幸运：一般来说，他们拥有的不是唯一的、意想不到的基因组合，而是继承了一些更可预测的好处，比如财富、地位和机会。

有的好处，包括健康带来的好处，总是取决于相对优势。萨默赛特·毛姆（Somerset Maugham）曾经调侃道："光是获得成功还不够，我们还需要好朋友的失败。"但精神和文化上的成功不一定是这样。如果不是因为技能较差的人拥有大多数人的全部潜力，那么他们的机会将越来越少，进而成为一场灾难。自动化有可能是灾难，也可能会成功，而且毫无疑问会是两者的结合。这意味着"二

---

① 澳大利亚人在第一次世界大战后也做了同样的事。澳大利亚帝国军教育局成立于1918年，旨在"在思想、性格和职业方面帮助每个士兵，并通过此举来帮助澳大利亚战后的恢复和发展"。"澳大利亚帝国军教育局——一项出色的计划。"摘自阿德莱德（Adelaide）所著《邮报》（*The Mail*），第346页。——作者注

等舱”的座位将越来越少，但它带来的效率将使“头等舱”的规模和潜在的无限扩张成为可能。我们不需要鼓吹强制平等来相信机会的扩大或进步的实现，也不需要拥有任何一套政治观点，除了启蒙运动认为世界是可以改进的信仰。有这样的信仰，并不意味着相信一切最终都会变得完美。认识到经济和技术变革对人们的影响有多深远，可以增强我们努力的决心，并确保我们不会再次受到影响。

自动化和技术将重塑社会，但我们可以选择如何重塑社会，这就显得我们追求卓越的心态尤为重要。如果奥茨死前在阿尔卑斯山上凝视着周围的时候，脑海中保留着他所处的社会最美好的思想，那么我们对他的生活和他所处的文化的看法，就会与他只是一个没有机会变得更好的苦力时的看法不同。一些文化比其他文化更有价值，这一点在人口统计学上得到了证明：不是在人口数字的头条新闻上，而是在它对生与死、读写能力、社会流动性和自由的衡量上。社会的善良、体贴、自由和创造力，不会因为它们无法衡量就失去价值。同样，寿命、生命和健康也不会因为可以衡量而更有价值。生命更长久、更健康，证明生命很可能更快乐、更自由。这一点十分振奋人心，而我们最应该被鼓励的品质，是乐观和努力。

18
睡眠

在对未来的所有幻想中，最重要的是对睡眠的控制。

我们生命中三分之一的时间都在睡觉。我们也想过这是对时间的浪费，也做出过尝试。但到目前为止，我们都失败了。我们有理由认为，我们将继续大把的时间用在睡觉上，不仅是在不久的将来，而且是永远——我们是不可能减少或消除睡眠的。

单细胞生物的活动经常会有可预测的波动，但由于说它们是清醒的这种说法并不准确，所以它们也并不能真正地睡觉。除此之外几乎所有的生命都需要睡眠，并且我们不需要进化得太过超前，就已经有理由能删除“几乎”这两个字了。有些虫子和苍蝇也会睡觉，像其他需要睡眠的生物一样，没有睡眠它们就会很痛苦。大多数鱼都会睡觉，可能所有的鱼都会睡觉，即使是那些因为生存而需要不断移动，以便让水流经过鳃部的鱼。当然，鸟类可以一次只用一半大脑睡觉，留下一只眼睛睁开并保持警觉。少数表面上看不需要睡觉的鱼可能也在做类似的事情。

对于睡眠，必须有一个很好的解释，因为它的成本实在太高了。微生物的睡眠并不只是为了休息和储存能量。它们当然也要休息和储存能量，但由于它们并不需要睡觉也能做到这一点，所以它们睡觉一定另有原因。当你睡觉的时候，你就从这个世界中抽身出来。动物不仅在没有什么事可做的时候睡觉，比如狮子在大餐一顿后就会睡觉，而且就算在有很多事情要做的时候也要睡觉，不管是需要寻找食物还是确保自己不会变成别人的食物。缺乏活动和意识的代价，就是脆弱和机会的错失。没有活动并不等同于睡眠。所以睡眠背后一定有什么重要的原因。

猿类，包括我们人类自己，都比猴子睡得更多，睡得更好。这可能仅仅只是因为我们在树丛中生活时体形变得越来越大。作为高大的树栖动物，我们需要创造一张床来睡觉，以免自己因掉下树而醒来，这就可以让我们睡得更好。睡得多并不是人类的特质，其他生物睡得更多。那些食草动物的睡眠较少，而那些需要狩猎的食肉动物则需要更长的休息时间。也许是为了第二天能有更清醒的认知，我们才进化出了更好的睡眠。两位物理人类学家在他们的研究中写道："我们的研究结果表明，放松的睡眠姿势可能是由于睡眠平台促进了睡眠的行为，这可能会使类人猿和原始人拥有更深的睡眠深度和第二天更清醒的认知能力。"

奇怪的是，我们一天之中最缺乏活力的时刻却对我们十分重要。事实的确如此，一种叫作致命性家族性失眠症（FFI）的疾病就是这一点的证明。它通过破坏人的睡眠从而不断地破坏大脑，随着睡眠的消失，人的生命也将结束。通过剥夺睡眠带来折磨使它成为一种十分痛苦的死亡方式。

我们怎么判断这种疾病是通过剥夺人们的睡眠而破坏大脑导致死亡，还是会致命地破坏大脑从而导致人们丧失睡眠能力？米歇尔·蒙田（Michel Montaigne）曾写道："我们的生命是否依赖于睡眠，这是由医生来决定的，因为我们确实知道马其顿国王珀尔修斯（Perseus）在罗马被囚禁时，因无法入眠而死的故事。”

但医生和罗马人其实都不重要：我们有科学。1995 年，两个研究人员取了两只老鼠，并把它们放在笼子里的一个直径 0.5 米的悬空圆盘上，并且准备了足够多的食物和水。笼子被分成了两部分，中间的圆盘离水面几厘米高。在每次实验中，一只老鼠作为对照，而另一只老鼠作为受试对象。当受试对象进入睡眠时，研究人员就会旋转圆盘：受试对象必须醒来沿着圆盘不断走动才能避免落入水中。在这种情况发生时，处于另一边的对照对象也必须这么做。但区别在于受试对象不能睡觉，而对照对象可以睡觉。实验目的是对比两只老鼠的最终命运。“所有被持续剥夺睡眠的老鼠，通常都在 2～3 周后死亡，”实验报告称，“很明显，睡眠及其各个阶段起到了至关重要的作用。”

睡眠为什么如此重要？不可能是因为休息，因为一个人不睡觉也可以休息，实验中的老鼠也完全可以休息。可能是因为我们太习惯睡眠了——这意味着我们已经进化出睡眠这项技能太长时间了——以至于我们现在没有睡眠就无法在生理上得到休息。但这并不能解释为什么睡眠一开始会出现，因为睡眠会给进化中的适应能力带来巨大的代价，也不能解释为什么睡眠会持续到今天。如果睡眠能被简化为对休息的需要的话，它早就不存在了。睡眠可以逐渐变为保持懒散的状态。但是对于我们人类，或者任何像我们这样的生物来说，这种情况都没有发生，也不会发生。除了需要休息之外，一定是有什么东西驱使着睡眠，而且我们还必须静止不动地进行睡眠。

患有 FFI 的人，因为不可能入睡，所以只得一直保持醒着的状态：

这种持续性的亚清醒或困倦状态伴随着免疫无应答性

的发作期，在这种情况下，患者会被大量的抽搐所激活，并做出复杂的、有目的的手势，随后他们会提到梦境。我们把这种发作期称为似梦中状态，是 FFI 最具特色的特征之一。

代表我们进入睡眠的特质不是休息，而是梦境。被剥夺睡眠会导致人的死亡，但是人在这个程度也完全能够休息，这样的人会经历惊厥性的梦境。做梦是不是区分睡眠和休息的基本特质呢？没有梦我们会死吗？

要讨论这一点就必须了解这种情况并非人类独有，正如睡眠也非如此。杀死老鼠的研究人员也没有提及它们最后是否也在努力做梦。但我们可以证明其他物种也会做梦。术语“oneiric stupor”（似梦中状态）来源于希腊语“oneiros”，意为梦境。“梦中行为”是已故的神经生理学家米歇尔·朱维特（Michel Jouvet）首先使用的一个术语，他对快速眼动（REM）睡眠现象的探索做出了很大贡献。他指出，从进化的角度来看，做梦似乎属于我们大脑中最古老的一部分，但其实是后来增加的部分。他还指出，如果你破坏了猫大脑的某些部分，就可以消除它在睡眠时的生理静止。在观察者认为它可能在做梦的时候，大脑受损导致它做出某些动作，似乎是在做梦境中的自己在做的事。朱维特写道：“我们没有办法去问猫发生了什么，但任何合理的解释都能让我们相信猫会做梦。”

用脑电图（EEGs）和功能性磁共振成像（fMRI）扫描仪得到的脑部成像可以告诉你，某人是否处于快速眼动睡眠状态。经验告诉我们，处于快速眼动睡眠的人通常是在做梦，因此通过扫描仪和电子记录，可以预测他们是在做梦。但是，知道他们是否在做梦的唯一方法——人们也是通过这种方法发现梦境的电学和磁共振成像的——仍然是判断是否做梦的黄金标准：戳一戳这个人，在他醒来后再问他有没有做梦。与这一标准相比，大脑扫描就没有什么额外的功能了。值得注意的是，海豚和鲸鱼没有快速眼动睡眠。这并不是暗示它们不会做梦，它们只是哺乳动物中的例外。更可能的原因是，做梦并不是快速眼动睡眠所独有的，只是当我们在快速眼动睡眠期被吵醒时，我们会记得所做的梦。所有这些都暗示着我们睡觉是为了做梦。

我们可以通过功能性磁共振成像扫描仪看到梦境的活动，这听上去令人印象深刻，但如果我们不指出梦境告诉我们的信息是多么有限，这种印象就被夸大了。在一部戏剧中，莫里哀（Molière）笔下的一个医学生被人问到为什么鸦片能让人睡觉，他其实是在接受是否具有成为医生资格的测试。他回答说，鸦片能使人入睡，是因为它有诱导睡眠的特质。面试官听了答案连连鼓掌。当谈到睡眠时，科学和医学工作者都有一个习惯，那就是说一些无关紧要的事情，比如强调功能性磁共振成像的强大功能，但这种功能我们通过询问就能代替。做梦通常被解释为大脑休息时神经元的随机放电。这一解释与随机刺激神经元活动时发生的情况不符：梦不是被创造出来的。就算引入随机性也无法让它通过奥卡姆剃刀原理。它引入了一个新的谜团——随机的神经放电是如何创造梦境的，但却没有解释现有的谜团——睡眠的重要性。

随着年龄的增长，我们睡得越来越少，但原因不明。这可能是因为我们对睡眠和做梦的需求减少了，或者是因为我们无法像过去那样充满活力地睡觉做梦。原因很可能是这两者的结合，也可能是药物、外科手术或基因改造等形式的医学所不能改变的因素。关于这个问题，我们并不能找到简单的方向或目标，但我们也本不应该有这样的期望。如果存在只带来好处的简单选择，那么它早就被进化找到了。所以目前的结论只能是，由于具有做梦的特质，所以睡眠是生物生命的一个重要组成部分，不能被去除。

我们总抱怨睡眠不足，但我们这么做也是正确的，不是因为缺乏睡眠对我们来说是一件独一无二的事情，而是因为它是一件司空见惯的事。远古人类一直尽可能地保持清醒，并努力减少睡眠。清醒和睡眠两者间有一种紧张的关系，我们能感受到这种紧张才是正常的。

更多的证据表明，睡眠在我们生活中是不可或缺的，以及幻想未来人类能够不用睡眠是不现实的，这些证据都来自我们使用药物的历史。酒精和鸦片早已为我们所熟悉。暂时的镇静剂和兴奋剂有其用途，但它们与改变睡眠性质的干预措施不同。人们在研究影响睡眠的现代药物这一领域，花费的数十亿美元资金大部分都白白浪费了。苯二氮卓类药物——它还有一个响当当的商品名“安定剂”——被作为增强睡眠的药物出售和服用。像酒精和吗啡一样，它们都是镇静剂，从长远来看，它们带来的益处很小，或者被它们的危害所掩盖了。如果你有长期睡眠不足的问题，一定要避免使用苯二氮卓类药物。使我们保持清醒的药物也有相似的特性。从古柯、可卡因和苯丙胺到咖啡因，它们对许多人都有暂时的作用。然而，它们之中没有一种能给我们的保持清醒或睡眠的需求带来深刻、持久和有益的改变。

我们生来就要睡觉。人们需要多久的睡眠因人而异，但目前我们并不存在单一的生化途径可以将每晚睡 9 个小时的懒汉变成只睡 4 个小时的精力充沛之人。我们也不应该去期待日后会发现这样的方法。如何处理睡眠和清醒在生活中的紧张关系，一直都超出了医学技术的范畴，并且以后也将继续保持这种关系。

19
种族

种族会同质化吗？一直以来杂交都存在，对于有性生物来说，所有的繁殖都是杂交。这是另一种指出种族在某些方面并不存在的方式。更确切地说，我们的种族概念如此混乱，以至于它作为分类、思考和人类变异的一种方式，其潜在的有用性被削弱了。

种族对不同的人有不同的意义。就算对同一个人来说，在不同的时间，或者往往在同一时间，也有不同的意义。从生物学角度来讲，一个种族是一个相对孤立的群体，主要是种族内繁殖，与其他种族的特征不同，但仍有能力与其他种族一起繁殖——产生亚种。亚种反映的不是客观的划分，而是一种有用的、概念上的界限。在生物学的历史上，特别是从 18 世纪到 20 世纪中叶，人们一直在每种环境中努力地对亚种和种族进行分类，从细菌到蜗牛再到人类本身。人们之所以对此有如此强烈的冲动，是因为想要区分不同物种背后的优良之处，但这也体现出人们知识的匮乏。分类这件事肯定是有用处的，但分类本身并没有好处。人们可以根据耳垂的大小和形状来划分人类，但这个世界并没有因此而丰富。

生物学家关于种族方面的问题，被善意的公共政策夸大了，因为他们试图按“种族”对人们进行分类。在英国，人们通常会被要求根据肤色、地理血统和国籍的奇怪组合对自己进行分类。分类包括英国白人、爱尔兰人、英国黑人、其他欧洲人、亚洲人、非洲人和混血人种。在美国，人们被分为拉丁裔、西班牙裔、非洲人或高加索人。“亚洲人”在美国是指来自日本或中国的人，而在英国，则倾向于指来自印度次大陆的人。出于不明确的原因，“高加索人”在西方是指白人，这可能是基于旧石器时代人口从高加索地区迁移到欧洲的假设。但是，在俄罗斯，来自高加索共和国的人普遍被称为“黑人”，而且带有贬义。这些分类令人困惑不已。

这并不是说这些概念和术语不真实，而是它们被混淆了。我们究竟应该考虑什么，肤色、出生国、文化或遗传学的影响？任何性状的分布都会因地域而异。乔治·路易斯·勒克莱尔是 18 世纪早期热衷于百科全书的学者之一，他一直对无休止的亚分类带来的风险保持着警觉。变异不能被分割成无穷的实体，每一个实体都是截然不同、独一无二的，我们不应该以这样的方式理解现实。因此勒克莱尔的物种定义具有持久的影响力和非常实际的意义，他将物种定义为那些能够杂交并产生可育后代的生物。

种族和物种一样，没有柏拉图（Plato）式的本质——任何定义都是有效的，其真实性就是其效用。在过去的几万年里，原始世界的地理隔离并没有产生使两个大不相同的人类群体分裂成不同物种所必需的遗传漂变。科伊桑布须曼人可以与因纽特人交媾，就像牛津郡的人也可以与威尔士人交媾一样容易。当涉及社会阶层分裂成不同物种的概念时，其障碍将会更大。在这一层面上没有地理上的障碍，也没有文化壁垒。一个人从收入最低的阶层进入收入最高的阶层的可能性很小，但这种情况并不奇怪。在完全流动的情况下，如果一个人在最终等级体系中的位置完全是随机的，那么出身在最低阶层的孩子最终身处任何一个阶级中的概率都有五分之一。在英国，阶级和文化的障碍使他们跻身上层社会的概率从 20% 下降到 11%。这远非完美，但与让基因分离的噩梦成真所需的那种社会隔离还相去甚远。英国人的看法是，这个概率更低，社会流动性也更低。在美国，人们认为这个概率更大，社会流动性也更大，但实际上却比英国要低。指出人们对社会流动性消失的担忧是过度的，这并不是在贬低社会流动性的重要性，也不是在否认人们对社会流动性下降的担忧。美国人对他们的阶级制度并没有表现出足够多的担心，这正是他们社会流动性低的表现，但如果他们担心阶级分化会变成遗传分化，那就太过分了。对社会阶层分化为不同物种的担忧可能仅限于科幻作家和疯子，但对不同社会阶层拥有不同程度遗传潜力的焦虑更为隐秘和广泛，事实也并非如此。

马修·阿诺德（Matthew Arnold）曾写道："科学已经使每个人都能看到种族之间的差异因素，以及这些因素是如何使印欧人的天赋和历史与闪米特人的天赋和历史有所不同的。"指出犹太历史的精神有着鲜明的特征并无不妥，但将其归因于遗传学会使得出的结论不太可能有用、真实或有趣。

把基因遗传和文化遗产放在一起是不合理的吗？其用意不一定是去贬低什么。小提琴家艾萨克·斯特恩（Isaac Stern）开玩笑说，苏联和美国之间的冷战文化交流非常直截了当："他们把他们的犹太人从敖德萨送到我们这里，我们把我们的犹太人从敖德萨派到他们那里。"但是轻蔑的情绪是很容易滋生的：犹太人、黑人、吉卜赛人、工人阶级、上流社会——你自己选吧。任何尝试进行遗传分析的行为都不一定是错误的，因为所有这些群体，就像其他随机抽取的群体一样，都会有一些可观察到的遗传变异模式。但是我们所观察到的变异对文化特征几乎没有或根本没有影响，而试图将它们简化为遗传学的尝试，却对我们的理解以及对我们彼此都造成了伤害。权衡基因方法是否正确——是否是分析文化差异的正确方法——就像用铅块来平衡羽毛一样。我们并不能从 DNA 的角度出发去对种族的概念进行理解。

浑浊的思想会污染整片水池。残酷地对待复杂性，你就会制造出残酷的现实。即使在最好的情况下，人类群体之间的差异也很难被讲清楚，人们最多能指望的是一些肤浅的概括。错误地理解它的本质，用错误的生物学形象来取代对文化的讨论，在这样的情况下，我们的理解还没建立就已经崩溃了，而结果往往是错误和丑陋的。约翰·斯图亚特·密尔（John Stuart Mill）曾写道："在所有逃避社会和道德对人类心灵影响的粗俗方式中，最粗俗的是把行为和性格的多样性归因于固有的自然差异。"

种族不同，基因也不同，毫无疑问，这两者之间存在某种关联，无论这种关联多么微小或不确定。许多次试图对它进行理解的努力都失败了，所以我们应该更加谨慎。但我们应该对此感到绝望吗？难道我们真的不能获得一些见解吗？

答案是不能。不是因为没有信号或者信息将遗传与种族变异联系起来，而是因为信号之间太不匹配了，并且干扰太大。"身高可能有 90% 是遗传的，但在 19 世纪，黑人平均身高较矮是由基因造成的结论是完全错误的。"文化本身比身高更加复杂。干扰盖过了信号，以至于没有人能成功地把二者区分开来。我们很有可能会失败，任何一个试图尝试的人都会质疑自己的理解或意图。我们已经开始从约翰·斯图亚特·密尔的"固有的自然差异"讨论特定的基因，遗传学的术语带来了令人印象深刻的准确性。但这是一种误导，我们利用遗传学来预测人类生命的能力，相对于识别特定遗传疾病的能力，差别几乎不存在。

对于种族，就像阶级和不平等一样，生物学的用途是有限的，而且有可能被滥用。对他人的厌恶和恐惧很容易转化为对基因差异的恐惧。不同阶级、不同种族、不同宗教、不同肤色等特质不能准确地归因于基因，但是必须考虑它们本身到底是什么。把文化遗产的价值定得或高或低，然后以它的生物属性为基础来为它辩护或进行攻击，都是没有认真对待它。有些文化特质是虚构的、是偏见的产物，而有些则是真实的、是人类群体多样性的体现；有些属性是吸引人的，有些则是令人厌恶的。我们需要正视它们的本质，而如果想要看到本质，就不能把它们简化为基因。

> 那么，找一个自命不凡的公共导师，指责爱尔兰工业的落后，以及爱尔兰人民在改善他们的生活条件方面缺乏精力，指责凯尔特人种族特点中特殊的懒惰性和漫不经心，这难道不是对人类本性和生活中最重要问题的意见形成模式的尖锐讽刺吗？

上面这段话写于 1848 年。这听起来有些过时，部分原因是爱尔兰最近在社会、文化和经济上取得的成功。这意味着种族主义现在流行把制定宪法时的懒惰归咎于其他问题。但是他们用的方法都是一样的。他们的文章和所用的基因术语虽是现代的，但也只是换汤不换药而已。

我们可以回到一开始提出的问题，关于人类是否会变得更加相似，是否会同质化的问题。很明显，这不是一个关于黑人和白人，或者天主教徒和印第安人，或者高加索人和雅利安人的问题。以上这些都不是按种族分类——前两个是指肤色，第三个是宗教，第四个是指大陆（要么是指那些住在那里的人，要么是指那些曾经住在那里的人，这个定义并不清晰），第五个和第六个是委婉的说法。但从肤色到耳垂大小的特征确实在可预测的地理位置上有所不同。手臂和腿的长度、眼睛周围的皮肤皱褶、鼻子的大小和形状的基因也是如此。

所有这些都将在某种程度上趋于同质化。同质化是确定会发生的，但其程度则不一定，这是因为人们比以前有更大的流动性。关于在北威尔士和南威尔士之间遗传差异的地理分布，其中一些差异的分布会因地理方向差异而变大，而另一些则遵循不同的、有时是相反的模式，这将和其他地方一样受到现代生活流动性的影响。来自东南亚的移民穿越阿拉斯加来到美洲，最后花了 1 万～1.5 万年的时间，其肤色才开始与他们定居的纬度相匹配。如果没有现代生活，这一趋势将继续下去，因为肤色是由阳光决定的，土著中美洲人的肤色仍然会比中非人浅。随着服装、防晒霜和皮肤科医学的进步，自然选择的压力不仅减轻了，而且使其得以表达的地理隔离也减少了。人类的肤色很可能变得更加均匀，就像人类所有其他的特征一样。变异将永远存在，伴随着它的是地理和种族的模式，就像文化伴随着基因一样。

更多远系繁殖的结果不会是平淡无奇的。无论我们对人类最看重的品质在多大程度上是受特定基因模式而不是受文化、历史和教养的影响，其结果都将是新的组合和新的可能性。即使我们对基因和基因表达之间的联系有了进一步的了解，这种理解（对过去发生事情的解释）也无法预测未来会发生什么。因子的数量及其排列有着爆炸性的潜力，是我们事先不可预知的。

东非长跑运动员或美国黑人和加勒比海地区短跑运动员的优势，在多大程度上可以归结为基因？

要回答这个问题，我们必须让这个问题更加精确。我们所说的东非人并不是指生活在那里的人，而是指那些祖先在那里生活了很多代的人。我们甚至不是指整个东非，而是指其中的一小部分地区。种族在一个物种中没有客观的划分，所以它们的定义需要仔细说明。人类起源于非洲，意味着非洲包含着最大程度的人类遗传变异。用肤色来划分世界意味着平均划分差异。从某种意义上说，黑人与白人是可比较的群体，因为他们都拥有自己的肤色，但就任何其他的遗传特征而言，他们不能进行比较。善于短跑或者长跑不是黑人的特质，也不是非洲人的特质，而是某些非洲黑人群体的特质。

在展望人类生活前景的过程中，人们主要的兴趣在于考虑我们对于原因的理解程度能有多深。了解一个特质背后的原因，你就能培养和改进它。要做到这一点，你必须知道你的努力是针对文化属性还是针对基因属性。对于后者，我们的技术将得到广泛的提升。

绝大多数的人类基因变异对我们都是一样的，而种族差异，无论你如何定义它们，只占其中的一小部分。我们对这部分的差异感兴趣吗？是的，只要它们的分布有助于我们了解它们的本质。对于跑步，我们已经找出了一些基因，这些基因与跑步的能力有一定的关联，虽然程度并不确定，但确实是存在的。与身高相比，与我们在运动上取得成功有关的基因更少，但我们并不应该对此感到惊讶。尽管身高深受文化和成长过程的影响，但运动方面的成功更是如此。这意味着基因和结果之间的联系更弱、更微妙、更不直接。我们应该接受最简单的解释，就算它其实没那么简单，就算它没有说明什么，那也比看似聪明的、令人满意的错误解释要好。

我们可以偶尔瞥见基因和运动表现之间的联系，但我们在这条路上不能走得太远。有些基因变异的影响似乎是可测量的。[①] 它们的影响很小，与结果相关，但不能决定结果。这并不意味着某些遗传模式不能使某些人比其他人更擅长运动。显然，它们是有这个能力的。我们不需要具备任何基因知识就能注意到有些人天生就比其他人有优势，比如有的人长得更高或在学习和工作方面更有天分。基因对这些事情的贡献是毋庸置疑的。值得怀疑的是，我们是否有能力充分了解基因，并利用它们来预测结果。目前，我们毫无头绪，我们甚至不确定这种联系是否可靠。这和看一眼就能知道功能的计算机程序不同，人类完全是另外一码事。我们可以像分析简单的计算机程序一样，去分析与运动表现有关的基因因素吗？它是否会保持高深莫测的姿态，只出现在一个人成长过程中的组织层次上？就像我们阅读一首诗歌，除非把整首诗当作整体来看，否则无法理解其中的内涵。

体育运动可能会在某种程度上对遗传分析产生影响。这种程度究竟有多深还未可知，但很可能不是这样，在可预见的将来肯定不会，甚至可能永远不会。我们总是高估我们的生命多样性在多大程度上是由生物决定的。这样做往往会得到糟糕的后果。关于我们的未来，我们最能确信的是，我们将会把这种习惯保持下去。

---

① 例如肌肉纤维中的 ACTN3。——作者注

20
压力

在考虑我们的生活时，有什么比考虑压力的作用和它在未来的前景更重要呢？也许最好的办法就是不要去思考它；或者，至少思量一下我们从冥思苦想中获得的回报到底何其可怜。

人类的进化是迫于压力的结果吗？答案是肯定的。这一事实本身说明不了太多，没有压力地活着好比死了一样。但是，什么程度的压力最合适，多大的压力才算过大？对于这样的问题，除非我们想通过答案思考如何最有效地开发自己，随之去思考怎么样才算最好，否则根本不值得问。压力能通过很多方法得到测量，但却没法用一个等级或数字来界定。

1994年，美国神经内分泌学家罗伯特·萨波尔斯基（Robert Sapolsky）写了一本畅销书，名为《斑马为什么不会得溃疡》（*Why Zebras Don't Get Ulcers*）。他在书中指出，现代生活的压力是无休无止的。斑马在它们的生命历程中会经历极度恐惧的时刻——当死亡在身后穷追不舍之时，但这样的时刻总归不多。恰恰相反的是，现代生活在压力下躁动不安，并且从未停止过。工作要来回奔波，为了一个车位能挤破头，就业不稳定，家庭负担大，各方面竞争压力大，等等。要是作者是在“脸书”大行其道的社交媒体时代写了这本书，估计社交压力也会被写进来。

这个故事是一眼就能识破的，让人在感同身受时得到宽慰，但故事是空洞的、不真实的。如果你养过一只兔子当宠物，你就能体会到斑马的感觉。对于被捕食者而言，死亡可能只会偶尔跳出来对它们展开追逐，而且只会抓住它们一次，但它们却要在恐惧中度过一生，它们很容易受到惊吓，因为心里面的阴影一直展露着尖牙利齿，每一次的聒噪都是一次警报。许多被捕食者会集群寻求安全，它们都是社会性的。这也加剧了它们的负担，因为群体里的等级制度变成了造成不安的新源泉。

人类不是谁的猎物，但长期以来我们也生活在一个死亡会悄悄跟随在身后的世界里。就像兔子和斑马，我们的死常常也是暴力的，即使主要威胁不是来自其他物种，而是来自我们自己。除此之外，人类以独特的意识生存着，对“可能性”的认知同样可怕。疾病和意外总是一味地派发它们的“礼物”，回报就是没有动物不知道它们的存在。意识助力生存，懦夫苟且偷生却活得久，莽夫浑然无惧但殒命早。人类长期生活在一个充满压力的世界里，更擅长认清各种可能性，更能意识到随时可能降临在自己或所爱之人身上的命运。有一点很奇怪，无论当代生活压力有多大，人们总认为现代世界的压力远甚于从前。人们在通勤和工作上的焦虑是真实存在的，但其突出的表现源自其他受到忽视的层面，如死亡率的持续增长、作为夭折常见原因的传染病的消失、暴力事件的大幅减少，那些将现代生活描绘得尤其紧张的故事无一不轻视这些存在。拥挤的马路固然令人恼怒，但在心里怀揣这样的想法是很奇怪的：一个世纪前人们的死亡已经够无序了，现代生活总体上比那时候还要糟糕，压力还更大。这简直是捕风捉影，根本不切实际。压力导致溃疡这个观点已经烟消云散了，在我们发现细菌才是真正的罪魁祸首时这个观点就不成立了。德国的新闻杂志《明镜》（*Der Spiegel*）设立了一个叫作“Früher war alles schlechter”的专栏，意思是“昨天的一切更糟糕”。这种观点是正确的，细菌现在已经能用抗生素剿灭了。

压力，好比衰老、力量、物种、文化、智力以及快乐，无论是从表现形式还是从生成原因上来看，都不单单是一种生理或者心理上的实体。这倒不是在说“压力”这个词、这种概念是不好的或者没用的，而是确切地表明了压力无药可“治”，也没有基因可“循”。这里说的“治”和“循”指的是一种因果之间一对一的对等关系。

如果压力不是病，掀不起流感，也不会随人传染，那么就算是把门敞开着也不用担心太多吧，但不用担心太多和完全犯不着担心可就是两码事了。生活要想没压力，就不要有追求。只要我们有兴趣和愿景、追求和奋斗，努力追求就比不屑一顾更有压力，当然，也更好。这倒不是在说压力就一直是动力，或者是在对美好生活追求下的副产物。在这里，医学研究至少能帮到一小部分忙。压力的某些层面，看起来让人付出了最大的代价，使寿命在心血管疾病风险增大和其他身体机制问题下缩短，这似乎就是那些要体现自主性的地方。

有的压力徒劳无益，有的对我们的理想追求起不到一星半点的帮助，如果我们希望在这些压力下少受点苦，基因治疗也好，人造植入、药物治疗也罢，都解决不了问题。问题的答案在于文化，在于社会经济。具体来说，答案在于对世界的塑造，以尽可能多地帮助人们为了实现理想而做出的努力。去尝试、去做好一份你热切想要精通的工作是有压力的，但是这种压力比起契约奴隶那种身心俱焚的压力，在生理和心理上都要更健康。技术变革导致低技术含量岗位变少，失业带来的机会利弊参半。倘若我们没法提高受教育水平，我们便会处在下层社会，机遇匮乏，自主性差。压力无论是缩短生命还是使生命衰弱，皆是其弊端所在。假如我们使用技术创造的财富，利用它们把大部分精力投入学习中，投入经济、文化的打造中，那么更多的人能更好地追求自身的利益，压力的总量可能不会因此减少，但性质会大有不同。自主性不要求每个人都成为别人的主人，而是要求我们所有人都要有能力尽个人最大所能做自己的主人。

消除压力的药物确实存在，而且一直都有。从酒精、鸦片到等效的现代神经麻醉药物，没有哪一种是用了什么魔法将我们的生活的某一方面抽离出来改变，它们是通过减少生命进而减少压力的。更好的社会并不意味着意欲退出的人可以得到更多的选择，而是有更少的人被迫如此。

21
创造力

1888 年，契诃夫（Chekhov）在给朋友的信中写道：“所有掌握科学方法的智慧，并能据此科学地思考的人，都将体验许多令人愉悦的诱惑。”

“如今一些头脑发热的人探求科学上不能理解的事物：他们想发现创造的物理规律，想掌握艺术家出于本能而感受到的一般规律和公式……因此他们想提出一个创造力生理学……创造力的生理机制可能确实存在于自然界中，但这个念头应该在一开始就被打消。站在科学角度的批评者认为这样做一无是处：他们会浪费 10 年时间，写很多卖不出去的东西，还会进一步混淆问题——这就是他们将要做的一切。科学地思考总是好的，问题是以科学来研究艺术，必然会沦落到去寻找负责创造能力的‘细胞’或‘组织’。于是一些头脑迟钝的德国人会在颞叶中某个地方发现它们，另外一拨表示不同意，第三拨人却同意；而俄国人会浏览一篇关于细胞的文章，匆匆忙忙地完成这项研究……三年后，俄国学术界将会充斥着彻头彻尾的胡言乱语，这将给笨蛋带来收入和人气，而使聪明人愤怒。”

这是一封绝妙的信。契诃夫对这个问题的说辞甚至有些保守：创造力生理学是绝对存在的。我们常常会将创造力视为一种体外力量，如灵感、梦想、想法、精巧的构思、赋予我们想象力生命的某种力量或精神。对于创造力感觉的描述是重要的、真实的且难以言喻的。我们的创造力建立在生理基础上，就像我们身体的各个部分一样。

虽然创造力生理学建立在理解创造力的基础上，但应该摒弃从生理学角度出发研究创造力。研究一定是从艺术开始，从理解艺术开始。唯一的办法就是把它理解为艺术，把它分解成像素、电子和神经爆发，随后一切所珍视的东西不再宝贵。一个人不能再通过一系列的神经变化来学习一门外语。神经元的改变当然是必要的，但这必须是学习外来词的结果。

要想使人工智能名副其实，就必须掌握创造力、想象力和思维能力等品质。电脑在下国际象棋方面比棋手能力更强，是因为计算机有更强的计算能力，而下棋可以被简化为计算。当一台电脑在国际象棋比赛中通过直觉或一瞬间的灵感击败人类棋手时，它的设计者们将会取得更多的成就感。

1888 年，契诃夫提出不能以科学思维研究创造性是正确的。大脑扫描仪和基因组序列为我们提供的数据，比德国人在尸体颞叶中研究出来的还要多。但数据的多少并不重要，无论是数以百万计的基因组，还是单个神经元和神经递质的细节，都不能帮助我们定位创造力。明确特定基因及大脑特定区域无济于事：在开始之前，我们就知道赋予生命创造力的生物结构在大脑中，而大脑的设计存在于我们的基因中，更精准的定位并不等于能够找到它。了解创造力取决于接受它的本质，这是一种精神和文化现象。创造力是具有一定组织水平的特性，是工作思维的特性。它基于较低的组织层次，但并不存在于其中。一张有关神经元的地图会像一张它们所包含化学元素的列表一样有丰富的信息。当谈到充分发挥我们自己的创造力时，生理学研究只会是一种粗鲁的干扰。如果有任何可能产生创造力的基因、神经递质或回路，情况就会不同。但这是不可能的。存在这种可能性是因为当谈及大脑时，我们使用了一些暗喻进行修饰，使得这听起来确有其事。创造力是神经生理学的产物，但不能从神经生理学的角度来分析。正如狗和猫的特征差异不能从原子层面来理解，而只能观察实物一样。

我们无法理解创造力的生理机制，也无法增加我们对创造力的欣赏。这种变化没有任何前景，甚至人们也对此没有一丝忧虑。我们通过技巧和计算来发展创造力，这一点不会受此影响，但我们在这方面的成功既不近在咫尺，也不太可能有多大用处。

真正有用的是一些否定的说法，如创造力是不可预测的。它不能从某个人的社会阶层、性别、肤色、基因、背景、教育中看出来。这些因素会对创造力产生影响，而即使该影响在大体上是明确的，具体来讲也依旧晦涩。教孩子读书，很有可能会将他们培养为文学天才，但天才并不是根据公式设计出来的，我们不能用科学来设计创造力。教育和父母培养的策略可以一试，利用正式的实验或正常经验，测试出自己和孩子的优势，将会使我们有所提升。理解力量的极限并不意味着应该限制所拥有的权利。

现代生活中天才是否常见？哪些教育领域更有意义？牺牲突出人才的全民教育是否可以提高总体教育水平？长期正规教育和

更有组织、更安全的生活是否会阻碍下一个马克·吐温和狄更斯（Dickens）的出现？这两人都在 12 岁左右辍学。上面这些问题都没有明确的答案，其中的一些甚至与问题毫不相关，但这些问题却很有价值。创造力必然有着诗意的成分。无论诗意是何种东西，创造力都明确显示出一种特性，即这种品质的价值在于它不能被理解为成分的简单结合。济慈于 1818 年写道："天才诗人必须在一个人身上找到自己的救赎之道。法律和训诫不能使它成熟，想要成熟，就必须依靠自身的感觉和警惕性——创造力必须由自己创造出来。"他曾接受英国最优秀的外科医生的指导，当他自己做外科医生时，曾从一个女人头上取出一颗子弹。他知道什么时候应该注重生命的物质基础，什么时候不应该。

在未来，创造力似乎不可能直接以技术方式增强，除非是用来丰富、扩大和鼓励我们文化、教育和生活的技术。目前没有精确的文化方案来培养创造力，但是许多有损创造力的方式已经被发现。独裁政权和意识形态把人们化整为零，剥夺他们的自由，使他们适应单一模式。这种把戏屡试不爽，就像贫穷、疾病和缺乏机会所带来的影响一样。从索尔仁尼琴（Solzhenitsyn）在古拉格（Gulag）集中营完成的作品，到简·奥斯汀在她的便携式写字台上写出的小说，都表现出了顽强的反抗，这使得上述概括同样真实。天才总是一种例外，总能鹤立鸡群。婴儿的天赋在于他的个性，这经常是让人难以捉摸的。在某种程度上天才都是由自己所创造的，这是一个事实。

人才会聚集出现。当然这样的集群是一种证据，但是很难知道它代表着什么。这可能是一种靠智力激发其他人加入自己生活的结果，也可能是一些文化或历史的转变，或者是许多人承受压力的结果。高尔顿在他的《世袭天才》（*Hereditary Genius*）一书中，把聚集现象作为天才基因存在的证据——但这甚至不能证明正在发生的任何非随机现象。把种子随意地撒在土壤上，植物就会成簇生长，而不是形成有规律的间隔。同样，卓越的品质可以通过非随机的方式跨代传播，而不是通过遗传：

> 尽管在任何地方都可以发现卓越品质在家族内部遗传着，但正是在这一点上，人们必须十分谨慎地行事。只研究数据环境会导致偏见，例如在其他条件相同的情况下，如果儿子在父亲擅长的领域继续探索，他可能会发现这条道路最为平坦。

蠢笨与愚昧、轻率、不懂珍惜、无礼、暴力和褊狭等对创造力的威胁是真实存在、显而易见的。而且这往往与生活中其他方面的威胁类似。其中少数人认为创造力可以在细胞和生理学层面进行研究，或者通过药物和植入物来培养。这样的期望虽然是有意义的，但充其量只是浪费时间罢了。

激情在创造力中至关重要，这很难理解，也不可能从神经元的角度去思考。没有激情，就只剩下冰冷的计算。激情可以表现为一种遐想，就像一首颂歌、一次爱抚，甚至是一次深情难忘的凝视，但它必须存在。对于那些开发人工智能的人来说，这个问题如同一块绊脚石，他们渴望通过观察自然是如何凌驾于它之上来解决这个问题。我们生来就充满激情，从婴儿对新生活的好奇感来看，生活的审美影响是显而易见的。那些寻找这种基因的人将会失望，那些想用药片或者通过激活一些大脑中心来复制这种基因的人将会浪费自己和他人的生命。基因、神经元和大脑中心都不是问题的关键。

随着技术发展，我们对于大脑的隐喻也在变化，而每次陶醉于更复杂的技术都会让人们忘记隐喻只是隐喻。所有人都有创造力和激情，我们可能会更好地培养它们，或者可能只会学习如何消除阻碍自我创造过程中的一些障碍，但我们遇到了一个悖论。障碍是解决办法的一部分，困难也是有意义的。自由诗可以成为天才的工具，但它也慷慨地证明了缺乏规则并不一定会提升质量。华兹华斯写道："修女们不必在修道院狭窄的房间里发愁。"他是指虽然十四行诗有形式限制，但限制有时也是有帮助的。我们只需片面一些，便可以从悖论中振作起来。我们不必面对每一项艰难险阻。在莎士比亚接受过的低等级教育中，一些枯燥的死记硬背可以使他的大脑活跃起来，这是值得借鉴的，但我们的学校可以做得更好。全球范围内由早逝和残疾导致的心碎神伤越来越少，我们可能会失去一些因伤心而创作出的伟大艺术成果，但该趋势利大于弊。莎士比亚独子的早逝使他写出了戏剧，但却夺走了他的一切，也夺走了他的孩子本该拥有的一切。到了我这个年纪，济慈已经死了 20 年了。认真考虑现代生活的哪一方面会促使天才诞生时，并不一定需要生活再被苦难和早逝侵蚀。坐落于埃文河畔斯特拉特福的爱德华六世国王文法学校延续了 400 年前的教学方法，这将不会取得好的成果。如果创造力真这么容易产生，那些求助于神经生理学、遗传学或科技的人便有了希望。

22

吃喝

有史以来，我们就知道哪些饮食是好的，哪些是坏的。这种信心始终如一，我们改变的只是信念。但是这样的信心是不合理的，这一点已经引起了一股潮流。所谓的证据基础已经有所改善，但与其他医学领域相比，它落后了一个世纪。证据更难获得，我们也很容易生出强烈的意见。关于这种混乱，医学界对酒精的态度就是一个很好的例子，一般来说，这反映了最有话语权的医生的观点。最近，当英国政府关于健康饮酒的指导方针发生变化时，并不是因为任何新的证据出现，仅仅是因为这届政府关注的群体与上届政府有不同的看法。

留意过去发生的事情，对我们预测未来会发生的事有很大的指导作用，因为大部分过去的事依然会继续流行。就像禁欲主义一样，这种观点也有其地位，但两者都不应该戴上科学的面具：

> “正如最早提倡禁欲的人毫无疑问是心理失调的人一样，最早热衷于节制的人肯定也是缺乏欲望的人……那些误导人、口才好的骗子把这当作一种美德已经不是第一次了，然而这不过是一种井井有条的恶习而已。”

巴尔扎克（Balzac）勋爵坚持认为这是正确的意见。“空腹使头脑空虚，”他争辩道，“也许正如拉罗什富科（la Rochefoucauld）所说的那样准确，好的思想都从胃里来。”从心理上说，正是我们的饮食造就了我们，他不是第一个，也不是最后一个相信这一点的人。“我们认为的心理上的快乐，其实有很多是生理上的！诗人如此欢快地歌颂早晨的快乐，”1907年大卫·格雷森（David Grayson）在《知足历险记》（*Adventures in Contentment*）中写道，“快乐往往只不过是一顿丰盛的早餐带来的旺盛精神而已。”杰弗里·斯坦加藤（Jeffrey Steingarten）把自己的第二本美食评论书籍取名为《一定是我吃了什么》（*It Must've Been Something I Ate*），他指出，当我们醒来感到精神焕发、充满渴望时，我们很需要对自己说一说这句话。J.H. 凯洛格（J.H.Kellogg）对这种食物与情感的联系表示赞同，但他相信丰盛的食物会刺激欲望、扰乱道德。他用麦片粥取代煮熟的早餐，因为他坚信清淡的饮食会抑制性欲、减少手淫。你吃的玉米片会对你有塑造作用。

这种态度不会消失，也不应该消失。人类只会在一种情况下停止为着最好的生活而斗争的脚步，那就是出现了足以消灭人类的独裁统治。说得简单一点，我们将更好地了解人们应该吃什么。大数据将确保这一点。商店和银行已经对我们购买的商品进行了前所未有的跟踪。生活中原本很难了解的一部分将会变得更加清晰。学者们将致力于研究饮食与健康之间的关系。研究人员也会写出一些论文，并进行一些宣传来支持他们。除了对于研究人员和公关部门，研究结果并没有多大用处。太多的其他因素也在其中起作用，阻止观察者自信地得出这种关联是因果关系的结论。适度饮酒在观察研究中持续显示出有益的效果。有理由认为这种好处可能是虚构的，毕竟更倾向于喝上一杯并不一定是生活健康的原因。

仅仅观察人类行为的研究总是会受到这种单一选择的影响，这种差异可能不是由于人们做了什么，而是因为做出不同选择的群体从本质上就不同。一项研究想要真正地做到随机，就得将人们分配到两个不同的选择中，这样才真实可靠。在饮食实验中做到这一点很困难——实验时间要够长、规模要够大，而且实验对象需要坚持进食所选择的东西。同时他们也缺乏愿意资助他们的制药公司的支持，这一点可不是小事。比如最近一项新的降低心血管风险药物的实验花费了 10 亿美元，但是哪个政府或慈善机构愿意拿出这么多钱来研究饮食呢？所以自以为是地谈论就显得无比轻松。告诉别人该做什么会获得一种满足感，而告诉别人自己也不确定的话是得不到这种满足感的。目前为止，规模最大的饮食干预实验是研究提供免费坚果或橄榄油带来的效果。这个实验得出的结论是，这么做是有益的，但实验规模太小、时间太短，无法判断这样的效果是微不足道的还是影响深远的。这项实验为了得出这个无用的结论，招募了 7500 人，并对他们进行了 5 年的跟踪调查。有可能全世界的人都会以前所未有的热情接受随机实验，大部分人愿意让热心的研究人员将他们的饮食随机化，但这种可能性不大。政府、慈善机构和那些有意见的人将继续推动他们半虚构出来的好坏饮食的名单。

吃太多肯定是有害的。在超重导致的死亡清单中，超过三分之二的人患有心血管疾病。肥胖问题将受到越来越多的重视，但这并不是因为它会逆转现代生活的进步，而是因为这种增长将持续下去。肥胖者的预期寿命将继续延长，随着他们的健康状况在其他方面的改善，肥胖将在他们所遭受的健康不良情况中占更大的比例。肥胖者的总人数会减少，但这些人中因肥胖而患病的人的比例将会增加。

关于食物对我们影响程度的问题将引起更多的重视，但这不是说这个问题将会变得更重要。这个问题已经很重要了，但我们总是会受什么有益、什么有害的清单的影响。由于几乎所有的东西都兼而有之，比如卡路里或滑石粉，所以这些清单随着其范围的扩大将会变得更加无用。饮食选择会有多大的影响？在你的饮食中添加一种他汀类药物可以将心脏病发作或脑卒中的风险降低一半。植物甾醇是一种能降低胆固醇含量的补充剂，也是各种健康型人造黄油和酸奶的一部分，其功效较小，约为他汀类药物功效的六分之一，但也降低了约十二分之一的疾病风险。它们的价格也明显更高。什么时候某件事值得去做？这个问题与每个人有关，它并不是一个科学问题，但只有用科学来量化所涉及的后果时，我们才能得到答案。我们的选择自由更多的是受到缺乏信息的威胁，而不是过于热心的监管。目前，我们基本上只能自由猜测。

依折麦布这种药物说明了边际收益价值的不确定性。它可以通过阻断肠道对低密度脂蛋白胆固醇（LDL）的吸收，降低患心血管疾病的风险，但是降低量很小，大约是他汀类药物的五分之一，这个发现并没有导致很多人服用它。因为收益太小，不足以证明一种药物的合理性。但这也说明了我们的选择的不合理程度，要么是因为这些选择根本就是错误的，要么是因为其依据是无法量化的。实际上，尝试吃一种更健康的饮食所产生的现实影响，也就是相对风险的降低，可能小于每年 6%，而这正是依折麦布所提供的数据。然而，报纸上充斥着关于饮食的建议，却没有一个是关于依折麦布的。依折麦布可阻断肠道吸收，但自身不被吸收。相比之下，维生素是会被吸收的。在发达国家，几乎有一半的人在服用维生素补充剂。维生素对健康的益处已得到广泛研究。与依折麦布不同，它的好处不“小”，因为根本没有好处。

由于许多人出生时没有依折麦布靶向的蛋白质，所以我们可以从他们出生的那一天就知道服用这种药物的效果。不出意外的话，长期影响将会大于短期影响。没有这种蛋白质的人患心脏病的概率，是有这种蛋白质的人的一半。① 随着依折麦布专利过期和价格降低，这种药物的使用情况可能会有改变，但不太可能改变太多。技术将发挥更大作用。想象一下，如果依折麦布不再是一种单独的药物，而是为我们量身定做的合成药片中的一种成分：它将给我们带来小小的好处，并且不需要付出任何额外的努力。每天一片药的价格，就可以降低 6% 的相对风险，这对我们所有人来说都有无比重大的意义，而我们现在服用的药物就不可能做到这一点。

没有人会考虑从一出生、童年，或者刚步入青年时就开始服用依折麦布。但是，如果药物只包含单一的干预措施——如一种用来消除靶蛋白的疫苗——并且如果干预措施是鼻腔喷剂或出于其他原因注射的一部分，情况就会不同了。其他研究支持这样一个观点：天生就有低胆固醇体质的人是很有优势的。如果有药物能将新生儿变成这种体质，那么它的意义将比我们今天服用的任何药物都大。如果我们只服用一次就可以把它们抛在脑后，药物也不会这么烦人了。一旦疾病入侵我们体内，我们会持续使用他汀类药物和依折麦

---

① 有一个独立但重要的问题是，为什么我们中有这么多人拥有这种蛋白质，而它的唯一作用似乎是使我们更容易死于心脏病发作。我们控制蛋白质的能力越强，这个问题就越紧迫。——作者注

布来延缓疾病的脚步。但在未来，我们会对自己的身体进行改变——利用阻断生化途径的药物、阻断基因和遮蔽基因的药物来进行基因治疗——目的是从生命伊始就开始延缓衰老进程。

有证据显示，我们的干预措施能带来多少额外的好处，这将影响我们的态度。1842 年，埃德温・查德威克（Edwin Chadwick）提议改进伦敦的下水道。当时的伦敦下水道是开放式的水槽，沿着街道中央流淌，一路流进泰晤士河。众所周知，这导致了霍乱、伤寒和其他疾病的发生，但对于影响的程度我们却不清楚。查德威克想要的是一种集中反应，但这对于维多利亚时代的英国是很陌生的。国家根本没有以这种方式进行干预，也没有办法在不增加税收的前提下提供资金。《泰晤士报》（*The Times*）的一篇社论宣称："我们宁愿冒着感染霍乱和其他疾病的风险，也不愿被迫获得健康。英格兰想要干净的环境，但不是来自查德威克。" 为了微薄的收益而进行的巨大的干预性改革并因此花掉巨额资金是不被认可的。改变这种态度的是一个事实，即所取得的成果并非微乎其微，国家对确保卫生设施的干预产生了很大的影响，而不是很小。当我们感激它所带来的好处时，它就变得可以接受了。

"'先生，您要粥还是梅子？' 这些可怕的字眼在 10 月的那个凄凉的早晨冷酷地落在我耳边，" E.M. 福斯特（E.M.Forster）写道，

> "那'哭声'仍萦绕在我的记忆中。它是一个典范——不是英国食物的典范，而是将其拖入泥潭的力量的典范。它表达了美食快乐的真正精神。粥使英国人饱足，梅子助其消化，所以它们的功能是对立的。但它们传递的精神是一样的：逃避快乐，认为享受美味是不道德的。那天早上，

它们看起来很像对方。一切都是灰色的。粥是苍白的灰色团块，梅子像老人们皱巴巴的皮肤，在灰色的汁液中游动，灰色的薄雾压在灰色的窗户上……我默默地付了钱，又想知道事情为什么会这样。因为这是英国，我们是英国人。”

这正是奥威尔（Orwell）理想中的英国，他曾赞美地写到在未来我们都会在公共食堂里一起吃饭。在《1984》中，女主人公茱莉亚（Julia）通过褪去衣服狠狠地击垮了这种灰色氛围。令奥威尔感到幸运的是，他遇见了茱莉亚的现实原型，并和她结了婚。如果他也能感受到餐桌的潜在美丽，那他就更幸运了。和亲朋好友一起在餐桌上聚会，这不是生活中苦闷和单调的部分。我们基本能够理解饥饿感和饱腹感的原理，并可能通过药物、电极和其他技术加以改变。我们已经能够将一根管子插入某人的胃部或静脉，为他们提供身体健康所需的热量。我们做这件事是不得已而为之，技术支持将有助于遏制我们的过度行为，并使适度的行为更令人满意。作为对快乐饮食生活的一种辅助手段，改变食物的味道以及增加饱腹感是有潜在的好处的。这么做需要在范围更广的生活中才能产生作用。对我们大多数人来说，做饭、吃饭和分享是享受生活和陪伴的核心。我们不会信任那些不能享受这种幸福的人。使徒说得对，生活不仅仅是肉糜，他这么说可不是为了让人们多吃蔬菜。我们喜欢有人陪伴的感觉，对于那些和我们一起吃饭的人来说，“陪伴”这个词也有着实际的意义。

对饮食选择的影响进行量化在未来是可以实现的，但我们并没有看到它的必要性。对猜测和强烈意见的自信来得太过自然了。我们当然可以期待更温和的家长式作风，推动人们进行更健康的选择，同时进行技术干预，如胃部手术，以降低我们的食欲，并使用药物来缓解食欲带来的影响。我们是否会取得进步，将取决于我们是否对现有知识状况有足够的不满，从而感到有必要改进它。事实上，目前我们还没有足够的不满，毕竟我们依然如此高兴地宣扬猜测、理论和流行的说法，就好像它们就是真实可靠的饮食建议。

随着药物越来越有效，它将消耗我们越来越多的金钱和时间。我们的目标是去享受它给我们带来的健康和快乐。如果吃和喝彻底变得和医学有关，那就是医学的失败。

23
美貌

几个世纪以来，人类变得越来越美丽。

天花夺去了不少生命，同样还摧毁了很多人的脸。梅毒、肺结核和成千上万个没有妥善缝合的伤口也会导致人们毁容。在过去，毁容是一件很常见的事。即使在不远的“昨天”，这种情况也很普遍：在澳大利亚的人乳头瘤病毒疫苗计划实施的五年内，生殖器疣这种从一开始就已成为人类历史一部分的病症，才终于从十分常见变为了完全消失。如果你觉得消灭了生殖器疣还是不值一提——但你其实不应该这么觉得，因为这降低了人类因患生殖器癌症而死亡的概率——那么你应该考虑一下患有唇腭裂的婴儿的未来。在今天，他们的未来和普通人的未来一样美好。而在过去，患有唇腭裂的婴儿只得接受这个现实，在人们异样的眼光中长大。

老年人也从中受益。他们腰板挺得更直，伤疤更少、身体机能更好。曾经很常见的老年人驼背现在已经很少见了，这种驼背是骨质疏松性椎骨塌陷的结果，脊椎骨会因年龄增长而被挤压。老年人弯腰蹒跚而行的景象比以前少了很多。预防骨骼衰老的药物以及防止髋部骨折的药物都很有效，像是有只“无形的手”改善了老年人的整体健康。骨头断得少了，老人也站得更直了，脑卒中的影响也有所缓和。二三十年前，当我还是个实习大夫的时候，脑卒中的症状还非常明显和普遍。一旦出现那种固定形式的畸形——手肘弯曲，双腿费力地支撑着臀部——紧随而来的就一定是脑卒中，就像白昼之后一定会有夜幕降临一样。没有一种药物可以减缓这种畸形。物理疗法的改进使得这种情况有所好转，它可以帮助人们在脑卒中后伸展四肢，使他们的胳膊和腿不再像以前那样收紧和弯曲，所谓技术正是这样由一项项工艺手段组成的。不能进行手术治疗的颈部癌症患者会因为肿瘤侵蚀到主要血管而流血至死，阿片类药物可以在手术已经没有任何进展的情况下为病人提供方便。病人的家属和朋友也不用再感受看着白色的毛巾在出血区周围渐渐变成深红色而带来的恐惧。从这个世界上消除恐惧也是增加其美感的一种方法。

我们会不会更加刻意地重塑自己的容貌？旨在减少因战争而受伤所造成的毁容的手术，其技术已经更新换代。这种手段并不是新近出现的，但它产生的效果却是全新的。“上帝已经给了你们女人一张脸，”哈姆雷特（Hamlet）对欧菲莉亚（Ophelia）说，“但你偏要自己再做一张！”至少在某种程度上，他指的是化妆。他所处的时代已经很古老了，就像苏美尔人的时代一样。随着制造技术的进步，我们对完美的渴望会发生什么改变？塑造我们对美的观念的时尚会发生什么变化？它们会不会出于健康或外表的考虑而改变呢？我们是否会变得越来越不能容忍微小的瑕疵？法语中的“jolie laide”这个词——既丑又漂亮——用来形容那些长相很不传统，以至于那些本来不吸引人的特征却有种另类美的人。在这个词语背后有一种充满希望的观念，那就是他们的个性让他们显得与众不同，但我们仍总是希望自己的吸引力来自美貌。

达尔文认为，自然选择不仅受“战争法则”的驱使，还受“对美的品位”的驱动，这一观点解释了一开始的功能性特质是如何变得具有美感的。人们一开始只是看到美丽代表着健康，后来就变成了推崇美丽本身。我们培养了一种审美意识，这意味着我们的感知不仅取决于眼前的美，而且取决于我们理解美的能力。但是，在思考我们的外貌美在未来几年会发生怎样的变化时，我们不仅需要对手术如何复制其轮廓保持理智，还需要对我们欣赏美的能力可能会如何改变保持理智。关于年轻人应该长什么样以及医学力量应该竭尽全力来保护它的观点是错误的，也是令人厌恶的。马丁·艾米斯（Martin Amis）调侃说：“到了 40 岁，每个人都有了自己能负担得起的面孔。”他想贬低的是奥威尔“到了 50 岁，我们就有了自己应得的面孔”的观点。

亨利·詹姆斯（Henry James）曾写过与乔治·艾略特（George Eliot）见面的事。他对父亲说：“首先，她长得非常丑，非常难看。她低额灰目、粗鼻阔口、牙齿畸形、下颚扭曲。”这些地方别人也注意到了。“在这无尽的丑陋中，”詹姆斯继续道，

> “却有一种最强大的美，在短短几分钟内，悄悄地使人心驰神往，所以你的结局就会像我一样，爱上了她……像天使一样的温暖笑容、温柔又醇厚的嗓音——聪慧和甜蜜的结合。她的世界中蕴含着含蓄、知识、骄傲和权力，在这些极其直白的特征中展现出一种伟大的女性尊严和个性——成千上百种有意识和无意识的相互冲突——羞怯和坦率，亲切和冷漠。”

“女人在黑暗之下都是平等的。”奥维德写道。如果不是在黑暗之下，他也许会写女人的品格，只有凝视她的男人也具有美丽的品格才能够注意到它。

我们没有理由担心，如果人类的外表变得更加相似的话，人们将不再会毫无理由地痴迷于美貌，不再为自己与他人之间的差异而苦恼。而我们永远不会变得如此相似。加利福尼亚州的整容手术肯定没有鼓励通过把身体差异最小化而使其变得不那么重要的文化。面部移植现在已经勉强可行了，但除了已经被完全毁容的人，谁也不希望冒着巨大的风险去接受这种手术。比如，用从病人自己的皮肤上长出的组织来构建面部支架，给他重建一张不需要用药物治疗排斥反应的新面孔，再加上大大改进的手术技术，这些都将随着时间的推移变得越来越可行。这将是一个加剧贫富差距的因素，但这在当今世界已经不足为奇，这种差距早就已经展示在了人们的脸上和行为举止中。

曾经足以致命的创伤，放在今天也已经不足以致命了。失去一条腿还活下来的例子从来都不罕见。外交家威廉·汉密尔顿（William Hamilton）写信给纳尔逊（Nelson）邀请他来家里住，当时纳尔逊只剩下一只胳膊了：“艾玛（Emma）正在寻找最柔软的枕头，让你仅存的疲惫的肢体能好好歇歇。”[①] 肢体失去了三四条还活着的事情几乎是闻所未闻。在伊拉克和阿富汗，医疗服务的改善挽救了人们的生命，这意味着前所未闻的事情现在也已经成为现实。这也表明了我们有能力改善我们对美的感知。很多被截肢者被人们看作

① 汉密尔顿知道，艾玛对于纳尔逊的吸引力不仅仅是她的枕头。目前他们三方究竟是什么关系我们尚不确定，但肯定不存在嫉妒，并且是善意的。——作者注

战争中勇气的象征，我们越来越能把他们受到的伤害看作一种褒奖，而不是贬低。有的人虽然失去了双腿，但他们获得了名望。奥斯卡·皮斯托瑞斯[①]因丑恶的谋杀而受到谴责，但在此之前，他因为以一种增强自己性格的方式来应对身体缺陷而受到人们的钦佩。

我们的道德尺度扼杀了肉体像衣服一样完全受时尚支配的可能性。我们运用科技重塑自己的力量总是取决于我们觉得什么才是美的和合适的，这永远是文化的问题，而不是科学的问题。技术可以用来拯救那些本应不完整的人，纠正他们身上严重的缺陷——导致他们失去斗争机会的缺陷。然而，没有任何进步或者正常范围的缩小可以消除做斗争的必要性。性别选择永远是具有竞争性的，竞争总是部分基于外貌，因为外貌部分基于性格。无论相貌的标准范围缩小了多少，外貌的差异依然会很重要。我们对此有理由抱有希望，最弱势的人群确实发现自己得到了好处，因传染病和严重的伤害致残的人数已经极大地减少，其幅度甚至无法估量。并且就算是出现了一种更加严格的美学标准，它也可能会让我们更加关注手术刀永远无法造就的美，比如那些随着心情变化而浮现在脸上的表情之美，那些身体的运动之美，那些表达观点时的思想之美。加利福尼亚州的整形外科医生们所追求的，大多是消除代表年龄和个性的标志。这些医生将会越来越擅长做这种事，但我们是否更需要去这么做，则完全由我们自己决定。

---

① 奥斯卡·皮斯托瑞斯在2016年7月6日因枪杀女友，被判处6年有期徒刑。——译者注

24
幸福

“生命、自由和追求严肃的利益”本可以成为措辞没那么振奋人心的《美国独立宣言》（*American declaration*），但当时杰斐逊（Jefferson）已经对幸福和追求幸福做出了区分。对他来说，有这种追求就代表着对这个世界产生浓厚的兴趣。

当我们说希望获得幸福时，意思是我们希望成功地追求到那些能让我们感到幸福的事情。人们对百忧解[①]的不安主要源于它创造了一种世俗的幸福感，虽然十分温和，但是不劳而获，它不仅纠正了一个人的情绪缺陷，还彻底改变了一个人的情绪状态，就算并没有情绪缺陷的出现也是如此。还好，抗抑郁药的作用原理不都是这样的。

> 长期以来，抑郁症一直被认为是一种精神疾病，但目前它被认为是大脑的一种紊乱。这种观念的转变始于50多年前，在生物胺尤其是去甲肾上腺素和血清素（5-羟色胺简称5-HT）被发现为神经递质之后不久。

① 百忧解（Prozac），即氟西汀，一种抗抑郁药物。——译者注

抑郁和快乐是个体神经递质平衡情况的反映，人们对这一观点寄予厚望。对此有希望无可厚非，但寄予厚望就有些过了。如果对我们的情绪状态和单个分子以如此简单的方式相互映射寄予厚望，那我们的神经递质警报器应该是会响起的。但它没有响起，因为它根本不存在。

“生物胺”是神经递质的化学术语，指的是单胺血清素和儿茶酚胺（如肾上腺素、多巴胺和去甲肾上腺素），它与任何情绪都没有特定的关系。在儿茶酚胺假说出现半个世纪之后，出现了一篇针对它的评论，评论中提道：“与儿茶酚胺假说相关的临床研究十分有限，而且研究结果也没有定论。”儿茶酚胺假说认为抑郁只是这些神经递质数量错误的结果。去甲肾上腺素和血清素确实参与了大脑信号传递，人们希望它们能引导我们深入了解健康和疾病也很合理。但是，它们的剂量影响着幸福感的上下波动，就像集中供暖中恒温器的作用一样，这一结论并不成立。50 年的研究都没有发现这种关系，生物胺是否与精神疾病有因果关系仍不确定。

现代医学有抗生素，而抗生素改变了世界。对于那些渴望证明自己的价值和建立事业的年轻研究人员来说，这个结论是显而易见的。精神病学想摆脱弗洛伊德（Freud）的阴影，拥抱药物带来的好处。要做到这一点，就需要想象精神疾病和精神状态能够对药物作出反应。抑郁症难道不应该是大脑的紊乱，而非灵魂的紊乱吗？前者符合现代医学的成功模式，后者则不然。如果把抑郁定义为某种神经递质的紊乱，那么相对应的抗抑郁药很快就能出现。

人们在这些闪闪发光的理念的基础上建立了事业，开发了药物，改革了精神病学。分发药物给人一种十分现代的感觉，看起来很有帮助，似乎十分有利可图，而且每个人都能看到药物的好处。用来控制生物胺、儿茶酚胺和血清素的药片价值数十亿美元，而它们的价值都来自它们实际的效果。人们的希望都实现了。

在 20 世纪的最后几年，一组研究人员注意到了一种奇怪的现象：有很多药物都是有效的抗抑郁药。选择性血清素再摄取抑制剂（比如百忧解）已成为最受欢迎的药物，而三环类抗抑郁药也很受欢迎。这两类药物不仅对抑郁症有相同的疗效，而且它们本身的作用也完全相同。人们还检查了第三类以其他各种方式发挥作用的抗抑郁药，它们也有着与前两类药物完全相同的效果。同时，人们还检查了第四类被普遍认为根本不算是抗抑郁药的药物，它们同样也有作用，而且神奇的是药效与以上三类相同。在有史以来花费最高的抗抑郁药物实验中，实验人员给那些对第一种药物没有反应的人换成了第二种药物，其中有同等级的药物也有不同等级的。在所有案例中，第二种药物不仅与第一种药物同样有效，而且其效果与药物本身完全无关。如果使用选择性血清素再摄取促进剂作为抗抑郁剂，情况就更为特殊。在实验中，它不仅对治疗抑郁症有帮助，而且就像选择性血清素再摄取抑制剂一样，起到了同样的作用。抑郁症是由血清素太少引起的，这一假说不能解释为何降低血清素水平的药丸与增加血清素水平的药丸有着相同的效果。

为什么那么多不同的药物，哪怕是两种作用相反的药物，对抑郁症的影响却都是一样的呢？注意到这个问题的研究人员一直在研究安慰剂效应，他们希望找到一种干预措施能使其真正有效。当他们完成数据分析后，研究显示抗抑郁药的大部分效果来自它的安慰剂效应，只有剩下的四分之一的效果来自它对大脑神经递质的特殊药理作用。

抑郁是一种主观体验，安慰剂效应的作用必然是显著的。然而，它的作用程度出乎意料，并引发了争议。该研究的批评者指出，研究人员只研究了抗抑郁药物实验的样本。因此，研究人员为了进行回应，观察了一组更大的样本。其他人也开始了研究，被重新审查的实验越来越多，规模也越来越大。关键是，这其中的审查对象不仅包括已发表的研究结果，而且包括未发表的研究结果，因为结果积极的研究更容易被发表。未发表的研究结果因为需要经过监管部门的批准，所以留下了可以追溯的蛛丝马迹。在美国，监管这类研究的部门是美国食品药品监督管理局（FDA）。一项对研究结果的搜索显示，有 31% 的研究并未被公布。那些结果积极并显示药物有效的研究会出现在媒体和公众面前，而那些结果负面的则很少。"根据已发表的文献来看，有 94% 的实验结果是积极的。相比之下，美国食品药品监督管理局的分析显示只有 51% 的研究结果是积极的。"公众和医学界并没有看到研究的全貌。

当所有的数据被整合在一起时，抗抑郁药的真相就浮出了水面。对于那些轻度或中度抑郁的人，抗抑郁药基本上没有作用。这么说的意思是，虽然这些药物能起到作用，但和安慰剂并没有什么区别。但对于那些患有严重抑郁症的人来说，还是有些区别的——安慰剂的效果没有那么好。欧文·基尔希（Irving Kirsch）最初对安慰剂效应的兴趣使他进入了这一领域，他认为抑郁的神经递质理论总体上是正确的，但仅限于严重的病例这一说法，并不能很好地解释这种差异。他认为，严重抑郁症患者对安慰剂的敏感性较低这种说法，可以更好地解释这一点。

我本人有一则幸福秘诀，虽然在道德层面存在争议，但从经济角度来说是非常有益的。

首先，找到一种经过实验证明安全但是无效的药物。我们需要主观反应尽可能重要的实验背景：理想情况下，我们需要主观反应是该实验最重要的观测目标，比如治疗疼痛、情绪或性功能问题的药物实验。经过实验证明安全但无效的药物意味着公司已经对它投入大量资金。安全性的证明也是别人付出的代价。不过，因为这种药其实没有效果，所以公司会象征性地以低廉的价格把它卖掉。

其次，就是由你自己进行实验。实验规模不必很大，这样你可以自主选择是否发表实验的结果。这项技术需要经过反复实验，而且你可能运气好只进行了一次实验就得出不错的结果——并且通过控制实验规模，加入实验控制变量来控制运气成分。众所周知，制药公司的实验并非由科学家设计，而是由营销部门设计的。但要真正保证成功，你需要确保选择的是有一定副作用的有效药物，并确保安慰剂没有这些副作用。

副作用应该很轻微，但会比较明显。口干、视线模糊、躁动、恶心——这些症状足以让参与者感觉到自己服用的是有效药物还是安慰剂。你必须提醒他们药物都是随机分配的，并且一定要详细地告诉他们药物可能产生哪些副作用，这样他们才会密切留意自己的状态。最后你需要确保的是，当你评估和公布你的实验结果时，一定不要让参与者猜测自己服用的是药物还是安慰剂。如果你让他们猜测到自己服用的是什么了，就会显得你的实验非常不可信。

这样一来，你可以把你所进行的实验说成是有安慰剂对照的随机实验。但事实上它并不是随机的，因为药物的副作用会让人们有所猜测。其实你的药物根本没有对照物，并且因为在这个实验中，人的期望会影响实验结果，所以你一定会赢。也就是说，即使你不懂科学或者道德败坏都没有关系，因为你就要发财了。

口干、视线模糊、烦躁和恶心等副作用在抗抑郁药中很常见。如果你想可靠地测试这些药物的效果，你需要将它们与具有相同副作用的安慰剂进行比较。你还需要让参与者猜测他们正在服用的是药物还是安慰剂，并公布猜测结果，以证明你的实验确实是随机的。抗抑郁药的实验往往没有做到这一点，研究表明，大多数参与者都能够猜到他们是否在服用安慰剂——这一发现意味着实验没有随机性，安慰剂效应根本没有得到体现。

抗抑郁药有效的观点并不是任何一个人试图歪曲证据从而牟利的结果，它的产生是由于多数人不懂科学和少数人胡言乱语。一位备受尊敬的评论人员写道："许多与临床结果并不相关的小型实验的泛滥、对数据意义的不恰当解释、受主管操纵的研究形式、对研究人群的偏颇选择、时间跨度不够长的跟进调查，以及有选择性的、被歪曲的实验结论已经建立并助长了一个看似证据十足的抗抑郁药有效的神话。"这位评论人员指出，我们现有的数据都是短期研究的成果，然而无论是抑郁症本身还是医生治疗抑郁症的处方，都不是短期就能看到成效的。

两篇关于抗抑郁药可能无效的证据综述于 2008 年发表。10 年后，另一篇综述——其作者包括上面出现过的评论家——也研究了已发表和未发表的证据。"抗抑郁药是治疗严重抑郁症的常用药物，这种药物全世界都有。"报告指出，"然而，对于抗抑郁药的效果和有效性，人们一直有着争议和担忧。"报告中列出的结论是，抗抑郁药确实有效果。虽然它作用不大，并不比安慰剂效果好多少，但确实是有效果的。这项研究只观察了参与者服药 8 周后的效果，并没有阐述实验是否有随机性，以及参与者是否能够判断自己服用的是安慰剂还是真正的药物。但这份报告确实指出，报告中所引用的绝大多数研究结果使用的都是类似的实验方法，也就是说这些研究都有很大的偏差和错误的风险。目前我们得出的最好的证据表明抗抑郁药有很小的短期效果，但即便是最好的证据也并不是十分有力，抗抑郁药是否的确有效还有待考证。

这些药物的名字给它们带来了一种“以假乱真”的感觉。同样，它们的名字给了这些药物一种不值得使用的现实感。精神病药物的增加，无论是药物数量还是使用途径的增加，都被视为我们通过科学手段控制大脑的能力不断增强的证据。这反而证明了我们缺乏更多的质疑。这些药物之所以不能像抗生素那样发挥出色的作用，是因为它们没有单一的靶点。抗生素能够针对人类细胞中不存在的部分细菌，所以这种类比是错误的，精神状态可以被还原为一种神经递质的观点也是如此。当人们想象情绪、幸福或压力由简单的化学途径所控制时，却与真相渐行渐远。

“两名士兵可能会肩并肩地遭遇同一次伏击。”最近的一本书中写道，

> “其中一个被吓得浑身僵硬，失去理智，事后多年还会从被伏击的噩梦中惊醒；另一个则勇往直前奋勇杀敌，赢得了一枚奖章。两人有如此差距的原因，在于他们身体内的生物化学物质不同，如果我们能够找到控制这种差异的方法，我们的军队一下子就能变得更快乐、更高效。”

确实如此，但这很有误导性。在压力之下产生的优雅、英雄主义、勇敢、性格、战斗精神、幸福感——这些品质都是真实而重要的，但

如果试图从化学反应的角度来看待它们，那就有失严谨了。这些品质属于人类，而非原子、化学物质或生理功能。试图将它们还原为神经递质只不过是徒增混乱，这种方法并没有考虑到生活的复杂性。

神经递质是情绪的基础，正如大脑是创造力的基础，但是我们无法在较低层次的组织基础上有效地理解这些特性。治疗抑郁症的药物会有所改善，但这种改善将循序渐进地进行，并且除非我们投入大量心血，否则还不确定进步是否会到来。幸福的大门不会以任何新的、玄奥的方式被生物化学或神经生理学的“钥匙”所打开，我们在这方面取得的成果最多也就止步于此了。我们已经可以做到任意生成或者消除幸福感。我们可以给人们注射吗啡，让他们沉浸在幸福的海洋中；也可以把竹片插入人们的指甲里，使他们陷入痛苦之中。通过科技改变人们的情绪并非难事，难的是如何使这些方法真正对人们有好处。在一个人心智健全的情况下，想要用外部方法来让他更快乐不会有简单的办法。或者说，根本不会有完整的解决办法，只会有一种可能性——我们调整情绪的手段会变得越来越多、越来越有效。谈话疗法从根本上说并没有把抑郁症视为一种脑部疾病。谈话疗法也有证据证明其有效性，至少有那么一点点。精神病诊断的标准——《精神疾病诊断与统计手册》（*Diagnostic and Statistial Manual of Mental Disorders*）第五版以违背常识的方式给抑郁症下了定义：如果某人的配偶去世6个星期后，其仍在哀悼，则定义其患有精神疾病。这很难令人信服。我们还需要更多不轻信、保持怀疑的能力，才能理解这是脑部疾病，而不只是一种伤心的表现。

医学对于人类幸福的最大贡献，是它“推翻”了过早死亡的“暴政”。因此，人们不再心碎，心中的希望也就留存了下来。人们所幸免的并不是大脑紊乱，而是灵魂的伤痛。未来医学能对提升人类的幸福感做出什么贡献？就算这个问题的答案是“没什么贡献”，我们也应该去追寻那些有希望实现的事情，而不是根据虚构的想法来进行治疗。有个老笑话说，我宁愿在面前挂只瓶子，也不愿做额叶切除手术。尊重现实远胜于追求缥缈的幻想，发明额叶切除手术的人于1949年获得诺贝尔奖。抑郁症就是该手术所治疗的目标病症之一，大量的研究证明了它对于治疗抑郁症的有效性及合理性，然而质量更高和更长期的研究改变了这样的局面。人们总是习惯于将情绪状态概念化为可以通过特定分子或者可以在大脑中心治疗的疾病，但这种想法没有给我们带来很大好处。有时它能够帮上忙，但好处十分有限，并且我们必须谨慎地对待。使用药物治疗抑郁症的历史可以追溯到使用鸦片和酒精的时期，就像镇静剂可以帮助缓解躁狂症一样，鸦片和酒精也可以起到帮助作用，但作用很小而且是暂时性的。当我们觉得它们的作用比实际更大时，它们是危险的；当我们视它们为根本的解决办法时，它们会更加危险。只有我们知道它们的作用非常有限并合理使用时，它们才能给我们带来最大限度的帮助。

20世纪60年代，由于缺乏新的药物，生物精神病学的希望已经破灭，几乎没有新的见解。越来越多的人认识到，最新版本的精神病医生心中的“圣经”——《精神疾病诊断和统计手册》不能轻易被翻译成无序分子的分子语

言。现在，大脑已经不能被概念化为神经递质的海洋，这些神经递质的异常是抑郁、焦虑或精神分裂症的原因，许多大型制药公司正在退回到更安全的癌症和冠心病领域。

希波克拉底（Hippocratic）曾经提出“四体液说”，即人的情绪和性格可以分为“多血质”“胆汁质”“黏液质”“抑郁质”。这一学说若是作为隐喻，它还有存在的价值，但如果把它当真，那就大可不必。不过我们把“体液”二字换成液压、进化动力、基因、神经递质或功能性磁共振成像，倒是可以成立。除了其中随着科技发展而变化的隐藏含义之外，其他方面并没有发生什么改变。一直把它当作一种隐喻方式，我们就可以用科学的语言来丰富关于人类性格和经验的思考方式。从字面上看，这样的思想就一文不值了。

我们拥有可以有效改变思维的药物，但我们的世界很少因其而变得更加丰富。我曾经治疗过成百上千个海洛因成瘾者，社会上普遍认为海洛因除了用来止痛外，应该被完全禁止使用，这在我看来是完全正确的。吸毒是为了获得快感，它能给你带来幻觉。海洛因能使人快乐这一事实与一种观点相矛盾，即幸福不可能通过一蹴而就的方式产生，就像断言人类思维无比复杂一样，这一观点与人们可以用一块板砖就能将其废除的观点相矛盾。如果代价是让你变得不那么“人类”，那超越人性的快乐就不算进步。有些药物很温和，偶尔会对生活有帮助，其中咖啡、茶和酒精的使用最为广泛，并且我们不是出于医学上的目的才使用它们的。关于在晚上饮用葡萄酒产生的效果的争论必须建立在不同的基础上。医生也会给你提出时不时来一杯红酒的建议，这并不是在给你开药，只是提出建议。

索福克勒斯（Sophocles）相信“没有人不受苦，幸福的人是拥有最少痛苦的人”。他既不是第一个也不是最后一个因为悲观而不得要领的人。从痛苦中获得幸福也许是最甜蜜的，但两者并不构成一座天平的两侧，我们不是只有减去痛苦才能计算出幸福的总数。对一个充满惊喜的婴儿的回忆，在他长大的过程中会逐渐被遗忘；对挚友的回忆也终将消失——每个人持久的幸福都伴随着失去而存在，两者并非是对立的、用来相互衡量的。

我们的兴趣和享乐构成了我们的幸福，文化给我们带来了更多兴趣来源。在《芝麻与百合花》（*Sesame and Lilies*）一书中，罗斯金（Ruskin）描写了我们如何挤在大街上一睹名人的风采，却错过了与他们亲密接触的机会。他指出，这种亲密关系很容易获得。他所说的方法，就是打开书本去进行接触，他还专门为此写了一本书。阅读简·奥斯汀的小说时，我们会爱上她。她真的很喜欢对我们敞开心扉，让我们对她更感兴趣，甚至对我们自己更感兴趣。除了幸福，我们也许什么也没做，正如她笔下的许多角色所发现的，幸福源于意识到命运可能比公平更仁慈。哈姆雷特说，如果我们都得到自己应有的命运，那每个人都该被鞭笞。幸福就是能够过上幸运的生活。意识到自己的生活比应得的更幸福，是奥斯汀笔下主人公的一个重要特征。他们正派的表现就促成了他们的结果，因为正派的人更关心被慷慨的心所软化的公平，而不是被正义改变得坚硬如铁的公平。

如果更广泛的文化提供了一个机会，让我们对世界产生更多的兴趣，增加我们的幸福感，那么它也提醒我们，人类的一个基本特征就是不满。如果幸福来自奋斗，我们就必须要有奋斗的目标。这个世界上充满了值得我们奋斗的东西。如果不去仔细品味，也许我们不会发现；如果我们选择不去奋斗，我们也不会发现。勒克莱尔强烈反对那种说教：

> “无所事事比认真生活更幸福，无欲无求比欲求不满更开心，睡个懒觉比睁着眼去看、去感知更省心省力。（我们应该）让灵魂麻痹，让我们的思想处于黑暗之中，绝不使用它们其中的任何一个，把我们的地位置于动物之下，最终成为行走在地球上的野兽。”

我们常常把幸福与满足感混淆，而如果我们想要好好地体验满足感，必须时断时续地进行。使用注射器和不断增加的鸦片制剂，虽然使人具有十分的满足感，但这么做却离“人性”越来越远。任何技术创新都无法改变这一点。在未来，科技也许会增加我们的幸福感，也可能会减少幸福感，但不会起直接作用。科技将主要通过塑造我们的经历体验和改变我们的文化来产生作用。如果没有生物化学，无论是体验还是文化都将不复存在，但我们依然不能从生物化学的层面来看待这两件事。

25

精神与智慧

头脑，比天空辽阔，

因为，把它们放在一起，

一个能包含另一个，

轻易，而且，还能容你。

头脑，比海洋更深，

因为，对比它们，蓝对蓝，

一个能吸收另一个，

像水桶，也像，海绵。

——艾米莉·狄金森（Emily Dickinson）

我们总希望能提升我们的智力，我们同时也一直明白这需要艰辛的付出，并且结果不能确定。仅通过服用或者注射药物的方式就能实现与节食和锻炼一年所能达到的瘦身效果，这是一个美好的愿景。更好的办法是重新设计我们的基因，这样一来连药物都不需要服用。这个概念的妙处在于，它使人倾向于相信它一定会实现，而又不会在我们所能提及的不久的将来实现。但如果所讨论的是一种药物、一种注射剂、一种植入物或是一种针对智力的基因治疗过程，又会如何呢？

当对此的需求量足够庞大时，医疗干预便是可行的。两千年前，伟大的希腊医生伽林（Galen）为提升他的病人的智力开出了一些药方。如果说这些药物完全不起作用，那就太过分了，但它们确实不符合任何神经学上的特定处方。如果在对个人的治疗方案中规定需要增加睡眠或减少饮酒，也许可以减少精神压力，或许还能起到心理安慰的作用。然而，在这古老的智慧中并没有蕴含药理学上的成就。我们一直相信着此类干预措施，但它们往往是错误的。我们要牢记这句话，因为以下这条新闻报道了如今取得的一些发现：近期研究表明，有 20% 的外科医生以及接近三分之二的大学本科生服用认知增强药物。他们会错把毫不相关的药物当作认知增强药物而服用吗？伽林的病人有着与如今的我们相同的神经生理学行为、相同的智力水平，并且他们也同样容易受骗，因此问题的答案是：会。

如果没有保持怀疑的态度，就会成为虚无主义者。考虑人们会错误地相信认知增强药物的效果，我们在承认这种效果的存在之前需要获得高质量的证据，但我们同时也要倾听这种声音。这样的证据存在吗？许多人相信它是存在的。而其余的许多人相信很快会找到它，这些人所处的地位更为有趣。创造了“神经美容学”一词的美国医生认为，神经美容的药物即将问世，而它们的出现无可避免。他把这称作“骆驼的鼻子正准备探进帐篷”。

研究得最好、最受称赞的药物是温和兴奋剂莫达非尼和哌甲酯（利他林），它们与大脑中的一系列化学物质相互作用，就像咖啡因和苯丙胺一样。作为科普读物，罗列大脑中的化学物质会为这次讨论带来一种专业科学的氛围，我应当避免这一点。问题不在于这些药物对大脑造成的影响，而在于它们对精神造成的影响。在可靠的研究结果中，它们是安慰剂，或是类似一杯咖啡的温和兴奋剂，或是使我们离天才的高地更进一步的药物。

现有的最佳证据表明，服用认知增强药物在短期内对清醒、记忆、学习和决策方面是有好处的。然而，现有的最佳证据并不十分充分，有些人认为它一文不值。他们认为，几千年来人们一直自欺欺人地相信认知增强药物的存在，因此，我们需要压倒性的证据来消除怀疑。我并不这么认为。如果我们需要药理兴奋剂来清醒地思考，相比于咖啡我更愿意去服用莫达非尼。这东西显然是有用的。就如显而易见的那样，这是种可以偶尔服用的温和兴奋剂，而不是用来解放新的精神力量的生化“密钥”。值得注意的是，尽管认知增强药物会成为财富源泉，但还没有一家制药公司销售这种药物。对那些靠判断这些东西赚钱的人来说，哌甲酯和莫达非尼成为人们生活用一般辅助品的概率很小。在《谍影重重》（*Jason Bourne*）系列电影中，药物和心理训练赋予了主角超人一般的能力。它们有很多好处，但不包括对现实生活的准确引导。到目前为止，从药理学上来说，拥有超人一样的思维、记忆或注意力还没有捷径可走。但是，将来有可能吗？

让我们回到“骆驼鼻子”的问题上。

牛津大学生理学荣誉教授科林·布莱克摩尔（Colin Blakemore）描述了当时“脑的十年”运动的潜在影响，该运动在 20 世纪 90 年代于美国发起。布莱克摩尔指出，从很多方面来看，彻底了解局

部脑功能是没有意义的。因为在洞察人类性格方面，神经科学落后于实验心理学，也比不上艺术、诗歌、哲学或文学。这种效用等级可能基于这样一个事实：无论我们的技术如何发展，我们对人类感兴趣的部分可能永远都不会在他们的神经元上显现出来。

在对神经元和神经递质的研究方面取得的进步，革新了我们对大脑基本构件的认知。功能性磁共振扫描仪——“功能”一词表示其运行速度快，与普通核磁共振不同，因此可以捕捉大脑中枢活动的图像——改变我们对神经功能定位的认知。尽管现代成像技术十分复杂，尽管我们对神经递质和神经网络有深刻的认识，但我们仍不清楚这些能否为我们带来更多信息，甚至可能会被误导。神经学家史蒂文·罗斯将功能性磁共振成像的脑电图与颅相学这种伪科学做比较。

颅相学和现代神经解剖学出现的原因相同。“颅相学”这个词源自希腊语，意思是“对心灵的研究”。颅相学家认为大脑是心理的器官——大脑是你头骨中黏糊糊的东西，它在运行中产生了心理这种现象，让你成为“你”——而且大脑不是同质的。它不是一个均匀的肉团，不能做到每个部位都一模一样。它拥有精细的内部结构，因为大脑的运作也并非同质。它的内部结构并不一致，同时其结构也并非在整个大脑中均匀构建。大脑的不同部位负责不同功能，而信息的处理能力与大脑包含的区块大小有关。

到目前为止，颅相学的解释似乎还说得通。然而，颅相学诞生于18世纪末，它在已有的假设基础上又增加了一个如今看起来相当荒谬的假说。颅相学认为头骨在出生时尚未完全形成，婴儿出生时头骨还呈片状。颅相学家认为，头骨外部的轮廓反映了颅内各部分的发展情况。当你摸到某人头上的隆起部分时，说明他的大脑中不同的部位正在相对发展，反映着一个人的谨慎、仁慈、语言技巧、占有欲、希望、好奇等。颅相学是一门通过头上的隆起来研究心理结构的“科学”。

通过血清素来解释抑郁症或者通过多巴胺来解释精神分裂症的理论已经几乎完全被抛弃了，只有它们临终时苟延残喘的声音依然在世间飘荡。如今令人振奋的成就是大脑定位。功能性磁共振扫描仪生成的图像细致入微——当它们被插入报纸和文章之中时，令人印象深刻——其中包含的信息量十分丰富。从某些方面而言，它们的确如此。

大脑定位的发展潜力不在于它能帮助我们开发药物，而在于它将为其他技术的发展开辟道路。这一点，它已经做到了。就像对神经递质的研究一样，我们已经对大脑中产生行为的部分有所了解，这对帕金森病的治疗很有帮助。依赖抗帕金森病药物的人会受到药物影响，而引发身体的不停扭动。现在已经发现了大脑中枢负责该行为的区域，在里面植入电极就可以减少扭动行为的发生，而病人则可以继续服用他们所需的药物。

那么大脑定位知识的发展在多大程度上能把颅相学家的梦想变为眼前的现实呢？头骨上的隆起确实存在，但颅相学家失败了，其原因在于这些隆起和他们曾与之关联的各种心智能力毫无关系。但是，如果能像将行为与大脑中枢关联一样，将构建更高级心智功能的缺点和美德也与大脑中枢关联，那么诊断和实施干预措施都将成为可能。我们将能通过扫描了解人的性格，并用电极对其修正。

这次可没有骆驼鼻子探进帐篷了，我们还不如去挪威露营呢。即使头骨的轮廓确实反映了其内部大脑不同部位的发展，骆驼“缺席”的原因也和颅相学家们失败的原因相同。原因是把大脑不同中枢转化为人的不同品质，这一想法不过是个太过夸张的比喻。大脑的功能不是同质的，每个功能区域并非均匀地分布其中，也不像计算机一样将拥有创造力的芯片单独放置在一处，而将主管道德的芯片放置在另一处。将不同品质的来源追溯到我们的基因上时，这种误区也同样存在。我们已经发现，在某些情况下，少数基因能对身高产生些许影响。我们希望能同样找到对智力起到相似效果的基因，但我们对此的希望要小一个量级，因为智力要比身高复杂得多。近期一项包含 15 万名被调查者的研究中，只发现了 3 个能影响智力水平的自发产生的基因变体。在智商测试中，每个该类基因只有 0.3 分的估量影响，毫不夸张地说，这比基因对身高的影响低了不止一个数量级。实际上的影响可能比数据显示的情况更不显著。“由于影响如此之小，因此它被误报的概率大大增加了。”一名神经遗传学家对研究结果这样评价道，“虽然智力——以及类似认知测试表现或教育程度的代理指标——具有相当大的遗传性，但认为这一性状是由在人群中普遍存在的变异决定的观点还未经证实。”

颅相学家总是面临失败，因为他们所寻求的属性不是大脑属性，而是心理属性。谨慎、仁慈、语言技巧、占有欲、希望、好奇等这些心理属性：与特定的基因或神经递质相比，这些心理属性并不会与特定的大脑中枢产生更紧密的联系。这些概念的产生其实是对一个“事物”的复杂现象的错误简化，而随后这个“事物”错误地与大脑中枢系统相连接，并被赋予了名字。如果不能将它们与特定的部位、化学物质或生物化学物质联系起来，我们就不能指望通过药物或其他医学形式对这些品质做出调整。以“大脑训练”为卖点的心理把戏和技巧，在科学的粉饰下显得光彩夺目，而它们的实际价值既短暂又浅薄且不可转移。

大脑扫描展现的是大脑的隆起而不是头骨的隆起，这项进步说明了我们的研究略有小成，但这也并不意味着这个结果意义重大。在功能性磁共振扫描图像中，一个颜色的像素相当于50立方毫米——一茶匙的百分之一，它包含500万个神经元、500亿个突触和25万公里长的连接纤维，神经元通过这些纤维相互连接。现代扫描因能捕捉实时图像而受人青睐。但我们所说的实时指的是几秒钟而不是几分钟，而且信号本身以毫秒为单位，并由细胞内在更小分辨率和更小时间尺度内发生的过程产生。功能性磁共振成像所能提供的技术，就像在泥泞的湖里窥视倒影，以便瞥见附近经过的人。我们从中可以发现并能推断出一些结果，但如果我们能将视线移开水面，直接看向行人，就可以得到更多信息。神经科学将使我们对神经元和神经网络有更多了解，在这方面取得的成就是真实而有趣的，其中有些将被证明是有用的。与此同时，神经科学将继续提供迄今为止对人类性状的深刻见解。这些见解很谦虚，而且它们有更多值得谦虚的地方。

大脑的一些发育差异可能与心智能力有关，具体有多大关联还尚不明确，但极端例子表明它们至少是有一些关系的。一个正常的大脑比一个被倒塌的建筑物压扁的大脑有更丰富的连接和容量。当然也可以用解剖学的原理来解释：一个压扁的大脑的心智水平表现较差，因为人已经死亡，除此之外的部分就比较难解释了。维多利亚时期的人类学家对大脑进行称重和测量，并把结果与人的智力或其他品质结合起来。如果有无数种性状可以选择，它始终都能找到与之对应的那个——就像如今的功能性磁共振扫描仪一样。人们对阿尔伯特·爱因斯坦（Albert Einstein）的大脑进行了大量研究，并对其多次测量，得到的部分数值与平均值有差异。实际上，任何大脑都是如此。很可能有一天能把阿尔伯特·爱因斯坦大脑的某些解剖特性准确地与他的心智能力联系起来。在未来，我们能可靠地将大脑解剖与心智能力建立联系，这些联系的数量会大大增加。但是，这些知识未必就有价值，在爱因斯坦的大脑里识别出一条与他的能力相关的纹路，并不能告诉我们到底是解剖学特性造就了他，还是他塑造出这些特性。我们能够检测出抑郁症患者与正常人在大脑上的差异，也能检测出神志正常者与精神病人大脑之间的差异，但我们并不能分清因果关系，并且我们可能永远都不会知道。在精神疾病症状出现之前，大脑已经发生了一些显著变化，但是这些变化对治疗没有帮助。变化从产生到影响大脑需要一段时间，在其他影响行为或可报告情绪发生之前，可见的异常现象在扫描仪上是可以观测到的。这也同样适用于从大脑变化产生并影响到心智的异常现象。

当人类还在子宫中时，发育中的手掌最初看起来像一副连指手套。灵巧的手指不是从掌心里生出来的，而是指间细胞凋亡的结果。如果细胞没有凋亡，手指就会保持蹼状排列，是细胞的凋亡与细胞数量的减少实现了手指的全部功能。“细胞越多，功能越强”这一推论欠缺考虑，并不可靠，但它促进人们对大脑的思考，促使人们尝试把解剖学与大脑功能联系起来。过去，这些工作是建立在为大脑称重或测量其体积的基础上的，随后成千上万篇论文和数百名学者一同涌入这项竹篮打水般的工作中。即使对于像爱因斯坦这样大脑比一般人小的人来说，这个结果也是显而易见的。自从支持这项工作的技术得到发展，现在研究人员所做的努力已变得微妙起来。这些微妙之处多半意味着，它错误的本质非但没能得到澄清，反而越发扑朔迷离。众所周知，神经元的数量和之间的连接会随着年龄的增加而减少。事实的确如此，但是其影响尚不明确。神经元的丧失在多大程度上与心智功能有关或者无关，它们又是否能像创造灵活手指一样使人思维敏捷？对此我们并不知道。我们只会固执地相信多就是好。对于大脑以及它与心智产生的关系这类充满复杂性的事物，这并不是一个足够好的支持假设。

达尔文最意义深远的发现之一，他最初只暗示了一点（“人类的起源与历史终将得以阐明”），就是人类并不存在什么特殊情况。我们的肉体组成和生育过程与其他动物无异。华莱士却认为，自然选择是一次上帝和人类神性的证明。

> 一个比大猩猩的大脑大一半的大脑……就足以满足野蛮人有限的智力发展；因而我们必须承认他较大的大脑并不会仅由这些进化法则中的任何一条发展而来……自然选择只能赋予野蛮人比猿类高级一点的大脑，而他实际上的大脑却只比哲学家略逊一筹。

华莱士和达尔文都生活于一个充满种族主义的世界，这造成了他们观点上的许多相似，但华莱士的观点并不依赖于分享他对种族能力阶梯的信念。第一个解剖学意义上的现代人类，第一个拥有与我们在遗传学意义上相似大脑的现代人类，并没有与我们相等的心智水平。我们站在巨人的肩膀上，所以我们看得更远；我们没有更好的基因作为垫脚石，但我们确实能看得更远。文化——几代人积累下来的天才和智慧——赋予我们的智力水平，比 10 万年前的社会要高得多，因而华莱士的观点站得住脚。难道通过进化已经产生了一种自然选择无法实现的思维能力吗？它是如何产生例如交响乐、斯诺克、衍生品交易、哲学这些我们在史前荒野中不需要的心智能力的呢？

华莱士认为这个启示是，心智一定是上帝直接创造的。它的潜力在原始社会不能充分利用，因此不能得出“是自然选择创造出众多未被充分开发的能力”这一结论。在华莱士提出这一观点的那篇文章下，达尔文写了个“不”，还在下方画线以示强调。“我的观点与你严重相悖，”他写信给华莱士，“对此我非常遗憾。”达尔文认为他的这位同事是错的，自然选择能够并且也确实创造了这些与自然选择下性状相关联的能力。为了一个目的把某物创造出来，那么它一定会为他人所用。就如同互联网是为学者之间互相交流科学所创造的，但这也同样适用于想看萌猫剪辑视频的人。令达尔文失望的是华莱士严格的选择主义，他认为每一种可以想象的特质都必须通过具有选择优势而产生，而不是种族观念。达尔文是对的，进化真的可以选择潜能。

因此，提高我们的思考能力并不需要寄托于对重构大脑的期望上。因为它的能力不受过去对它的要求的限制。药物和植入电极的疗法虽然不可能失败，但是也没必要实现。我们已经有提升智力的方法了：我们可以通过教育来实现这个目标。这种教育既不始于课堂，又不终于课堂，教育在课堂中体现是因为学习的习惯来自努力，努力来自实践，而实践来之不易。教育是我们的心智与他人心智的接触，它经过了几个世纪的文化和深思熟虑的辨别力的过滤和提炼。“对世间众多事物的理解让心智显著提升。”黑兹利特写道。计算能力和读写能力就包括在其中，当我们学会算数和写作时，我们的心智能力就得到了拓展。思想、态度、说话方式、历史或传记故事、大量的语言和经验也都包括在内。华莱士是正确的，他被人类思维的能力以及它超越了进化要求的程度所震撼。达尔文认为心智能力与进化选择之间毫无矛盾，这也是正确的。我们是被选择出的能用声音说话的物种，没有基因或是设计缺陷来限制我们的说话能力。我们进化出了能力，其中有些能力似乎是无限的。

查尔斯·斯皮尔曼（Charles Spearman，1863—1945）认为智力可能具有某些定量的方面，尽管它大部分的值和属性都没有被这么概括出来。他对此进行了测量，测量的结果显示出了一致性。作为一名统计学家和心理学家，测量智力水平是他工作的一部分。其他人认为智力完全就是一个不可更改的复数形式，做不到定量测量。但他展示出的测量结果一致性不就证明了能够做到吗？关于智力，他写道，“与智力有关的东西是在自然规律中形成的，一个人的智力无法被训练得更高，就像他的身高不能被训练得更高一样”。

他的第一条观点比第二条高明。智商是一种与智力有某种一致性关系的测量方法，尽管它显然不能体现智力的多样性、力量和潜力。我们不断地评价着我们自己和周围人的智力水平，当我们决定给思想赋予权重、给观点赋予价值、给判断赋予信任时，我们就会这么做。辨别彼此智力的辨别力和可靠度是我们日常人际关系的一部分。值得注意的是，在这个过程中，我们会发现了解一个人智商的高低是徒劳无功的。即使是在测量我们从未遇见过的人的智力潜力时，智商的高低也没有多大价值。如果它有用的话，学校和大学（教育）都会依赖于它。我们每个人都能意识到，我们身边时时刻刻都被那些能以更好的方法或形式思考的人包围着[①]，但是我们意识到那些以各种方式或形式思考得更好或更坏的人的次数很少。它可能永远只是一种幻觉。我们所说的智力并不是一个连续统一体。

斯皮尔曼认为智力是与生俱来的这一观点有部分是正确的，他的错误在于他断定了这一点。最片面的观点承认外部的限制会削弱它的潜力；两面论的观点会发出疑问，什么样的激励手段能激发潜力？即使是经常将性状简化为单一度量的实验心理学家，也注意到了一点：不论如何测量，智力一直都在增长。[②] 人们在测试中的成绩越来越好，这种增长不能用实践来解释。他们只是变得更聪明了。这和我们对有一个身体越来越健康的世界，或者一个能够积累和传承进步精神的世界的期待是一致的。

1944 年，埃尔温·薛定谔出版了《生命是什么——活细胞的物理学观》（*What Is Life? The Physical Aspect of the Living Cell*）一书。这本书从物理学的角度，为外行读者讲述科学。如同还原主义在某些情况下是不恰当的一样，它在另一些情况下是至关重要的，

---

① 莎士比亚曾描写过环顾四周的人而感到痛苦的感觉，“渴望这个人的艺术和那个人的视野”[《十四行诗·第29首》(*Sonnet 29*)]。人类的天赋是如此多样，只有控制我们的思想，我们才能避免因为意识到在很多方面别人比我们能力强而受伤。莎士比亚如此强烈地感受到这一点，这一事实应该可以给我们一些安慰。——作者注

② 在还原主义科学领域的成功获得诺贝尔奖的彼得·梅达瓦认为，智商是一个危险的概念。“对伯特（Burt）的揭露（伯特编造了关于智力遗传性的数据）引发了广泛怀疑，人们怀疑智商心理学家都是骗子，但这不能成为对任何职业的合理指控。任何深入研究过他们著作的人都会倾向于认为，他们主要的缺陷不是欺诈，而只是愚蠢。他并不是说他们智商低。”摘自彼得·梅达瓦所著《科学的局限》(*The Limits Of Science*)，第32页。——作者注

而物理学可以证明这两点。“以我们目前对生命结构所知的一切来说，”薛定谔写道，

> “它可能会以一种不能简化为普通物理法则的方式工作，我们必须对此做好准备。这也不是由于有什么‘新力量’或别的什么，能够脱离生命体来支配体内单一原子的行为，而是因为它的结构与我们在物理实验室测试的任何一种物质都不同。”

如果你实际上不能将某件事物还原到较低层次，以接受全面的实验分析，你就不能说或想得像可以做到一样。我们的感知器官如果过于敏感就会失去作用，薛定谔指出：那样它们会感受到小幅度的随机性，而感知不到较大幅度的感觉和方向性。就像雾气一样，它会下沉，但只有在你退后并看着雾时这个过程才会显著。如果你观察的是构成雾的分子，那么你只能看到分子的随机移动。我们无法预测单个放射性原子的寿命，但当你观察一堆原子时就能通过半衰期计算得出其寿命。

创造出“突触”这个名词并开创神经元研究的查尔斯·谢灵顿（Charles Sherrington）认为，大脑的活动是“被施了魔法的织布机”。他怀疑通过研究大脑了解心智的可能性。谢灵顿认为，大脑不是控制这个或那个的中心，不可以通过控制神经元来决定其他神经元的命运，而只能被理解为一个综合体，在这个综合体中数以百万计的神经元中的每一个最终都成为对整体有益的东西。薛定谔也同意这个观点。他写道：“无论是物理学家的描述，还是生理学家的描述，都没有包含任何听觉特征。任何此类的描述最后都归结于这样一句

话：这些神经冲动传导到大脑的特定部分，以声音序列的形式记录。”听觉的体验不能通过物理学或生理学来理解，就像不能通过智力的活动来理解一样。我们能够通过这些现象所基于的较低层次的组织中获得一些见解，但是总体方法需要通过其他不同的东西。完全基于神经元的现象不一定能追溯到这些神经元。

当我们即将能通过药物和科技改变人类智力时，这些结论就显得并不能令人满意。如果对正确性没有顾虑的话，你可以很容易地做出精彩的回答，而幻想并不总是因为有了成熟的见解而得到真理，我们最想了解的问题并不总是与科学家尝试解决的问题一致。为什么行为遗传学仍是一片未知的领域？为什么智力遗传学还未被开创？梅达瓦曾给出过答案，因为这些问题还难以接近。它们只是通过“行为基因”（攻击性或同性恋是最常使用的例子）或“一般智力基因”这些错误隐喻才显示出“遗传性”。所有的性状都依赖于遗传学——但不是所有的都有一个或一组基因——进行自我解释。我们可以想到一些与基因对应的特征，因为它们是遗传学教学中的基本例子，同时在探索生物化学与生理学方面，这些性状是可靠的，但它们并非在所有领域都可靠。科学可以提出无法理智回答或解决的重大问题，梅达瓦称之为“可溶的艺术”。即使科学写作偏离了这个范畴，也不成问题，科幻小说也只有被误认为是科学事实时才会有害。

糟糕的历史书会回顾过去，看看每件事是如何发生的，而更好的历史书会记录那些事先不可知的事：甚至在回顾的时候，仍有很大一部分不可知。命运的偶然性、非理性和意外性无法在事前靠计算得出。从全球文化到亚原子的各个层次都存在着随机性。任何对历史的严肃研究都会因缺乏对生活不确定性的充分考虑，而以失败告终。而历史的真理就是人类演化史的真理，对个人也是如此。我们不能推测追溯任何生命的起源，并展现出它发展的过程。并没有这个必要，因为它本来就是与众不同的。这不表示学习和研究没有意义，而是意味着，面对崭新的生活（生命），任何宣称其未来发展路线清晰的想法只会削弱我们对可能性的正确感知。

几代人以来的机会的增加既不是普遍现象，也不是没有逆转，但机会确实增加了。即使在资源更有限的日子里，天才的横空出世也说明了个人的历史不完全受社会和经济条件的制约，就像不受遗传因素制约一样。不论什么轮廓变得可见，我们都无法预知心智潜力。心智的潜力当然不能基于基因或脑成像来预测。有太多东西永远都不可预知，对此唯一正确的回应就是竭尽所能，并满怀期望。对教育和文化的追求以及对个人自由的保护可能不可靠、不令人满意，甚至可能令人失望，但除此之外的选择会更糟。“长时间的沉思后，”达尔文写道，“我确信进步发展并不存在什么内部倾向。”他的意思是自然历史的发展历程中，从简单结构的生物进化成人的过程中并没有经过什么无可避免的转变。这是微生物持续和永恒的胜利，伴随着少数更高级生物的偶然出现。可以说，我们的智力是伴随着对自身发展和提升的冲动而进化的。可以肯定的真理是，没有什么是必然发生的。但是，我们又会发现我们的生活在过去几个世纪中得到了改善，说明乐观主义是有道理的，而保持坚定的乐观主义是有益的。

把所有的孩子都当作会出类拔萃的精英来教育不符合自然规律，但是当我们为之付出行动时，它就会变成现实。认为劳动阶层都需要拥有阅读能力是不符合自然规律的，但是市场和对体面的需求改变了我们的想法。对体面的需求和市场的本质是带来变化的主体。孩子的心理更是如此，那是一片肥沃的土地，如果成年人的心理并非如此，就说明出现了一些问题。发育不良的身体和松弛的肚腩很容易被发现，精神上相似的问题其实也一样明显。我们发现不了是因为这些问题太普遍了。大规模的机器生产正让种种平凡的工作变得像麻风病一样罕见，然而工作不是疾病，它们是可敬的，而且常常是有趣的。有些工作是因效率低而被淘汰的，而不是设计好的，但是平均来看，那些被保留下来的工作带来的收入将变得更为丰厚，世界上那些负责常规工作的地点将会减少。如果继续这样下去，这种悲惨的故事还会持续增加。那样的话，只能增加获得高质量教育的机会，这种教育从我们尚未入学时就开始，并且一直持续到我们躺在医院病床上，虚弱得无法思考的时候，这样我们才会进步。我们很明显就能发现二者之中哪一个才能更好地为市场需求和对体面的需求服务。显而易见，技术变革也带来了风险，而且几乎没有权利或机会的下层阶级扩大的情况也近在咫尺。我们应该受到可能性的鼓励，同时我们也应该认识到，为了获得良性的结果需要付出巨大的努力，而就算我们努力了也不能保证逃离这样一个相抗衡的命运，即社会因一个由低收入和低职业技能者构成的阶层扩大而退化。

关于智力、精神增强药物和技术的伪科学推断并不是无害的简化，它们模糊了现实，就像伪科学的种族主义、性别主义，或是依据感知到的基因潜能对社会阶层进行排序，它们都对现实有影响。它们掩盖了那些无法获得最好教育的人的未知潜力，遮蔽了那些我们能够做且应该做的事情。还原主义者对智力的假设不仅仅遮蔽了对智力本质和如何将其达到最大化的思考，还为对特定肤色、特定性别和出身较低社会阶层的人配给更差的教育这一行为提供了理由。

大多数精神疾病不能被认为是大脑的特性，同样的，精神健康也不能被认为是大脑的特性或者形成能力和潜力的精神要素。达尔文没有给他的家人或他的同代人留下他是一个有前途的青年的印象。他的聪明才智取决于他的品位、能力、经历和社会的种种巧合。这种智慧是无法预见的，所以也不能预先设定。对于达尔文的天才能力可以反向追溯并给出部分解释，但是做不到提前预知。这个道理也适用于我们每个人的性格和智力。父母可以追踪到孩子的性格或智力倾向，但是它们带来的结果却是不确定的。那些认为只要有足够的遗传学、生理学和社会学详细数据，就可以得到更优良算法的观点，既不存在于科幻小说中，也不是有利可图的幻想；这是一种假象，其真实度低到足以侵蚀我们对现实的感知。达尔文在他的自传结尾写道："以我这样平庸的能力，竟然在一些重要问题上对科学家的信仰产生了巨大影响，这确实令我感到惊讶。"他说得没错，这一点确实令人惊讶，但是在这句话中并不包含"其他的事情都在意料之中"这样的含义。现实生活永远都充满着惊喜。

智力和能力的有限遗传一致性告诉我们，一个开关、十个开关，甚至一千个开关组合在一起，都无法点亮一盏灯。它还告诉我们，在任何环境中，都可能出现值得一代人推崇的天才、才华和洞察力。如果我们一门心思地对 CRISPR 基因序列进行基因编辑，以期望会出现下一个莫扎特（Mozart）或下一个梅尔维尔，甚至是通过基因筛选，从我们的孩子中挑选出更具价值的那一个，那么我们付出的努力就会被破坏。历史和科学告诉我们，我们最珍视的那些特性——从智力到同情心再到艺术才能——都是不可预测的，因此那些冷酷的一味追求卓越的人，也要与那些希望关怀世界、激励他人的人一样行事。拥有仁慈之心的人和冷酷的追求高效的人的行为在此表现出了一致性。没有任何一种艺术能从基因里找到它的精神结构。斯蒂芬·杰伊·古尔德写道："我其实对爱因斯坦的大脑重量和复杂程度不太感兴趣，我们几乎可以确定，我更感兴趣的是拥有同等才智的人曾在棉花田和血汗工厂里生活、死去。"恰当地说，失去机会的想法一直萦绕在我们心头。格雷（Gray）在《墓地哀歌》（*Elegy Written in a Country Churchyard*）中写道："也许在这块地方，尽管荒芜但埋着曾经充满灵焰的一颗心。"在此之前的一个世纪，托马斯·布朗就曾发问："谁能说得清，在已知的历史记载中，相比于被历史记录的那些人，又有多少杰出的人被知晓抑或被遗忘呢？"[①] 我们希望能尽可能地避免错失机会，而在这过程中能起到作用的不是神经科学，而是教育、经济、社会和政治的科学。"不论如何定义，我不认为智力没有遗传基础，"古尔德总结道，"而是认为它平凡又真实、无趣，且无关紧要。"

利用技术或基因手段提高心智水平只会是幻想，包括对心理学家能力的高估，以及由盲目的电脑游戏构成的"大脑训练"骗局，还有对美军拥有能通过提高精神力量来创造人类"资产"的药物的"自信"。如果这些骗术不那么老套，或许我们还更容易发现它们的滑稽之处。想象一下，如果有人提出这么个建议来让青春期的人变得更容易被忍受——发明一种药物来使青春期从一片混乱转变

① 贝杰曼（Betjeman）的诗句"陶制烟囱闪着火光在不受青睐的城镇里失去潜力"用阴郁的语气表达出同一个含义。摘自亨利·博恩（Henry Bohn）《托马斯·布朗爵士的著作》（*The Works of Sir Thomas Browne*），第三卷，第44页。——作者注

为冷静而文明，我们一眼就能看出这是荒谬的，因为青春期的躁动是由体内激素引起的，与抑郁、天才或个性都无关。如果我们希望像按开关一样简单地使什么事情发生改变，青春期可能是最容易的。度过青春期意味着用兴趣取代兴奋，但谁会觉得这能靠药物或者电极又或者基因疗法完成呢？我们只要思考一下就会马上发现这是胡说八道。不是因为这个提议更不可能——实际上这反而还更有可能——而是因为还没有那么多相关的好莱坞电影和记者的投机文章，正是这些使荒谬的猜测变得习以为常。

如果人类的才智是进化驱动下的最终结果，并处于发展阶梯的高等级，那么我们可能会想推断出生物演化的稳定流程。然而，就算重启地球并重新进行演化，也不能保证接下来会出现什么。与其说我们是一股不可阻挡的驱动力产生的结果，不如说我们是幸运的意外进化产物。我们并不知道自己为何出现，尽管我们知道一些条件，但是这些条件纯粹是偶然产生的，它们的出现只是为了让我们得以进化。我们实用的身体和出色的排汗系统都保证了对体温的良好控制，并以此"支撑"了一个巨大且对温度敏感的大脑，这是一个幸运的起点，但不是进化计划的第一步。由于我们不知道智力是如何出现的，因而我们并不能声称自己对智力可能正经历的自然选择力量有多少了解。我们可以编出聪明的人如何做得更好，并如何在生育方面更成功的"一般故事"，我们当然也可以编出不那么聪明的人会生更多小孩的类似故事。这两种故事都不可测实验证，本质上也都无趣。这种故事会令人缺乏深刻的见解，只会引起错误的优生学行为和焦虑。

最近有研究表明，做填字游戏可以防止大脑患上阿尔茨海默病。这可能会有点帮助，但是作为一个不太喜欢填字游戏的人，我对此不感兴趣。我病房里的老人不玩填字游戏，他们喜欢玩一种“找字游戏”。为了让单词浮现在眼前，生活的其余部分都被划掉了。如果你不得不待在病房里，那么找字游戏的吸引力就显现出来了。没人做过关于找字游戏能否预防阿尔茨海默病的研究，但至少与什么事都不做相比，它会起点作用，就像玩填字游戏比玩找字游戏有用，而写诗比玩填字游戏有用一样。

我们在多大程度上可以预防阿尔茨海默病呢？更广泛地说，如果我们不得不放弃通过技术捷径来提高智力的想法，那么医学手段能至少阻止智力下降吗？我们能像对心脏与骨骼那样维持我们的大脑健康吗？

那些表明玩填字游戏能预防阿尔茨海默病的科学研究通常质量不高，它们只会表明混杂带来的影响。健康的人更具活力，因此如果你观察人们的行为，并将之与健康联系起来，你就会得出一个因果颠倒的感想。然而，这些研究一致地发现，脑力劳动作为休闲活动的一部分，与预防阿尔茨海默病之间存在联系。如果没有将人们随机分配到另一种生活的干预实验，我们就无法得知研究结果在多大程度上受残余混杂的影响，因为不论你如何想要挑选出完全一样的人，他们在其他重要的方面都是不同的。因为干预实验需要将人们随机分配到不同的生活方式中生活，从某种意义上说，没有哪一群正常的人会接受这种实验，这是不可能实现的。我们似乎有理由猜测，混杂是主要原因，但还不是问题的全部。常动脑可以让你的头脑保持更好的状态。就这个推测而言，这符合生命的运作方式。

在阿尔茨海默病的神经解剖学解释中，对原因和结果有类似的混淆。在显微镜下观察阿尔茨海默病病患的大脑切片样本，我们会发现它的特征是呈现淀粉样斑块和神经纤维缠结，这既可能是疾病的原因，也可能是结果。医药行业和慈善研究机构在前者上押下了巨额赌注，然而并没有取得成功。这不意味着他们错了，而且就算最终结果证明他们是错的，他们也做出了正确的尝试。那些斑块和缠结是研究的目标，尽管它们可能是假的，但是并没有发现多少有效的替代方案。

治疗阿尔茨海默病的药物作用有限，它们只能让患者保持当前状态，防止进一步恶化。阿尔茨海默病是大脑损伤的结果，而大脑不具备再生能力。对治疗阿尔茨海默病的研究在未来的进展，不会是用于恢复损失的神经递质或用于修复受损脑回路的药物，而有可能是对细胞生成部分大脑最初功能的过程中某些步骤进行逆转，但这在短期内还无法做到。在我阅读医学期刊的这几十年里，每年都会出现一篇关于修复失去分裂和再生能力的细胞的有希望的新方法的报道。这些报道通常与心脏有关，讲述研究者如何刺激肌肉细胞，使它们分裂并填补因心脏病导致的缺损。然而，通常这种缺损发生在脑卒中后的大脑上。每项进展看似“前途无量”，却并没有带来任何实质性的帮助。虽然最终总有一个方案会起作用，但很显然，这个问题并不简单。在活体大脑中引发细胞分裂，其中的挑战和风险比在心脏中操作要高，所以这个问题首先不会在头骨内被解决。

相当一部分的阿尔茨海默病不是特定疾病或缺陷的结果，而是衰老带来的损害的最终结果，我们知道如何去调节这些损害。心脏病的主要诱因——岁月流逝、男子气概、血压、胆固醇、糖尿病——

也会导致脑血管病。

减缓血管老化的药物也会延长我们大脑健康和思维清晰的时间。部分治疗效果已经显现出来了，还有些尚未显现。延缓衰老的作用在1～5年内就会有效降低患心脏病的风险，而需要1～20年才能显现出对阿尔茨海默病的减缓作用。对抗衰老药物——那些治疗血脂、血糖和血压的药物——在大脑方面起到作用的量化分析比起在心脏方面更是充满着不确定因素，尽管两者的治疗手段可能非常类似。我们的对手不是疾病本身，而是衰老带来的负面影响，我们在这方面的力量将会逐渐增强。

在考虑大脑和思维的区别时，史蒂文·罗斯认为，我们可以想象出一种比任何真正的扫描仪都强大的仪器，这对研究会起到些帮助。想象一下，有一个能够以完全的精度实时读取我们大脑各部分状态的"脑病检眼镜"。我们有理由怀疑这种仪器不可能存在，因为在不干扰所测量的大脑的情况下，根本不可能完成完整精度的测量。但假如这个想法可行，那么这种仪器可以通过观察大脑了解人的思维吗？

罗斯的答案是否定的，因为机器需要比被测试的大脑有更多的信息，才能厘清来龙去脉。像C.L.R.詹姆斯（C.L.R.James）错误地引用吉卜林的话[①]一样，我们可以说任何完全依赖神经元的机器都不能完整地理解神经元。我们只有彻底了解大脑所处的世界，才

① 詹姆斯的"那些只知道板球的人，又能对板球了解多少呢？"是对吉卜林的"那些只了解英格兰的人，又能对英格兰了解到几分呢？"的引用，出自后者的诗《英国国旗》（*The English Flag*）。——作者注

能真正理解大脑所看到的事物，但这种全知全能是不可能实现的。

还有一个事实可以用来解释为何这种机器不会存在，以及为何即使在想象中，通过对大脑进行分析进而完全理解人的思维的研究也会失败：仅靠脑病检眼镜来观察脑内世界和外部世界的变化是不够的。当我们进行有趣的交谈时，我们的兴趣不仅仅在于对方说了什么，也在于我们发现自己回应了什么、思考了什么。想象中的脑病检眼镜可能掌握了能预测出你想说什么的全部数据，但是为了证明这一点，它也需要采取这一步行动并做出预测。它不仅仅是个扫描仪，更是个模拟器。想要完美地了解一个人的内心，唯一的方法就是再造一个同样的内心世界。同时，由于脑病检眼镜终究只是台仪器，而不会成为那个人的大脑，它只会在刚造出内心世界的那一刻是完美的，一旦产生了新的体验，它就不再完美。

我们只能通过向对方提问的方式来了解对方所想，这可能是唯一的方式，因为在对方告诉我们之前，他们可能也没意识到自己所想。也许脑病检眼镜实际上是个完整的人类模拟器，它不是个扫描仪而是个人造生命。这将是一个答案，而不是关于如何通过扫描大脑了解内心的问题。我们可以梦想有一天通过技术和工具创造出一个新的思维，同时也可以通过生物学手段做到这一点，这正是自然选择要我们做的。

无论是药物、基因，还是电极疗法，都不能帮助我们追求最珍视的精神品质。至少从根本上说，它们不会使我们比拿着一杯咖啡或一杯酒的时候更有力量，也不会使我们比拿着一本书的时候更有力量。想要比现在做得更好就不能依靠医学，而是需要文化、教育、努力、机会和挫折的培养。其中一些可能涉及技术方面的技巧，但它们总是这样。一本书会激发一些想法，这再自然不过了。

尽管未来可以预见，但就科技如何影响我们的思维而言，与其说是一个技术问题，不如说是一个文化问题。我们通过双眼、双手、其他所有的感官以及思维与技术打交道。[①] 如何将这种技术更准确地植入我们的身体是一个与此相关的问题。

① “五感”是一个比较古典的概念，当时看来可能是个神经学概念，现在回顾起来，要么是个隐喻，要么就是个错误概念。感官可以从很多方面来定义，但最明智的是通过它们对刺激所做的反应。从设计上来说，神经元对“冷”的反应与对“热”的反应不同；我们对温度的感知不是单一的感官模式，而是它们的数据混合体。我们是否把这两种类型的感觉结合在一起并称为温度传感器，完全是个选择问题，但是它们并不能像检测振动或角动量或线性加速度那样直观地感知。那些书中认为人类有五种感官，说明它们的作者既不了解人类感官，也不愿意去了解它。——作者注

26

生物改造技术

传统的外科手术和更为奢侈的生物改造技术之间并没有什么显著差别。在某人的肩膀处装上双翼，或是给他一套装备了火箭发射器及一个小型啤酒冷藏箱的金属外骨骼，与替换他们的臀部在程度上虽然是不同的，但本质上是相同的。在这两种情况下，你都增加了一项不曾拥有的能力，即使是后者也能让你无视多年的关节炎而健步如飞。使我们能不受寒冷侵袭的生物假体改造以帽子、手套和衣服的形式出现。眼镜也为我们增加了新的能力：人的晶状体会以一种可预见的方式失去弹性，很少有人在中年以后还能不依靠眼镜看清楚离脸很近的一页纸上的字。以上那些都只是碰巧可拆卸的(和可损耗的)，而外骨骼上的啤酒冷藏箱不是。但是任何买得起冰箱的人也都买得起啤酒冷藏箱，即使你把冷藏箱放在厨房里，它们也会为你的生活提供更多帮助，从这一点可以很好地看出，厨房是它们最好的归宿。肩扛式火箭发射器最为灵活，它与肩膀产生的联系是暂时的，你只要把它往肩上一放就建立起了这种联系。[①]

植入人体的外来物质也并非什么新鲜东西。这些外来物质从缝合线和缝合钉、支架、导线、涤纶移植物、导管和替换软骨到医用设备有一个平稳的过渡。有人可能觉得植入式医疗器械与以上那些不同，但其实这也不新鲜了。首个成功通过外部电流控制人体心脏的案例出现在 19 世纪。时间推移到 20 世纪，心脏起搏器变得更为优异和可靠，有些起搏器还没有一匹马重。直到 20 世纪 60～70 年代，不带外部导线的小型可植入设备开始出现，它们能被直接植入皮下。如今，这些植入设备只需 20 分钟就能被身体适应，而且被植入者也无须提前预定。与大部分医疗干预、药物或其他手段类似，与其说它们是拯救生命，不如说是帮助生命。我们不会把这些手段保留到最后关头才使用，而是在它们带来的利大于弊时，就对患者提供这种服务。

第一台起搏器明显采用了仿生设计，使它脱颖而出的不仅仅是新鲜感。为了与电话亭大小的机器相连，这台仪器以穿过患者胸口的导线完成连接，这种组合显然一部分是人，一部分是机器，在现代医疗仪器里这种形式的设备已经很少见了。在皮肤下方和肋骨之间制造一块小小的凸起，里面植入几平方厘米的金属，这些金属几乎是扁平的，而这样的凸起已经足够了。它们能够记录我们心脏的数据，并根据指令进行无线传输。许多这样的设备拥有利用电击——就是那种在电影或电视剧里我们经常看到的、表现某些电气故障的

① 我们还可以拓展到“拥有豪车的年轻人把豪车作为自己本人和能力的延伸”这种情况。只注意到年轻人的鲁莽的年长者是不会理解这种感觉的。一个刚学会走几步路的婴儿也会表现出同样的兴奋，同时也会经历一些危险。——作者注

那种电击——来调节心跳（技术人员可以远程改变携带机器者的心率）的能力。

与许多医学创新一样，起搏器和相关技术的普及也呈现出一种重复的模式。它们是为了解决生死攸关的问题而诞生的，如果这些问题不解决，病人就会严重残疾甚至死亡，因而这些“救命”的设备发生了巨大变化。从这点出发，它们开始寻求增量收益。它们变得足够小，很快就无法通过非结构经验和观察进行可靠的检测，而是需要随机盲法实验。这种实验发现，对于那些心脏传导延迟现象较少但泵血功能较差的患者，植入类似起搏器的设备能够让心脏以更有序的方式收缩。它会带来更好的机能，而提升机能本身不是目的——很多干预手段能够提升身体某些可测量的机能数值，但是并不会让人更舒服或是更长寿。实验证明了这些设备在这种情况下，不只能提升机能数值，还能让患者更长寿并且避免住院。将相对风险降至 20%～30%，这很重要，但是这种风险小到不借助实验技术就无法获取临床数据。世界上拥有部分人造心脏的患者人数比我们想象的要多。因为当技术变得普及时，人们也会觉得它比较寻常了。成年之后才第一次使用手机的年轻读者可能还记得，当初觉得手机多么神奇，而在拥有手机的环境中长大的人就不会有这种感受了。

我们可以培育软骨、皮肤或骨骼，也可以在不同程度上替换它们。我们可以替换皮肤的部分功能，但不是全部，所以我们用来替代皮肤的任何东西都是暂时性的。皮肤的表皮是一个防水的外层，我们可以用人造材料替代它。皮肤的另一部分——真皮，包含了更复杂的结构和更先进的功能，因此目前还没有材料能替代它。

我们通常用金属制品来代替骨骼，特别是涉及较大的骨骼或关节的情况下。我们不知道有多少人的部分骨骼被铬或钛制成的生物假体取代，这方面的数据还很有限。但是最近美国的一项研究发现，在 2010 年有 1100 万名美国人的关节具有人造成分。这只是当年被植入髋关节或膝关节假体的人数。我们身边就有所谓的“仿生人”，他们中的许多人凭借自己的力量就可以在高尔夫球场和疗养院里走来走去。骨关节炎是与年龄增长有关的关节疾病，骨质疏松是年龄增长导致的骨骼弱化，二者都极大地促进了医学进步。对很多人来说它们在未来依旧是顽疾，但是也会被我们不断吸收成为医学经验的一部分。疼痛和行动不便是老年生活的常见问题，往往会演变到瘫痪的程度，但是我们能比过去更好地应对它们，我们的医学还会继续进步。强化骨骼的药物从狭义上来说可以作为一个通过医疗干预治疗疾病的例子，但是从广义上来说它解决的是其他问题。这个其他问题常常指的是衰老。

法国博物学家居维叶（Cuvier）曾经嘲笑拉马克（Lamarck）的进化论观点，他夸大了拉马克的进化论，认为这是在说动物的结构是由自身意愿决定的。“是对游泳的渴望和尝试让水鸟脚上长出了蹼。”他嘲弄道。然而在人类社会中，进化确实是拉马克式的：正是对游泳的渴望和尝试，使我们为需要的人制造出了可穿戴的橡胶脚蹼。可以被安装、拆卸，或是依据个人意愿进行修整的人体生物假体是最为复杂的。潜水服上的橡胶脚蹼——就像袜子和帽子——就符合这个描述。人类自诞生以来，一直都在使用“假体”，甚至可能在进化为人类以前就这样做了：25 年前在乌干达的一片雨林里，一群黑猩猩朝着我扔无花果，它们正是用水果增强了自身的力量。

当文明出现时，我们的大脑内就已经有生物假体附加物了——这个附加物正是文化。它们可以起源于任何非先天拥有知识的动物。这不是要对任何词语都进行粗暴的解释，而是加之于其他物品上的事物就是假体，加之于生命体上的就是生物假体。一个非人类文化的著名案例来自日本猕猴，它们知道如何洗去红薯上的沙子。这个案例之所以著名，是因为它的诞生被人目睹：我们可以由此得出结论，一个人的天才智慧可以扩展他整个族群的能力。这样的创新构成了我们与生俱来的外部遗传，这种遗传既不需要天才也不需要特定的知识。哈里·哈洛（Harry Harlow）花费数十年的时间向世人证明，猴子需要与它的母亲保持稳定且充满爱心的关系，才能在心智与社交功能都健全的状态下成长。他在实验中展示了猴子的生活在多大程度上受文化的支撑。除了足够的温暖、营养和庇护外什么都不提供，小猴子长大后会变得疯疯癫癫且失去社交能力。它们从成长的情感环境中学到的东西就像空气一样重要，它们需要母亲。除去世代的经验积累，对还如同一张白纸的小猴子而言，如果清除掉与猴子的文化有关的因素，仅靠它们的本能成长，带来的结果会是灾难性的。需要氧气的细菌被称作专性需氧菌，它们需要在一个被氧气环绕的环境中才能生存。文化的生物假体对许多物种都是必需的；人类的不同之处仅在于，人类的文化是通过阅读得来的。

故事与艺术从拥有洞穴壁画和陪葬习俗的时代起就存在于人类文化中，而壁画与陪葬品也只是最早的记录。苏美尔文明时期就出现了写作、数学、簿记、诗歌和法律等伟大抽象概念。这些是人类社会和人类精神发展新的推动力。

制作生物假体的技术囊括了从气密性宇航服到惠灵顿长筒靴的一切事物，也包含了制作和使用它们所需的知识。很明显，一个能够根据需求和主体将信息直接传递至我们大脑的设备，也是一种生物假体。我们在很久以前就开始研发这些设备了。书籍从诞生之初就被认为是危险的，苏格拉底（Socrates）警告说，学习阅读会让我们的余生葬送在图书馆里，让我们的记忆萎缩。对科技给我们带来的影响的担忧并不是什么新鲜事了。对于一部百科全书，它蕴含的知识通过视网膜进入我们的大脑，既增强了我们的记忆与理解，也提升了我们的学习能力。通过网络阅读比阅读百科全书更为简便：维基百科最大的新奇之处不是它与时俱进，而是它被阅读的方式。学生过于依赖维基百科是因为它的实用性确实吸引人，纸质的《不列颠百科全书》（*Encyclopaedia Britannica*）只会被放在角落里吃灰。当谷歌实现了绕开我们的视觉和听觉器官，直接将搜索结果传送到我们大脑的目标后，它们将提高我们了解世界的效率，但不会改变世界的性质。这会是向未来迈进的一步，然而这步伐的“噼啪”声会伴随不止。当我向我的妻子展示我装在卧室里的一款谷歌的声控设备时，她想要弄明白这到底是不是一个合适的让孩子听音乐的圣诞礼物，于是向我问了下价格。我原本想通过追踪电子邮件发票看价格，后来想起我可以直接问这台设备，它如果能回答，我们就不用再去查价格了。生物改造技术几个世纪以来一直在加速发展，将曾经与生活分离的东西与我们的生活更紧密地联系在一起。

“如今，只要按一下按钮，几乎所有的作品都能从几场精彩的演出中获得近乎完美的音色。”政治家丹尼斯·希利（Denis Healey）写道，

> “我们很容易就忘了，在 80 年前，大城市外的人几乎没人会演奏管弦乐，除非他们能看懂乐谱，而当时大部分的音乐甚至还没有乐谱。同样，直到 19 世纪末彩色摄影复制品出现之前，除非有时间或金钱去现场欣赏，否则世界上大部分的伟大画作都是不为人知的。”

他于 1989 年写下这段话时，还无法想象互联网能让音乐、绘画和其他的一切如此唾手可得。他的想象力是有局限性的，但这局限性是外在的。技术能为人提供更多知识，但它提供不了对事物的理解。理解知识是需要我们自己去做的事。

体外进化，即发生在我们身体外部的变化，意味着我们从矮人变成了我们所站在的文化巨人身上的一部分，我们就是这么开始的。就像猕猴一样，我们不能用其他的方式生活。我们的思考方式、风格和观念都是受周围的人和前人的影响形成的，没有他们的塑造，我们甚至无法思考。这就是生物假体，不管它是否与物理或线路连接有关。机器甚至已经用最基础和最快速的方式改变了我们的生活，不论它是与我们永久相连或是间歇相连，不论它是我们用来吸干净地板的家电还是植入体内调节心脏的设备。关键不在于这个附加物是物理的或是生物的还是文化的，也不在于它是植入的还是独立的，关键在于它对我们做了什么，它改变了什么、增加了什么、带走了什么。

这些都不能阻挡科普书籍宣告科技时代或扩张时代的来临。大写的字母和华丽的短语表明了这是比事实更笼统的论断。人工耳蜗可以很直接明显地被看出是种生物假体，但是同样重要的是，这个世界上没有人可以独自做出来。假如世界经历了一场浩劫，并重新开始，尽管所有的书籍和记录的知识都保存了下来，但还是没有人能独自掌握冶金学和电子学、设备制造、外科植入手术和设备护理技能。人工耳蜗的继续存在表明了这种生物假体是由一整套更广泛的知识、技能、理解、方法和经济组成的。它是其他生命在我们身上的凝结物。

技术机器和文化机器是一个连续统一体，二者都会进步，进步也会增加，但是进步的结果不只是简单地算术增加，还会带来性质上的变化。将两个氢原子和一个氧原子组合在一起，你不会得到更多的气体，而是创造了水。从悬崖边取出一些碎石，逐渐的侵蚀会使它在下落过程中突然变形。当教会传授给基督徒天主教教义时，知识慢慢在人群中流传，这为新教的建立奠定了基础，并催生了用人们使用的语言编写《圣经》的需求。有些变化较难预测，有些则根本无法预测。

驾驶辅助技术的发展壮大让汽车的使用更为有效，也让交通更为安全，然而有时候天平的平衡会被打破，变成车辆来操控我们。当这发生时，一切都将改变。按出行需求召来车辆，意味着对所有权需求的降低。这表明在汽车行驶时我们也可以做别的事，还表明道路、泊车和通勤模式的改变，人们的社交方式的改变，以及年轻人和老年人流动性的改变。这是一次转型，我们可以感受到这个转型的到来，但我们并不清楚它的形式或是它到底会为我们的生活带来什么。这类变化并不总能从它们先前的变化中得出推论。任何想要信心满满地尝试预测未来的人都要记住，我们甚至无法就过去发生的事情的原因达成一致。阿纳尔多·莫米利亚诺（Arnaldo Momigliano）说："我们必须承认，历史学家并不是上帝创造出来研究事情原委的一群人。任何对历史原因的研究，如果是长期持续的研究，都会变得滑稽——这就是我们发现的大量结果。"这段引用我只记得一半，在 2018 年我通过谷歌查证之后发现，这段话来自他在 1978 年写的一本书，后面是这样写的："我的精神世界也和你们一样，是一种生物假体，我们通过书籍和互联网使它变得更为强大。"

美国国防高级研究计划局（DARPA）正在对生物假体技术进行探索，就像髋关节替换手术一样，其主要目的是修复损失的东西。对于国防高级研究计划局来说，损失往往与战斗有关。这与其他医学领域的相似之处显而易见。首先人们试图消除或减少疾病带来的伤害，随后相关成果也应用在了我们的日常生活中。举例来说，早期用来治疗罕见的高胆固醇遗传性疾病的药物，如今被用来预防衰老。

25 年前，我们将人造手臂成功地装在了失去手臂的人身上。背包里的硬件设施连接了手部的传感器和控制器，并移植到了患者的上臂，继而手部的感官和控制能力就被部分修复了。移植接受者在获得义肢的 6 个月时间里，能够分辨出他们“手”上抓的东西是软的还是硬的。负责这项研究的意大利实验室还切断了一只老鼠的脊髓，并用电子设备将远端的脊髓连接回老鼠的大脑并成功使其恢复行走能力。2017 年，《柳叶刀》杂志报道了首例运用技术成功帮助四肢瘫痪的患者用他瘫痪的手去够到并抓住物品的案例，在他的脊髓断裂了 8 年之后，医疗人员在他脑中原先负责控制双手的部分植入了电子设备。运动控制和感官知觉，与性格或精神力量不同，它们确实是可以被准确定位的。大脑中的回路可以很好地还原为已知的活动中枢。这位患者首先利用植入的电路来学习如何控制电脑监控器上的虚拟手臂，几个月后，他的手臂被植入了与大脑中植入的电路相连的电极，这让他能够再次控制自己的手臂。“我无须集中精力就能移动我的手臂，这是件好事，”当被问及此刻感受时，他这么告诉研究人员，“我只要想着‘伸出’，它就伸出去了。”《柳叶刀》指出，这项研究具有开创性，因为它首次记录了人体利用运动神经假体控制瘫痪肢体进行多关节运动。美国国防高级研究计划局也已经着手在做类似的研究了。期刊此前曾报道过三个人，他们手臂上的神经从肩部意外受损。研究人员首先为他们接上机械手——并没有马上替代原本的双臂，而是先作为一种补充。当他们学会使用自己的附加手臂时，再将原本瘫痪的手臂截肢，替换上机械手臂。研究结果虽然有局限性，但是很有发展前途。

人工耳蜗包括多个与植入听觉神经内的电极相连的麦克风，大脑因而被连接起来，将听觉神经传来的信号解读为声音。如果神经处理过程清晰且可理解，比如感官神经或运动神经，那么这项科技就属于可以实现的范畴。能与这些神经相连的电子元件已经被创造出来了，而连接我们身体的新延展部分的电子元件，也将在随后出现。在脊髓受损后将大脑中的感官和运动神经与瘫痪肢体的感官和运动神经重新相连，就能让瘫痪患者重新动起来。当技术发展成熟时，甚至还能让瘫痪患者跳起舞来，当然这并不是说能让他们从一个糟糕的舞者变成首席芭蕾舞演员，因为我们可以对身体的运动模式编码，但通过身体天赋创造性地表达优雅和美丽是不可编码的。

人们可以想象“数学”芯片是如何在脑中运作的。但当我们用精神控制这些芯片时，并没有比用手指或声音控制它们进步多少。给予我们一种新的计算方式并不等同于增强我们的思维能力，让我们能像天才数学家一样思考。只要来自大脑和传送到大脑的信号足够简单，能够负载大脑现有的标记线，交流就能像上述操作仿生手一样简单。但实际上这种可能性是有局限性的，其局限性来自进化后大脑所拥有的沟通渠道。如果随机地在脑中植入电极，而你无法和这个脑中的隐藏部件沟通，就会像你停止向房间里的声控设备说话，而开始敲击它一样。

不可想象的是精神中那些更基础的东西，也就是一些对它结构上的基本改变和增强。我们对精神的结构一无所知，我们已知的是大脑的结构。如今的神经解剖学已经取得了进步，并将继续发展，神经遗传学也是如此。然而这两者都与剖析精神没有太大关系。在人类思考方式的深奥性方面，人文学科击败了神经科学，并很可能永远都会如此。试图通过历史和我们对科学与社会的理解预测未来，这不是个巧合。没人能够通过观察功能性磁共振扫描仪来预言一个想法或一个梦想，更不用说那些将塑造我们未来的梦想了。

我们能再生或重造的身体器官列表很长，这个列表可以追溯到几千年前，追溯到修复因梅毒或者剑击受损鼻子的技术。对外来材料的应用逐渐变得广泛，自从一个叫德贝基（DeBakey）的年轻外科医生走进百货商店，想买一些尼龙材料用于血管移植以来，更是加速了这些应用的发展。其实在血管移植手术中，尼龙根本派不上用场，恰巧那天商店里的尼龙售罄了，于是德贝基买了涤纶。这成了他成功的关键，也成功帮助了许多人：涤纶这种材料在用于体内创造或修复血管时效果显著。

我们可以从某人的鼻子上取下一部分，并将它培育为膝盖软骨；我们可以再造食道；利用从外阴取得的组织，患者已经成功地移植了由她们自己的细胞在生物可降解支架上生长而成的阴道。将骨髓干细胞接种到从尸体上取得的剥离细胞的气管中，并让其受生长因子的刺激生长：结果是我们为一名缺失气管的小男孩创造了一根免疫匹配的新气管。类似的技术也被应用于静脉再造。几个世纪以来，生物假体技术一直被应用于培育新的血管，直到外科医生发现可以利用身体的生长倾向来生成。假如一条主血管感染了疾病，我们可以将它扎起关闭，并刺激侧支循环生长。当把一个人的动脉和静脉连接在一起时，静脉就会扩张和加强，以应对动脉的血液流动，由此产生的血管被用来创造出血液透析针可以依附的高流通量区域。如果这项技术占据了某人用于构建血管的区域，现在我们就可以为此创造出新的血管，该血管是由钢铁与牛血清结合并接种到病人自身的结缔组织细胞上生成的。

心脏起搏器曾经是一种巨型机器，比人的体形大得多，这是制造人工心脏的希望之源。我们已经制造出了后者，虽然是以某种体积庞大并部分安装在体外的形式存在的，而我们也拥有这种人工心脏有一段时间了。心脏搭桥机通常用于在心脏外科手术时提供血液循环。体外膜肺氧合系统可以作为体外的肺，提供呼吸和循环功能。能够更完整移植的人工心脏就没这么成功了，它们可以在短期内有效，然而长期使用并不可靠。它们被用于在能快速进行移植或快速痊愈的条件下进行临时修复。心脏、肺部和肾脏的替换物无法像心脏起搏器那样容易小型化。工程学能够并且将会进步，但是我们无法制造人工器官这一问题似乎不太可能通过制造技术的突破来解决，而比较可能通过异种器官移植技术的进步来解决。

如果我们能够更直接地与我们的思想相连，这将会带来帮助。这不是要把我们都变成超级英雄，只是意味着同样的设备我们将不需要移动手指就能控制了。这次骆驼肯定把鼻子探进帐篷里了：光是坐着我就可以靠声音把灯关了，或者做任何通过语音连接互联网允许的事情。如果计算系统只是把信号从我用语音或打字输入的信号变为我用想法输入的信号，那么我使用计算机的门槛可能不会有太大的变化。从 9 岁起，计算机就伴随着我长大，当我打字时，我的手也像那个人描述他如何移动他的仿生手臂时一样，是无意识地移动的。生活中相互联系日益紧密的变化积累，何时会将一种效率更高的生活转变到另一种截然不同的生活？我们无法预测到转变发生的时间点，也无从知晓转变之后会发生什么。

我们如今拥有的所有生物改造能力，能通过两种方式最有力地改变我们的生活，这两种方式并不像在科幻小说中出现的方式，而是我们确实已经在使用的方式。其一是治疗肥胖症的外科手术。如果我们对此严肃对待，我们将提供一个惊人的数字，任何技术幻想都不可能产生如此巨大的影响。这不只是要让那些负责公共卫生的人高兴，或者迎合那些反对享受美食和反对食肉的清教徒的口味。它将会改变人们的生活：延长他们的寿命，让他们更健康，让他们更快乐、体格更强健。然而，这句话里也有猜测的成分，因为我们从未做过肥胖症外科手术的实验，而这个实验是为了正确了解手术的影响。观察性研究表明手术会带来好处，但我们还不确定，因此也证明了我们还未严肃对待这项手术。

其二是降低心血管疾病风险。这种医疗干预与前一种紧密联系，它几乎囊括了前者。迄今为止，我们还没有从使用降血压药和降脂药来治疗疾病的时代走出来。我们还没有将它们作为促进健康、延长寿命和延缓衰老的方式。我们的治疗主要针对那些高危人群，并且治疗过程持续几年。当我们不再把这些药物作为治疗手段时，我们就能够向前迈进了。比如对破伤风疫苗，我们就没这么想。

能改变我们在这方面做法的，将会是证据的确凿和技术的进步。证据早已存在，只是我们没去挖掘它。目前还没有针对年轻和健康人群的实验，来检验这些药物是否能在中年时延长 20 年的健康寿命，也没有人认真地提出要进行任何实验。但随着干预衰老过程的技术得到发展，人们的议论将会发生变化。当我们从每日服药变为每月服药，再到一年服一次，甚至通过一次药物干预就能改变基因或基因表达时，我们的干预方式就发生改变了。我们将拥抱新概念、抛弃旧概念，我们不再是在治疗疾病，而是在改进我们的生命常态。我们将适当地寻找必要的证据，以了解我们需要为任何特定干预措施购买的物品，以及购买的价格。这么做的结果不会因为它部分可预测而减弱力量，我们会延长健康寿命，并且减少过早死亡的人数。

更优质的教育以及终生的自我教育所带来的效用会增长，这不仅是因为低职业技能者的数量减少了，也是因为我们变得更加长寿了。我们将对自己以及我们的长远前景投入更多。随着生物改造技术可行性的提高，前景会越来越乐观。通过出行意愿召来车辆，能够改变我们通勤和出游的模式，如果召车时我们有更多地方可去，抵达时我们有更多有趣的事情可做，那就更好了。当我们坐在车中利用出行时间时，与我们互动的设备的效果和功能，将对该设备给我们脑中的想法所带来的影响非常重要。

27

遗传学

医学改变了特征与基因、行为与选择所带来的影响。这改变了自然选择运作的环境，而不是关闭它，药物所追求的就是演变。一些人为底层社会的高生育率而担心，他们认为不同的抚养方式一定会导致不同的结局，这类人错在将文化问题归咎于遗传。社会阶层并非由遗传决定，并不存在狩猎狐狸基因或喂养鸽子基因。文化特征彼此各不相同，而围绕它们的斗争不能通过集中在染色体上来进行。

担心社会或阶层差异会给人类演变带来影响，这大多数是受到伪科学诱骗而产生的文化焦虑。即使是遗传术语中易于理解的特征也会因时间推移而变得无关紧要。不平等和自由的问题值得我们考虑，但不应该从遗传学角度出发。有人因为知道太阳终将变冷，所以认为不用担心全球变暖。这是一个关联性错误，而非一个事实。

这并不意味着基因的变化没有发生，或是变化发生得太慢以至于无法察觉或无关紧要。剖宫产就是一种现代创新，促使这种技术出现的事实是，直到最近产科医生才开始愿意讨论接生的事。分娩很危险，接生员要帮助接生，这意味着可能要把产妇从致命的危险中抢救出来。导致产妇分娩时死亡的一个原因是婴儿的头比产道要大，这种情况下产妇虽然有生还的可能性，但实际操作时存活概率很小。这时为了挽救产妇生命，熟练使用产科工具的助产士需要一点点地把婴儿拉出来。当到了所有人都绝望地想上去帮忙助产时，通常已经回天乏术。

导致全球孕产妇死亡率下降的积极因素有很多，其中之一便是剖宫产技术的使用。当时孕产妇死亡率很高，婴儿也常常被抱错，大规模使用剖宫产是否反而造成了如今婴儿的头更大了这一明显演变呢？一些人表示赞同。而反对者（尤其是接受过剖宫产的人）则认为，剖宫产率上升完全是由于其他因素，例如肥胖或是现代产科医生的文化倾向。两种原因都通过准则而非基因一代代传递着。

可以肯定的是，进化演变是可能的，而不理解生物学重要性会很危险。有证据显示，婴儿出生时头部越大就会越聪明。如果剖宫产可以控制人脑出生时的大小，或是正准备如此做，这将会对婴儿的智力产生影响吗？当然不会。婴儿出生时脑袋大小受到许多因素影响，大部分都和基因无关，产妇的健康才是关键所在。婴儿出生时脑袋大小和未来智力水平的关系更体现在其母亲的健康状态、财富和她为孩子所构建的美好未来上。太多人尝试通过测量头骨或者额头大小来衡量智力，无一例外都以失败告终。

混血就是种族的混合，这会带来什么影响？园丁和马倌都知道远亲繁殖是有益的。对于父母来自不同地域和种族的孩子的发展，部分研究呈积极结果，其他研究则显示没有区别。但这些研究都没有明确的答案，并且无论答案是什么，它都倾向于中立。更多异族婚姻会导致肤色模式的改变吗？可能会。这个问题很有趣，因为它与社会流动、地域流动以及肤色如何影响人们的生活有关。肤色很重要，它决定了人体的维生素 D 摄入量以及是否会被晒伤。肤色是未来人类进化的一个生物学重要组成部分，尽管它在很大程度上已经被食物运输、维生素片和防晒霜所改变。尝试着注意、思考并描述我们所遇见的文化差异是关注世界的重要方式。要概括人类群体特征十分困难，不管他们是酒吧角落里的一群人，还是外国的政治阶层。只有在研究基因的信念下描述社会时，其准确率才会降低。1908年，弗朗西斯·高尔顿曾写道："人有怜悯和其他善意的感情，也有能力防止各种痛苦。我认为，用其他更仁慈、更有效的方法取代自然选择，正是人类的职责。"他补充道，"确切地说，这是优生学的目标。" 早在1873年，他就更为直白地写道：

> "我不明白为什么种姓的傲慢要阻止天才发展。当天才们有了权力，只要保持独身，就会以仁慈对待同胞。但如果这些人继续生育道德、智力和身体素质低下的儿童，有一天他们将被视为国家的敌人，并丧失一切所谓的善良。"

梅达沃（Medwar）指出，这种道德观是从毒气室里滋生出来的，同样也是愚蠢的。高尔顿所推崇的和他认为应该去除的特质，都不是来自遗传。他所追求的天赋和他所害怕的特质，都是由文化所产生的，是在无数的基因和后天因素的共同作用下形成的。除了少数对人没有任何影响的极端情况，智力和身体素质的劣势都不能通过基因来解释。[①] 这种情况时至今日还是无法解释，未来也将如此。尽管高尔顿很有天赋，但他的想象力和对遗传学的掌握都有缺陷。

---

① 在极端情况下，我指的是主要的基因异常，如唐氏综合征，即21号染色体上的三倍基因导致降低智力和身体能力的症状。——作者注

自然选择是以更微妙的方式运作的，这一点在当时的其他人看来也是显而易见的。几年后，遗传学家托马斯·亨特·摩尔根（Thomas Hunt Morgan）对于染色体上的遗传距离单位进行了研究，这一单位如今以他的名字摩尔根命名。他指出：

“人类有两个继承过程：一个是通过生殖细胞物理延续性传承；另一个是通过口头或书面的例子，将经验一代代传递。正是这种与同伴沟通和培养后代的能力，使得人类成为社会快速演变中的主流物种。”

人类的进步不需要借助于优生学说。但也有例外，主要遗传疾病的延续和增加实际上是基因和概率的问题。如果不进行治疗，其中一些基因就会致命。毫无疑问，现代医学让这些基因存活下来，并且越来越多。

血友病是一种重大基因疾病，最近经常被提起。它清晰地展示出了未来医学发展境况。

血友病 A 型和 B 型都是罕见的“X 连锁”隐性凝血功能紊乱。拷贝一个基因，适用整个人体。因为该基因在 X 染色体上，而女性另一个 X 染色体上有未受影响的基因。Y 染色体上却没有该基因的备份，所以男性更加容易患病，因为他们只有一个原始基因，如果它有缺陷，那也只能如此了。每一种类型的血友病都是一种独特的遗传问题，病症的类型与凝血因子有关，出血的严重程度因突变而异。这种疾病存在于不同人群中，似乎并不是因为它在一些环境或形式中具有相应优势，而是因为它代表了一系列不断发生的新突变，镰状细胞贫血和囊性纤维化也是如此。以前由于自身的缺陷而被扼杀的基因，现在已经不再那么迅速地被删除了。

如果我们像上文中提到的那样，从长远来看待人类的进化，我们可能会发现使人类预期寿命缩短 10 年的基因正在消亡。但一些区域的基因组更容易发生突变。这种进化并不会使血友病比今天更罕见，这体现了相关基因中新突变发生的速度。但如果没有技术，血友病将继续保持一贯的突变频率，不会被自然选择扼杀。

如果通过帮助这些基因携带者生存和生育，以延长他们的寿命，就增加了循环中有缺陷基因的拷贝数量。血友病患者寿命的延长将导致缺陷基因数量增加，但我们应该以整体影响来评判医学。如果能帮助人们活得更长，那么相对于一个已经不存在的情况（一个没有现代医学的情况）来说，使基因库变得更糟也无关紧要。这甚至不是一个劣势，只能算是在全球灾难的幻想场景中的一个潜在的劣势。

唯一与之相关的是经济问题，药物越有效，需求就越大。治疗血友病的凝血药物价格昂贵，部分是因为生产成本高。如果因为医学能够治疗疾病而允许有害突变传播，治疗成本将立即增加。患有严重血友病的患者，每人每年的治疗费用大约为 20 万英镑。有时我们认为这样的花费并不值得，但治疗血友病有很大益处。其发病率上升最终可能会导致经济问题，但有可能通过技术来解决：既可以降低凝血因子的生产成本，又可以最终让我们自己编辑有缺陷的基因。

基因治疗概念从提出至今已有 50 年历史，该技术成为现实也有 25 年了。目前该技术尚处于研究阶段，而非具体实践。现实操作起来十分困难。我们在某一特定点植入基因的技术已经“鸟枪换大炮”。将基因植入错误位置会导致不同结果，或者和之前保持一样。随着越来越多的基因被植入预期位置附近，我们已经取得了相应胜利。科普书籍中满是对CRISPR（规律间隔成簇短回文重复序列）技术精度的描述。这项最新的基因植入技术令人欢欣鼓舞，比它所取代的技术又向前迈进了一步。然而手术精度本身常常会被高估，特别是当它已经成为陈词滥调时。手术刀很锋利，但手术本身通常是一种“钝器”，过程中充满了危险和不良反应。重要的是，为了接近不健康的病灶，医生通常会用手术刀切开健康的身体组织。

在非传统医疗领域，基因治疗已经应用了一段时间。我们利用人类基因在细菌中制造蛋白质，结果非常成功。当我们从一个人身上取下一个器官放在另一个人身上时，我们就移动了基因。这虽然只是伴随事件，但它一样发生着。治疗白血病患者时，我们先用药物和辐射去除患者骨髓，再进行骨髓移植，同样，基因也发生了转移。

2009 年，这种偶然的转移被视为一个机会。一名艾滋病病毒携带者需要骨髓移植。这是为了治疗他的白血病，而非艾滋病。但他的医生通过匹配捐赠者比对，找到了一个具有抗艾滋病病毒突变的捐赠者。该男子接受骨髓移植当天，抗逆转录病毒疗法也随即停止。两年后该患者仍未出现艾滋病病毒感染迹象。治疗效果十分显著，不用将基因植入正确位置也可达到效果。骨髓移植时插入的是细胞而非基因。最近相关疗法也被用于治疗白血病，即先移除骨髓，改变基因，然后将骨髓放回原处，以更好地帮助个体对抗白血病。

我们目前尚未达到通过改变多种基因来创造新生理属性的阶段，这对我们来说还遥遥无期。我们主要是想在人们没有特定基因的情况下添加一个拷贝基因。这种努力较为容易实现，因为它的成功可以是局部的。如果一个基因没有制造出应有产物，而产生了有害物质，那么治疗时不仅需要添加新基因，还需要去除旧基因，并且通常是完全去除。如果一个基因仅仅是有所缺失或没有功能，那么将一个有效的替代基因植入哪怕是一小部分细胞中，就能产生足够的效果而使人康复。2017 年，一名患有肾上腺脑白质营养不良的儿童成功植入了一种基因。此前由于缺乏基因，该患者失去了使大脑神经元工作的必要细胞覆盖层。这种疗法已经对骨髓移植产生的基因转移产生了反应，但效果不是很好。来自骨髓的干细胞不仅可以生长到血液中，也能改变患者大脑中缺失的基因。这种变化可能有益但也可能有害，而且无论如何骨髓移植都充满了危险，该疗法有致死概率。

在一个案例中，17 个男孩接受了一种病毒的改造，将他们丢失的基因导入自己的 DNA 中。治疗结束后，该基因在五分之一的细胞中得以显现，这足以证明结果为良性。这种方法是否比骨髓移植更好还不清楚，其长期效果也尚未可知。随该研究一同发布的评论表示："多年来，基因疗法显示出了美好的前景，但临床应用似乎总是遥不可及。"评论家对该技术充满期望，这也是他们的信念。这项技术是另一个美好的愿景，而非一个已经实现的愿望。

过去 50 年间，人们对未来医学的预测都有包含对基因疗法尽快实现的期望。基因疗法很快就会实现，但很快是多快尚不清楚。前进的步伐充满希望，但几十年来一直如此。具备安全性和有效性的基因疗法将在未来 10 年内应用于临床治疗，尽管规模不大，但似乎不必等太久了。

技术发展在人类胎儿治疗上取得了积极的成果，如纠正易导致心脏性猝死的基因。这些成果都是临床前的：它们在实验室中完成，而非进行人体实验，同时胚胎不会被移植并发育。在技术上称之为胚胎是可行的，但实际上并非如此。它们是受精卵，而非胚胎。它们被允许发展到只包含 4 个或 8 个细胞。在其他实验中，纠正错误基因是在模型卵子中进行的。如在结缔组织与人类细胞融合实验中，人类卵细胞自身 DNA 所含细胞核已经被移除。在该实验中，一个与制造红细胞有关的缺陷基因被成功地纠正了，这意味着大约五分之一的红细胞被转化。这并不代表每五个胚胎中就有一个可以被治愈，但每五个胚胎中就有一个的细胞成功植入了新基因。几乎可以肯定的是，这足以对成年人疾病产生有益影响，可能会彻底消除疾病。这也凸显出我们离随意设计基因组还有多远。让基因改变只是问题的一部分：同时还必须确保不会对其他基因造成影响。我们要能够承受处理致命性疾病时失败的风险，否则这些疾病几乎不可能被治愈。因此，这些技术将首先应用于此类疾病。

这种技术正在稳步变为可能。但“这种技术”意味着纠正单个基因缺陷。这与无法言喻的道德危险无关，只关乎医学的正常警示。通过纠正单个基因缺陷可以修复先天代谢错误，但并没有设计出超人的潜力。单个基因的改变不能把巴特·辛普森（Bart Simpson）[①] 变成阿尔伯特·爱因斯坦。如果说单个基因编辑存在着伦理风险，这将会在平常人的暴行中体现。但考虑如今对基因的理解，我们唯一能掌握的常态是避免灾难性基因错误。疯狂科学家会要求人类想的一样、做的一样，这种危险是不会出现的。我们不仅不知道如何通过基因来创造天才，也有理由怀疑这是不现实的。我们对于像身高这样简单的遗传和生理因素都缺乏了解，使得身高霸权无从实现。身高是一种线性、可以测量的特质，但实际操作时

① 巴特·辛普森是美国动画电视剧《辛普森一家》（*The Simpsons*）中的虚构角色，是辛普森家的一员。——译者注

比实验心理学家希望将人类智力化为数字还要难。集权主义噩梦般的统一如果只去除了影响人类寿命的缺陷基因，似乎也不太坏。这些缺陷对受影响的人来说是可怕的，但受影响的人很少。这种基因疗法会改变生命，但不会改变世界。

人类基因组计划（HGP）是30年前大张旗鼓发起的。这项工程已经完成，但余波尚存。正如美国国立卫生研究院（National Institutes of Health）如今所说："人类基因组计划是历史上伟大的探索壮举之一，这是一次向内的探索之旅而非向外探索星球和宇宙。"该机构是计划的主要发起者，自吹自擂也在所难免。但随着对该计划收益和突破的预测，其他人也纷纷大肆响应。这项计划到达了何种程度，未来又会如何？我们对基因组的探索又在多大程度上改变了生命和医学？

利用干细胞补充和再生身体衰竭的部分，这个想法很有吸引力。利用干细胞创造出像心脏或肾脏一样需要缓慢生长的固体器官，并根据它们的生存环境（特别是血液循环）做出反应，这似乎是目前难以想象的。再生一个肝脏也许可行，因为即便是肝脏的一部分也可以正常使用。一个供体器官已经可以被多个受体分割，并非使用精密的基因技术，而是通过简单的切割。我们不需要单个细胞就能创造出完整器官，只要能得到器官的一部分，并让它自行生长，就很好了。与大脑、心脏和肌肉不同的是，肝脏是一个很好的目标，它能维持自身的再生能力。

利用干细胞来补充和再生失效、老旧或损坏组织的一部分也是很有希望的。这种疗法在处理腐烂的骨头、软骨、关节和肌肉等组织时，比其他解决方案更有效。在这四种组织中，处理肌肉最为困难，人们对它的衰变原因还不太清楚。肌肉萎缩可以通过运动减缓但无法阻止，这种现象又在多大程度上是受外部因素影响呢？我们也不清楚肌肉的衰亡多大程度归因于其供给神经的衰弱。

我们无法重建神经。2016 年《柳叶刀》报道了一项实验，在 11 个男性大脑中注入永生化人类神经干细胞，注射部位是得脑卒中而死亡的大脑区域。结果是有希望的，但没有突破性进展。该实验的目的不是检验这种治疗是否能提供真正和持久的益处。它是探索性的，是为了更可行的实验进行测试。报道称："尽管于动物实验中取得的疗效相同，但干细胞移植后是否对脑卒中患者有益，仍有待确切研究证明。"

我们的希望应该会得到实现，尽管十分渺茫。通过干细胞复活大脑是一个很好的主意，但用干细胞使简单组织恢复活力一直没能实现，几十年的研究毫无用处。从技术上讲，要重新编程已经分化的肌肉细胞使其再次进行分裂并非不可能，然而要让它们如此做，并以一种可控的方式进行分裂可能是极其困难的。几十年的失败告诉我们，成功是无法预测的。我们唯一知道的是，我们将会在某天获得成功。只有当过去的经验成为未来的指导时，成功才会很快到来。

2003 年提出的人类基因组计划又有何启示呢？它最令人惊讶的发现之一是，我们高估了构建人体所需要的基因数量——只需要预计 10 万个基因的五分之一。人类性状并非与基因一一相对，而是 2 万个基因无限融合的结果。修改基因会改变我们的预期。

人类基因组计划历时 10 年，耗资 30 亿美元。2007 年，从人体中提取出一个完整的基因序列耗费 1 亿美元，耗时也变少了。2008 年，另一个人体基因被提取出来，这次耗资 150 万美元，而且只用了 5 个月。2013 年，1000 万美元科研奖金被取消，之前这笔钱用于奖励第一支成功提取基因且耗资不超过 1 万美元的团队。这是因为技术进步十分之快，该项目耗资已经降低至 5000 美元。时至今日，1000 美元便可以完成人体基因提取，未来还会降低至 100 美元。这一切结果在知识积累和研究发布方面影响甚大，但就临床效益而言，却并非如此。

这种差距并不意外，只是很少被提及，尤其是那些认为实施这项计划不可能没有多少利益的人，他们大肆鼓吹该计划对临床有益。人们广泛地热议着基因测序方面取得的令人惊讶的进步。可以预见到治疗学方面的快速进步，但它的缺席并未引起人们的注意。

如今的讨论没有冷静地重新评估基因知识和治疗能力之间的差距，而是仍然对即将获得的大量临床收益充满期望。美国国立卫生研究院表示："对个人基因组的个性化分析，将产生一种具有预防性、个性化和先见性的强力医疗形式。医疗保健专家将根据客户情况制订个性化方案，从食谱到高科技医疗监督。该方案将全方位保证客户健康。"

这种讨论此前就有，也将一直持续下去。这种讨论总有一天会被纠正，不过那一天不会很快到来。其中的一些原因就隐藏在提及饮食的时候。有大量的工具、模型和测试可以检测出那些认为饮食良好十分重要的人。我们不需要工具来确定谁会从良好的饮食中受益，因为我们都会这样做。遗传学也无能为力，它可能只会识别出一部分饮食不良的人。这是有益处的，但并非美国国立卫生研究院所追求的。同样，遗传学也会增加我们对常见疾病风险的认识。这很有帮助，但效果不明显。常见疾病很普遍，如果有一种行为、饮食方法或药物可以避免它们，那对几乎所有人都有帮助。当面对癌症、高血压、糖尿病等衰老性常见疾病时，也会有很多人从中获益。

发现更多的风险因素不会对整个世界有帮助，只会使那些研究发表者获益。

遗传学在未来几十年要做的是发现药物靶点。由于单次治疗可以消除的疾病数量很少，而且大多数已经被发现，因此目标将不再针对个别疾病而是针对风险因素，且主要是老龄化风险。“23 and Me”是一家美国公司，它将以很低的价格对客户的大部分基因组进行测序。尽管该公司帮客户预测某些疾病风险的暗示在产品介绍中显露无疑，但其业务和获利方式仍被监管部门叫停。该公司为客户提供了学习自身基因而获得的趣味和欢乐，而客户给公司提供的却更有价值。他们将钱和自己的基因都寄给 23 and Me，帮助该公司建立起世界上最大的基因信息库。其中最有价值的是一些帮助开发治疗老龄化疾病和常见疾病药物的基因数据。

获取更加复杂的基因知识有且一直有收益，但对于药物靶点的研究最有价值。我们偶尔会使用基因分型来为个体选择一种药物或治疗方案。这种情况发生的频率会逐渐上升，而且会带来很少但真实的收益。以基因技术为主导的个性化药物的刺激性被夸大了，但这种情况将继续存在。人体的疾病很多，基因组也很多，所有人都是如此。基因个性化医学不会改变这样一个事实，即最重要的知识一直会是应用最广泛的知识。

过度简化将一直会是我们从遗传学研究中收获最多的果实之一。乐观、抑郁、智力、道德等需要从心理学、社会学和文化角度仔细探索的特征将继续被研究，它们如同“蓝色眼睛”或“棕色眼睛”特征一样，最终通过遗传学被人们所熟知。艺术和社会科学是试探性的、充满谬误的，但对于某些问题，它们仍然是我们最好的工具。当自然科学有误、过分自信时，它并不比人文学科更加优越。20 世纪优生学者的错误观念并非都是出于种族主义或一己私利。一些最危险的学者往往充满了真诚和善意，但他们的真诚和善意碰巧建立在一个注定会失败的基础上，而常人无法理解他们所说的是什么。许多人多年来一直致力于有罪基因的研究，但他们的研究却完全是出于善意。他们的时间都浪费了。这不仅是浪费，因为他们对基因的错觉已经导致一些有害实践和政策变化。世上根本不存在有罪基因。我们不妨想象一下，是否有基因使你支持一个特定的政党或足球队。有些人认为这是有可能的。事实上，专业遗传学家的出现，很好地体现出了科学自由。如果没有那些由于自由而导致的惨痛结果，那就根本没事。或许我们应该责备那些阻碍而非推动人们认识科学的人，他们可能天生就有这样做的基因。

我们喜欢把遗传因素归于事物，如一些令人安心的东西，一些令人满意的科学技术。这种满足感解释了为什么市面上有无数关于同性恋、创造力、犯罪和幸福基因的书籍和文章。这种满足感来自我们掌握了科学知识，来自当心理学、社会学、文化和生活琐事无休止地交锋时，我能引开话题并得到解脱，并把它们像蝴蝶标本一样整齐地钉在科学分类板上。但是我们不了解同性恋基因。如前所述，我们甚至没发现身高基因以及相关的基因解释，更别提去探索一个人的前途了。

我们了解单基因疾病的遗传基础，这体现出了势不可当的可预测的影响。我们正在加深对已知多态性的理解，这对解决常规情况风险有些许贡献，但了解如何进行预处理离解释整个事件还有很遥远的距离。一些已知变异或多或少地会使人们患上感冒，但没有一个科学基因组能够预测某人会于哪天在哪种情况下感冒。这之间复杂的联系令人头昏眼花。我们生来就要面对流感或肺炎。随着阅历增长，我们的概括能力将不断提高。但进行具体预测不仅包括要了解个人基因是如何在人类曾经生活过的环境中生长的，还要了解它们将如何应对未来可预见的不同环境，此外也要考虑人类可能拥有其他基因。我们的概括能力将得到提高，其背后复杂的技术将更加令人印象深刻，但是当提到责任感或对足球的热爱等有实际意义的话题时，遗传学只会继续令人分心与困惑。只有当你明白这种努力的隐喻性时，才有助于理解一个人的性格。

人类基因组计划及其带来的兴奋感已经略微减弱了我们长期以来的偏好，即把特征分为 *X%* 的环境因素和 *Y%* 的遗传因素，当然这种趋势仍然存在。我们应该抵制这种理论，不仅是因为在试图改变世界时，对于遗传性的认识往往是无用或有害的。水不可以被分成三分之二的氢和三分之一的氧。分子越大，我们越难从它们的结构中预测成分。人类并非简单的分子组成物。即使一个性状有很强的遗传性，我们也可以通过环境对此改变。苯丙酮尿症是一种常见的遗传病，它会导致严重的发育异常。过去每个经历过这种突变的人都受到了影响：它的遗传率是 100%。该病的症状表现为身体无法消化特定的营养素，如果从饮食中去掉该营养素，生活就会回归正常，这时遗传性降为零。人类智慧将以完全不同的方式对基因组和环境持续的排列做出反应。除了最简单的案例外，在没有答案而结果也不会带来收益的情况下，调查一种性状的遗传性可能是无关紧要的。就像智力一样，它只会造成损害，因为它分散了人们对同一特征的研究的注意力，而这些研究本可以更有益地进行。没有一个研究幸福感或智力遗传性的研究者在其中一个方面做出了贡献，而从这两个方面做了推断的却不止一个。

我们无法预测基因治疗（基因修改）将发展到何种程度，但我们可以预测它将如何开始。它将率先着手于解决导致人们死亡或重度残疾的简单突变。新技术的风险对于患者来说更容易接受，他们的收益将远大于损失。首先，我们将在纠正功能丧失性突变方面取得成功，实际上我们已经开始了，查漏补缺较为容易。接下来将是应对基因错误性突变，这稍微困难一些。删除或改变一个基因比添加一个更有挑战，但仍然相对简单，因为遗传错误与其物理效应之间的联系也十分明了。同样，该技术将率先应用于那些缺陷严重到危及生命的患者身上。

随着我们信心的增强，基因改变的技术将蓬勃发展。我们将会计算成本，将会在想要的地方插入想要的基因。我们将对如基因插入错误，或以改变基因组其他编码的方式插入等脱靶效应更加包容。但是，从基因到蛋白质再到人体的这个链条总是包含着不可预测的因素。即使出现再简单的问题，突变也会产生难以预测的后果。我们将越来越有信心知道一种干预将如何改变 DNA 及其编码的蛋白质。但只有在最简单的生化环境中，我们才会彻底消除它们与所有其他生物相互作用的不可预测性，以及彼此之间的结合，或者一旦结合起来与更广阔的世界的互动。

当处理简单突变越发得心应手时，我们将逐步降低治疗残疾人所需的医疗干预。从改变那些极端变异的基因，到调整正常基因以降低风险、延缓衰老。

治疗心血管疾病的药物已经从需要每晚服用的药片变为每隔几个月注射一次的药剂。我们已经开始注射阻止病毒繁殖、干预基因表达的试剂，而不是一种能对抗体内分子效应的药物，下一步就是改变这些基因。未来 10 年中我们都很难从他汀类药物中获益，每天服用此类药物就显得很不值得。当只需要一粒药就能让我们余生受益时，情况就会改变。我们已经有了可以让基因沉默数月的注射手段。基因治疗将首先以这种方式改变大多数人的生活。我们将改变基因本身的表达，而不需每日用药丸来调整身体。这是一种普遍、可靠及有效的基因治疗方式，将在10年内出现。2016年，一只患血友病的老鼠痊愈；2017年，人类血友病A型和B型都被初步治愈。只要稍加修改，就能产生影响。使人体产生1%或2%的凝血因子，患者就会因此获益，而且只需要再多改变一点就可以完全消除这种疾病。血友病将被基因治疗攻克。这种基因错误简单直接、容易被理解，而这种遗传疾病相对来说也比较常见（严重的遗传疾病也是如此）。耗资甚巨的研究使患者可以接受治疗并痊愈，不仅拯救了生命，还节省了金钱。

我们的成功只是一个开始。仅仅恢复5%的凝血因子就足以治愈血友病。那么恢复5%与100%有什么区别呢？如今受到外伤是一件很常见的事情，但是外科大夫却不是随叫随到的。也许我们的凝血因子更适合现代社会一点？许多用于治疗心血管老化的药物都可以用于抑制凝血。从阿司匹林到华法林[①]，这些药物的使用越来越普遍。一旦我们通过治疗血友病来证明我们有能力从基因上调整凝血级联反应，我们将继续研究对身体影响更小的治疗的效果。一些接受基因治疗的血友病患者比其他人术后反应更好，我们将对反应变化进行研究，寻找出人类正常凝血范围中最有效的一部分。一

① 华法林，即苄丙酮香豆素钠，是香豆素类抗凝剂的一种，在体内有对抗维生素K的作用，可以抑制维生素K参与的凝血因子Ⅱ、Ⅶ、Ⅸ、Ⅹ在肝脏的合成，主要用于防治血栓性疾病。——译者注

旦我们确定了最佳范围，一切超出范围的变化都将被定义为疾病。如果我们的血块更加适应现代生活，我们正常的进化遗传也会被归类为一种疾病。这就是高血压疾病的来历。血压随年龄增长而升高被称为一种疾病，尽管它在任何意义上都是正常的，甚至在没有引起任何症状的情况下也是正常的。我们可以通过语言的修饰来反映这样一个事实：我们在远离各种治疗带来的痛苦，走向永无止境的调整，这是为了在年老体衰之际保持健康。

胚胎实验将继续进行，同时对于儿童和成人的临床干预实验也会继续。这两种方法将逐渐相互融合，与疾病斗争也将融入正常发展之中。《新英格兰医学杂志》（*New England Journal of Medicine*）最近发布的一篇报告，回顾了为什么我们想要改变与生俱来的基因。报告指出，在可信的修复人类 DNA 的原因中，有胚胎虚弱、成人不孕以及老年人认知能力下降。但下一句话为医学发展指明了方向："当人们的目标是恢复健康时，他们可能做得更好。"这听起来令人吃惊，但它只是说明了医学已经发展到了何种程度。为了确保没有人早逝，我们通过改变生活方式提高了平均死亡年龄。

伪科学与不良分析得出了一个结论：由于血友病和智力都是以基因为基础的，既然我们正在获得调节血友病的能力，那么改变智力的方法也将随之而来。然而未来发展将是对医学已经显示出趋势的延续：最大限度地减少亚健康与早夭，提升人类健康水平与能力。我们将继续追求平均线以上的生活，其结果将是平均线和人类生活水平都会提高。

28

定制生命

我还是一名在读医科学生的时候，很清楚解剖学的教学水平正在衰落。《柳叶刀》杂志刊登了一位年长外科医生写的一封信，在信中他愤怒地表示年轻医生和医学院在读学生的知识水平太过低下。几周后，《华尔街日报》刊登了这位外科医生的老同学的回信，信中说，他们当年还是学生的时候，他们学到了很多解剖学知识，但那是因为没有什么其他东西可以学了。他还举了个例子，总结了他们在学生时代所学的免疫学知识：血液中含有白细胞，并且它们在某种程度上是相关的。

从那以后的几十年里，解剖学的教学又一次发生了翻天覆地的变化，使得那些认为解剖学应该被认真对待的人心更凉了。学生们不再像我一样费力地自己去解剖真正的尸体，而是依靠模型或其他人的解剖成果来完成学习。这样的退步是故意的。阿尔奇·科克伦（Archie Cochrane）是 20 世纪医学界的一位先驱，他在医学知识方面做出了杰出的贡献，他在剑桥接受培训时获得了解剖学奖，但是几年后，他发现自己几乎记不起这件事。他说，培训至少是值得一试的，是否有用不值得争论。学生们应该根据是否接受详细解剖学教学随机分为两组，并衡量和比较他们作为医生的能力。这是一个不错的建议，不过因大势所趋，那些为解剖学教学细节而战的人已经失败了。

他们之所以失败，是因为要学习的知识实在是太多了。构成临床实验基础的统计工具以及这些实验本身，还有进行这些实验的原因，这些内容占据了大部分课时。医生现在需要学什么？他们所学的书应该写些什么？这些问题涉及他们是做什么的。这背后的问题是，技术能在多大程度上帮助他们或是替代他们。我们有理由担心这些问题的答案是错误的，但我们不应该怀念过去美好的时光，虽然那时医生们都关心病人、富有同情心，不需要整天看着电脑屏幕。我们应该害怕的不是技术手段。“一切事物都是人为的，因为自然是上帝的艺术。”医生托马斯·布朗爵士在他的《医生哲学》（*Religio Medici*）中写道。在过去的50年里，医生与病人相处的时间总量并没有改变，而技术可以用来帮助医生建立良好的医疗所需要的人际关系。

关于哪些事情由医生来做更好、哪些事情由电脑来做更好，我们是有证据的。但我们还需要更多证据，并且永远需要更多证据。这就是证据的本质，即使它没有任何实际用途，并且如果证据真的有实际用途，就更加需要证据。在过去的75年里，我们获取证据的能力，以及我们对证据理解能力的进步，都推动了医学的变革。就技术而言，随机对照实验的技术创造了医学的有效性：技术带来的进步更令人印象深刻。詹姆斯·沃森（James Watson）说：“了解事物背后的原因比了解其表象更重要。”在许多情况下，包括临床医学，事实恰恰相反。知道某件事为什么会有效果，也许能帮助你规划下一个实验，但实验可以告诉你它的效果具体是什么，而知识本身无法预测。获取可靠证据的技巧不会出现在关于未来的电影剧本中，但应该出现。从有史以来到 20 世纪 30 年代，医生从一个弊大于利的职业转变为一个对我们现代生活和健康的改善负有部分责任的职业，在这个过程中，证据一直是医学的关键。如今，大多数医疗决策都是基于可靠的证据做出的，但约五分之一的决定仍然是基于猜测，即使是基于正当证据的医疗决策，其背后也往往会有更加可靠的证据。精益求精的知识与提高技术同样重要。在未来一个世纪里，最能改善人类健康状况的变化是，改变官僚主义阻碍医学实践和日常生活相互结合的状况。之所以称它为最能改善人类健康状况的变化，是因为一旦实现，它带来的好处将会比彻底消灭烟草带来的好处更大。

如果我们不需要更多关于烟草危害的证据，那么我们需要的几乎是其他一切证据。这是因为医疗干预的结果是不可预测的。无论我们对理论和基础科学的理解如何，我们都会被某些现实依据所误导。药物实验要经过几个正式阶段，经过第三阶段的测试后，我们才有信心说这种药物是有效的。只有在理论、专家意见和动物实验都证明一种新的治疗方法是正确的之后，药物实验才会进入第一阶段。只有当第一阶段结果良好时，药物实验才会进入第二阶段，在第二阶段中，我们会测量其物理效应，以检查其是否符合预期。第二阶段取得良好结果后则进入第三阶段，在这个阶段中我们会测试药物在临床实践中产生的实际影响。鉴于在第一阶段之前我们就已经对药物颇具信心，第三阶段已经成了例行公事。就在几十年前，人们都还认为最后这个阶段的实验完全是没有必要的，所以还没有把第三阶段的实验列入规范。许多人至今仍然认为这是形式化的官僚作风，遏制了创新，导致很多生命白白浪费。为什么要阻碍专家们的脚步，为什么不信任他们？ 1995 年，一位负责美国卫生事务的国会议员说：“我认为涉及艾滋病、癌症和其他威胁生命的疾病时，我们应该尽快向人们提供可能延长他们生命的药物和其他疗法，而不是等到我们确信某种东西会有效时才这样做。”许多医生也这么认为。他们都错了。当一项新的干预措施进入第三阶段研究时，它面临的不是官僚主义的无谓循环，而是至关重要的考验。回顾过去几十年来，各种药物在第三阶段的实验结果，你会发现通过和不通过概率各占一半。新的干预措施更有可能造成伤害，而不是提供良好的治疗效果。诚然，涉及艾滋病、癌症和其他威胁生命的疾病时，我们确实应该尽快向人们提供可能延长他们生命的药物和其他疗法，但首先我们需要确信，在生命允许的范围内，它们确实能提供帮助而不是造成伤害。

物理世界和人体是如此错综复杂，以至于我们不可能做出可靠的预测，一定要经过测试。如果一个人在比酶或神经递质更基本的组织层次上（比如说，在负责它们的基因层次上）发生了变化，那么这种复杂性就更大了。回想一下我们拥有的基因数量，有 2 万个基因被证明与人类形成有关，并且基本上每个基因都不只是负责一件事，那么它们相互作用的排列组合将是天文数字。可预测性就会进一步降低，而非上升。因此，基因疗法不可能由基因程序员变戏法般地画出新人类的蓝图而实现。我们需要学习，学习如何对严重的疾病做出微小的改变。并且，我们需要对不作为就会造成严重后果的疾病进行实验，这样才能给我们面临的风险带来正当理由。明确目标后我们才能脚踏实地一步步向前，通过点点滴滴的积累来实现目标。

人们在 20 世纪反复学到的经验，也是贯穿本书的重要内容：一系列微小的变化累积成大的改变，在某个阶段，它们不仅能实现数量上的进步——比如预期寿命的稳步增长——而且会发生质的变化，变成完全不同的生命形式。阿尔弗雷德·罗素·华莱士在

1898年写了一本关于19世纪的书《精彩的世纪：它的成功与失败》（*The Wonderful Century: Its Success and Failure*），书中认为，最好不要将最近100年的技术成就与上一个100年的技术成就相比较，而要与整个人类历史上的技术成就相比较。变革将继续加速。即使回想起来会觉得很明显，但我们依然无法对我们的尝试进行准确的预测。华莱士在1898年写道："我们这个世纪最突出的特点之一就是财富的显著和持续的增长，而全体人民的福祉却没有相应地提高；然而有充分的证据表明，非常贫困的人数已经大大增加了。"华莱士错了，我们对未来的预测能力并不取决于我们对过去的解释能力。财富已经增加了全体人民的福祉，而且还在继续增加。无论不平等现象的加剧是否使这一进程步履蹒跚，不管有多少故事真实地讲述了例外情况，它都将会继续增加。

梅达瓦称科学就是可能性的艺术。通过对奶牛和老鼠进行的实验，他展示了免疫系统是如何从"非自我"中学习并提升"自我"的，并得出了这样一个结论：理论上，我们是可能成功进行器官移植的。如果我们能够理解区分自我与非自我的系统，它就可以被改变。最终的成功并不是来自梅达瓦开发的技术。他对于器官移植产生的影响，更多的是鼓励。微生物之间的"细菌战"可以通过治疗手段加以利用的观念已经存在了一段时间，但从来没有被认真对待过。巴斯德（Pasteur）提到过这一点，他说明了真菌是如何杀死细菌的，并顺便推测这可能在医学上有用处。但这个想法似乎并不属于可能的范畴。50年后，保罗·埃尔利希（Paul Ehrlich）对有机染料的出现感到十分兴奋，这种染料以独特的方式将特定的细胞和组织染色，他注意到其中一些染料是有毒的。如果能找到一种只被细菌吸收并对细菌有毒的染料，那么这个发现就等于是一颗"灵丹妙药"，它会伤害入侵的微生物，让宿主毫发无损。埃尔利希从德国民间传说中借用了这个词（指“灵丹妙药”），并且非常有说服力，所以他给这个领域带来了一个全新的观念，并引发了一场研究的浪潮，人们开始调查研究他所预测的抗生素究竟是否存在。发现它只是时间问题，而且这个时间可能会很短。

彻底的幻想和大胆的预测很少有实际的效果。但有时，如果它们能够足够紧密地与我们对世界实际情况的了解产生联系，它们就能有用。幻想和预测打开了一扇通往全新生活观的窗户。我们需要有人愿意冒着出丑的风险去想象，以免可能的领域被缩小到已经存在的范围内。埃尔利希认为染料可以杀死微生物的想法是可笑的——即使现在回想起来，他认为这种物质必须是染料的想法也荒谬得一塌糊涂——但这是一个非常有想象力的天才想法，能够防止数百万人过早死亡。可能有人早于他几十年就提出了这个预言，所以我们缺乏的是洞察力，而不是技术。

我们将很快重新设计、重建和改善人类身体和精神的所有部分，这种平庸、无聊的预测是毫无益处的：这就是在贬低这个世界不可改变的复杂性。但未来是不确定的，因此才令人兴奋。这种不确定性不仅是由于想象力和天才的重要性，而且是因为微小的增量收益将继续累积为巨大的变化，而这些变化是不可预测的。水壶里的水随着温度的升高逐渐蒸发，但一旦到达某个温度，就会产生根本的变化——水沸腾了。每杀死一只信鸽或渡渡鸟只会减少生命总量的一小部分，然而如果世界上最后一只鸟也死去了，就意味着物种的灭绝。这些现象是可以预测的，因为我们已经对其十分了解，但当它们第一次发生时，我们并不能预测。我今天用的电脑的运行速度比过去用的电脑要快，但这并不意味着它们做同样的事情时今天的电脑一定速度更快。电脑的功能已经发生了改变。建筑师路德维希·密斯·凡·德·罗（Ludwig Mies van der Rohe）的一句话经常被引用："少即多。"物理学家约翰·阿奇博尔德·惠勒（John Archibald Wheeler）附上了一句同义的话，并写道：

> "多即不同。当你把足够多的基本单位放在一起时，你会得到一些比这些单位的总和还要多的东西。例如，由大量分子组成的物质具有诸如压力和温度等特性，这些特性是分子所没有的。这种物质可以是固体、液体或气体，然而没有一个分子是固体、液体或气体的……当足够多的简单元素搅拌在一起时，所产生的结果是无限的。"

斯蒂芬·杰伊·古尔德在为莫扎特《安魂曲》（*Requiem aeternam*）而写的袖珍笔记中，他以历史与进化的学生身份评论道："主宰着历史道路的是不可预测的偶然性，而不是法律般的秩序。"他指出，其实莫扎特很容易就能和亨德尔（Händel）活得一样久。微生物与单一免疫系统的碰撞产生了我们至今仍能感受到的后果。但是，莫扎特在孩提时代就幸运地战胜了天花、伤寒和风湿热，而且还活着。过去如此，将来也会如此。技术的发展趋势显示出某种可预测性。如果弗洛里（Florey）、柴恩（Chain）和希特利（Heatley）没有发现青霉素，那也会有其他人发现。[①] 如果蒂姆·博纳斯·李

---

① 弗莱明（Fleming）发现了青霉素霉菌群落的特性，而弗洛里、柴恩和希特利成功分离出了这种特殊的分子。如果他们像发现新药物的通常做法一样给它取个新名字的话，青霉素的作用会更为人熟知。拜耳公司发现阿司匹林和海洛因时，从来没有想过要叫它们"柳树皮"或"罂粟"。——作者注

（Tim Berners Lee）从未出生，计算机也依然可以通过全球网络互联。对人类来说，预言并没有那么容易。科学并没有改变这一点，也没有迹象表明将来能够改变。在一次古尔德演讲结束后的讨论中，彼得·梅达瓦问听众是否有人能举出一个基于生物学的成功预测人类社会的例子，没有人能举出。遗传学、进化论和生物学都充满了奇妙之处，但它们带来的启示不能适用于所有问题。社会学家、心理学家、经济学家、政治科学家和历史学家对此几乎帮不上什么忙。成功的预言之所以珍贵，是因为它是最有价值的。“不要说话，让光明存在，”哈兹利特写道，“黑暗昭昭。”这正是济慈著名的思想：

> “有几件事在我的脑海里闪过，我幡然醒悟，原来是这种特质成就了一个人，特别是在文学方面。而莎士比亚就具备这种特质——我指的是自我否定力，也就是一个人能够处于不确定、神秘、怀疑等状态中，而不会在回归事实和理性之后感到烦躁不安的能力。”

克莱夫·詹姆斯（Clive James）写道：“科学存在于一个永恒的当下，在它前进的过程中，必须永远抛弃它自己的过去。”这句话看起来优美，但却完全错误。科学是一项历史工程。雪莱（Shelley）说：“诗歌能理解所有的科学。”这个观点就比较正确。他的意思是科学必然存在想象的成分。它的过程是自动化的，但它的创造力却不是。“一个人不能说‘我会写诗’，”雪莱断言，“甚至最伟大的诗人也不能。”想象力是没有保证的。“世界上并不存在探索发现的艺术。”创造了“科学家”一词的威廉·惠威尔（William Whewell）如是说。一个人可以写下文字或进行实验，但这并不能保证诗歌或科学的产生。对个人来说是正确的事情，对社会来说就不一定正确。在更高层次的组织中，结果不再是随机的，至少在一定程度上是可预测的。在适当的文化环境中，科学和诗歌可以繁荣发展。

詹姆斯写道："科学家可以自己选择是否重温科学史，人文主义者别无选择，必须一直重温人文历史，因为人文历史永远是鲜活的，不能被取代。"这也是错误的。一个做科学实验的人必须把实验建立在历史的基础上，他对历史的判断越正确，就越有可能感觉到他的实验能揭示出未来的可能性。一个想成为科学家的人必须活在过去，或者至少对过去如何影响现在以及两者如何共同决定未来有敏锐的认识。桑塔亚纳写道："时尚是一种野蛮的东西，因为它产生了没有理性的创新和没有效益的模仿。"如果没有对历史的认识，我们就无法分辨时尚与现实之间的细微区别。这样的区别至关重要。塞缪尔·约翰逊说："每个人都应该警醒，生命不可能长久，生命的可能性也比自然所允许的要更少。" 埃尔利希关于抗生素存在的见解在他的听众中很有分量，由于同样的原因，这一观点也被证明是非常有用且正确的。它基于埃尔利希对于可能性的认识。这是一种想象，一种具有诗意的灵感。这样的时刻——在科学和其他领域中都一样——都是从优雅中而来。优雅来自艺术，而艺术并非易事。埃尔利希把毕生精力投入在这项事业中，他对科学的历史和进步有了无比深刻的认识，所以才能发现这种可能性。回想起来似乎显而易见的事情，然而当时除了他以外却谁也看不出来，甚至在他想到这一点之前，他本人也不这么认为。

一个多世纪前，奥斯勒指出麻醉是一个奇迹，甚至在《圣经》中也没有预料到。今天，我们可以补充说，抗生素以及我们的世界在死亡率和发病率、社会流动性、种族和性别平等、行为自由，以及开放技术给文化精髓带来的提升等方面的进展都是奇迹。宗教宣扬共同富有，但是宗教意义上的财富是来世的，或者是精神上的。它们从来不是我们所获得的世俗财富。我们很容易忽略的一点是，基督教告诉富人把钱捐给穷人是为了拯救富人的灵魂，而不是穷人的生命。即使是在《圣经·新约》（*New Testament*）中，关于爱的信息也集中在成为一个更好的人的好处上，而不是创造一个更好的世界。自宗教诞生以来，帮助穷人和病人就一直是各个宗教的共同愿望。虽然我们还没有消除绝对贫困和早发性疾病，但我们已经在某种程度上完成了最伟大的先知们从未设想过的事情。

曾经司空见惯的痛苦现在已经不那么普遍了。这项成就虽然还不完整，但依然无比珍贵。在一名叫威尔弗雷德·比恩（Wilfred Bion）的坦克指挥官关于第一次世界大战的回忆录中，他回忆起西部战线一个夜晚的噪声，他在经历了“守望营火的几千个夜晚后”，仍然久久无法忘记这种声音。当他第一次听到这些声音时，他觉得那是麻鸦（一种野鸟）的叫声，事实上，那是那些陷在无人区泥沼中、沉沦而死的人们的哭声。“没有人抬担架去救他们吗？”在他第一次明白那些声音是什么的那天晚上，他问道。“抬担架的人没这么傻。”有人告诉他。那些为了救人而离开铁轨和道路的人，自己也沉入了泥沼中，再也没有回来。

无数人已经死去，无数人将要死去，他们的生命和希望被这个世界无情地抹去，不留痕迹。每一位读者都能想到一百个反例来反驳我们的进步，找到一百个不屈从于快乐和乐观的理由。在现实中，我们都会失望。这些反例并不能盖过人类历史上已经发生的事情和将要发生的事情，尽管存在种种缺陷，但这正是所谓的进步。许多人都淹没在战争的泥沼中，在疾病、缺乏机会和生命的其他危险之中溺亡，那些本可以好好生活的生命就这样被白白浪费。然而，现如今这样的命运已经比以往任何时候都要少，这一点很重要。它之所以重要，是因为它让我们意识到世界是可以被改善的，有助于我们更好地去改善世界。那些出生在当今最悲惨和最贫穷的国家的人，比那些出生在两个世纪前最富有和最发达的国家的人有着更光明的未来。这些都是泛化的结论，所以一定会有反例存在。但这也意味着，这些结论是千真万确的。只要气候变化、核战争或独裁统治和暴民统治的毒害效应不从中作梗，我们的世界就将继续改善下去。认为科学将继续改善这个世界是一种乐观的想法，事实确实如此，但过程中免不了颠簸。但认为世界没有科学还能继续变好，这种想法却大错特错。今天，我们很少有人体会过丧子之痛，更别说失去几个孩子了。从统计数字上来说，在老年之前就第一次经历亲人的去世是正常的事。然而，如果我们在中年时听说有朋友去世了，这样的消息还是会令我们震惊。情况还将继续如此。一代又一代的孩子将长大成人，对于他们来说，过早失去父母将是一种罕见的经历，就像现在的父母不会过早失去孩子一样。

冰人奥茨

在图坦卡蒙法老在世的两千年之前，奥茨就掉进了阿尔卑斯山的冰层中。人们在 1991 年发现了他的遗体。

奥茨在世时，文明正蓬勃发展。当时的苏美尔已经有了诗歌、法律和医学知识，而且大部分都十分现代，比如担心酒店老板可能会给消费者缺斤短两而占便宜，就有对这种情况的诅咒（“愿你的墓碑……像喝了酒的高个年轻人一样倒地”），这是一种我们可以认同的文化。一位老师告诉一个即将开始成人教育的学生：“你永远不会再是那个目光狭隘的自己了。”他解释说，“一旦打开了自己的眼界就很难再闭塞了，也不应该闭塞——那将极大地贬低人类应有的尊严。”

虽然奥茨会使用燧石刀，穿草和毛皮制成的衣服，但他接受了多少这样的文化我们无从得知，只有一些蛛丝马迹而已。他穿的衣服和随身携带的工具我们都能辨认出来，他脑子里的想法也是如此，它们都低于现代水平。他的手和头脑所能掌握的工具只属于他那个时代。如今我们的能力已经增强，就算身患残疾的登山者也能得到生物假体的帮助，这是奥茨做梦也想不到的——就连这些登山者平时做的梦，奥茨也不可能想得到。

没有现代饮食，奥茨的牙齿没有任何腐烂的迹象，但粗糙的饮食磨平了他的臼齿。他的门牙也磨损了，可能是因为需要把门牙当作工具，通过撕咬来切割他赖以生存的皮革。他死的时候可能是20岁，也可能是60岁，我们说不清。他的背部和右髋关节有关节炎。他的肋骨骨折的时间久得已经自动愈合了。他有动脉粥样硬化和血管钙化。他冻伤后幸免一死，但伤势不轻——他的左小脚趾上有伤疤。他的腿骨因使用过度而变粗了。

奥茨远离他那个时代伟大的文明，在世界的阴暗边缘生活、死去。在那个时代即使是最幸运的人，生命也很短，更容易经历暴力的、不确定的和随机的死亡。人类想象力的范围并没有那么广阔，几千年的书面文化也没有使人们的生活充满活力或变得富有。受到磨损的不仅是牙齿和骨头。奥茨身高约为 1.65 米，如果他生活在现代，比起测量数据，现代社会对他的思想改变更大。真正的区别在于他的思想。当年的生活既野蛮又莫名其妙，人们通常无法理解命运的恐怖，因此奥茨生活在恐惧之中。他应当如此，他最终是被人从背后射杀的。

过去，人们认为达尔文不过是个幸运的苦闷之人。今天人们也依然这么想，除了《物种起源》（*On the Origin of Species*）和《人类起源》（*The Descent of Man*）之外，他还主要写了蠕虫、藤壶、兰花和珊瑚的具体资料。人们通常认为医学是由如青霉素的发现——也就是配得上使用“突破”一词的发现——之类的进步组成的，这是错误的。正是对细节的专注让达尔文拥有了广阔的视野，且并非不切实际。他对蠕虫、珊瑚和自然选择的研究表明，微小的变化也可以创造世间百态。梅达瓦曾写道，公众经常认为生物研究所里挤满了争论生命定义的人，而事实上，科学家们对这个问题并不感兴趣，因为它不会给实验提供灵感。细节和不确定性是严肃性的标志。对追求真理的兴趣源于一种习惯，一种总是寻求与人们试图解释的现象相匹配的答案的习惯。缅因州海岸线的长度可以在地图上用尺子测量，但不能在海滩上用尺子测量。“在每个阶段，我们都需要全新的规律、概念和概括……心理学不是应用生物学，生物学也不是应用化学。”

大多数时候，我们都认为证明生命很简单的说法肯定是错的。世界上的许多事情都太混乱了，无法被系统化。人性这根曲木，绝然造不出任何笔直的东西。物理学作为世界的一个模型虽然并不完美，但不能指望生物学和社会科学做得更好。知识和信息太容易积累起来，足以给人留下深刻印象，但不足以起到帮助作用。V.S. 奈保尔（V.S. Naipaul）谈到一个他不喜欢的角色时说：“她有很多想法，但把它们加在一起，却不能形成一个观点。”生命永远是模糊不清的，但明确自己的观点可以让人在窥视生命奥秘时占得一席之地。事实和意见的收集不足以抵挡意识形态，意识形态会从人们对生命的看法中形成。[①] 在一本探讨医学的作品里，出现这样的思想是不合时宜的。如果说起那些无谓的死亡可以避免，就不得不提战争和饥荒。在 20 世纪如此，在今天依然如此。自由民主国家有着深刻和永久的缺陷，充满了妥协和不诚实、自私和谎言。门肯写道：“最坏的政府往往是最道德的政府，由愤世嫉俗者组成的政府往往非常宽容和人道。但当狂热分子占上风时，只剩下无止境的压迫。”自由民主仍然是人类进步的根本动力，从它出现的那一刻起便是如此，而且是很久以前开始的。罗马人入侵英国后，英国人的平均健康状况大大改善，足以使平均身高上升，这是因为罗马社会比英国社会更好。这看起来像是废话，但我想说的是，这是一个证据，尽管罗马社会远非现代意义上的自由或民主，但比前罗马时代的英国人所管理的社会允许更多的人拥有自由、公平和宽容。当公民的自由和机会比以前更加平衡时，人们会更加健康，我们不需要变得完美才能进步。

科学和意识形态是相互对立的。科学中经验主义至上，所以它反对这样一种观点，即通过理论可以预先了解世界，而理论本身就

① “恩格斯说：‘正如达尔文在有机自然界中发现进化规律一样，马克思也发现了人类历史上的进化规律。’”摘自特伦斯·鲍尔（Terrence Ball）所著《马克思与达尔文：重新思考》（*Marx and Darwin: A Reconsideration*）[发表于《政治学理论》（*Political Theory*），1979，7（4）：469～483 页]。描述他在社会中看到的社会经济结构，指出谁受益谁不受益，是一回事；主张人类社会必须从模型的角度来看待，而不是从社会观察的角度来得出模型，是另一回事。这与他在生物学和社会历史之间的错误类比是一致的。——作者注

是意识形态的基石。19 世纪的威廉·惠威尔说：“自然界的脸上戴着一张理论的面具。”只有科学能够看到面具之下的东西，现在仍然如此，因为科学是一种有条理的、经验优先于预期的方法。科学加强了我们从经验中学习的能力，而意识形态削弱了这种能力。科学在信仰不完整和不一致的社会里最繁荣。它受到正统思想的摧残，就像苏联农业被李森科主义摧残一样，这是一种生物学和遗传学的信仰体系，与共产主义理想非常契合，但与现实不符。反对它的科学家都被杀了，然而当农作物产量下降时，他们的反对被证明是正确的。更多的人死了，是被饿死的。与之相比，美国南部“抗疫苗者”中的麻疹疫情暴发似乎是一场进步中的教训。

医学的进步代表着扩张。200 年前，英国有 1100 万居民，却只有几百名医生为他们服务。现在有 6500 万人住在英国，如果医生的数量按比例增长的话，将会只有几千人，比我自己医院的工作人员还多不了多少，然而现在英国有 25 万名医生。医学会变得越来越重要，占据我们越来越多的生活吗？有可能，是的，让我们希望如此。它不仅会随着工作效率的提高而变得越来越重要，还会因为我们需要在其他职业上花费更少的时间而变得越来越重要。医疗活动在增加，而其他形式的就业正在萎靡，这并非巧合。这是进步给我们带来的奢侈品之一。随着社会的发展，我们越来越善于用更少的人做更多事。机械化减少了一些机会，但通过提高效率，它创造了其他机会。这可能给我们带来更大的不平等，以及大量的长期失业的下层阶级，或者它可能使我们去努力确保进入现有职业时永远不会因为缺乏教育而受到限制。当然，这不会受基因的限制。就业机会较少的社会需要将更多的投资引向教育。财富的增加意味着越来越多的人从事教育和医疗保健工作。就健康和教育而言，更多并不一定更好，但一个更美好的世界肯定拥有更多。教育是没有上限的，结果是否值得付出代价和努力，取决于我们要付出多少，以及我们如何明智地使用它，医学也是如此。当我们在健康预防方面做得更好时，医疗保健服务会缩水的想法是一个美好的幻想，也是一个错误。年龄总是使我们感到疲倦，岁月在谴责我们，更有效地阻止早逝只会使老年问题更加沉重。当我们处理这些问题时，我们必须庆幸我们目前还拥有这些问题。

健康促进和健康生活并没有抓住现在医学的概念。从生理上讲，我们应该过上好日子的观念有一种道德上的优势，一种足够尖锐的锋芒。这种清教主义已经不仅仅是一粒种子，甚至已经成为一棵大树。这种观念认为，正确的前进道路不是吞下药丸或接受手术，而是少食、少饮、多运动（最好是在户外和天气晴朗的时候穿短裤），并通过自我否定的精神力量抵御疾病。人们可以从健康促进和健康生活所导致的政策，以及政府推动这些的方式中看出端倪。对此的证据不够明确，我们通过散步和少吃多餐能得到多少好处也缺乏量化数据。缺乏证据和不明确的原因是这些政策基于清教主义，而不是科学。清教主义认为健康的生活是一种道德上的善行，道德上的东西不需要通过测量或评估来证明。麦考利（Macaulay）写道："清教徒讨厌逗熊游戏，不是因为它给熊带来痛苦，而是因为它给观众带来了快乐。"这样的观念如今依旧存在。

延长健康的生命是医学现在的主题，但这一点受到了掩盖，因为其与传统的良知和清教主义产生了重叠，这样的重叠是有害的。批评医学的人越来越倾向于侵入我们的健康生活，认为这是清教主义。这些批评人士指出，药片为我们带来的额外的健康日子不值得付出代价。我们应该鼓励他们：不仅要鼓励他们，还要回答他们，因为有时候他们可能是对的。比起健康生活，延长健康生命不再是一种基于道德优越感才应该去做的事。药物的确切成本和效益需要衡量，只有在良好的衡量标准的基础上，考虑它们能提供什么和它们会带来什么负担，人们才能决定是否接受它们。任何人都没有义务接受或拒绝任何治疗性药物，但每个人都有义务弄清楚这些药物到底有什么作用。在完全理解药物的益处的情况下拒绝药物是一种合理的反应，但是如果拒绝的人同时吞下了一种被证明没有益处反而有危害的药片，就像许多维生素一样，那么他们的想法就是不合理、不清晰的。人们可以为自己开脱说这是深思熟虑后的选择，除非深思熟虑是一种欺骗的说法。

“等上 30 年，再看看地球。你将看到一个又一个奇迹，再加上你目睹过的那些奇迹；在这些奇迹之上，你将看到它们令人敬畏的结果——人类最终几乎达到了完美境界！——并且还将继续进步，看得见的进步。”这是马克·吐温 1889 年的预言。除了“完美境界”的概念是错误的外，我们没有理由不把这个预言认为是正确的。无论是进化还是我们的基因，都没有给我们的大脑施加限制。身体的高度不会无限延伸，但文化和智慧为我们的想象提供了没有边界的沃土。

吐温的这段文字是沃尔特·惠特曼（Walt Whitman）70 岁生日庆祝活动的一部分。还原论扑灭了想象的火焰，把人类神圣的面孔冻结在理论的面具下，对惠特曼来说它的危害很明显。布莱克（Blake）和华兹华斯也意识到了这一点。

> 我歌唱人的生理；
> 外貌或头脑都不足以献祭诗神，
> 我是说，二者合一方可无与伦比。

将一种现象还原为其组成部分，只有做得太过火时才是危险的。在某些情况下这种做法反而会起作用，并且效果非常好。科学依赖于此，正如它依赖于我们不能将它延伸到可能加深理解的范围之外。历史告诉了我们界限在哪里，以及未来的界限会在哪里。很多最吸引我们的东西将仍然扣人心弦，我们依然无法对其进行解释。科学永远无法揭开人类的神秘面纱，当它接近真相时，它就会停止运作，不再是科学。

要记得谨言慎行。上了年纪的惠特曼在日记中写到自己要适应脑卒中后的半瘫痪状态：“我发现，诀窍是，把你的欲望和品位调得足够低，充分利用负面的东西，珍惜日光和天空。”对未来的预测需要足够精准才能称得上是错误的，但最伟大的预测不是。适度的成功来自适度的努力。面对世界的复杂性，我们都应该适当地半途而废，不要走得比我们所预言的更远。我对那些看起来不可能或不可预测的事情做了很多否定，但是，历史这片烈日晴空——这片美丽的天空，被金火染红的雄伟苍穹——为我们所取得的成就和我们未来的一切展现了一幅美好的图景。人是一件多么了不起的造物啊！人类，是这个世界的极致之美，是动物的最高典范，并且依然在不断被塑造。

我歌颂热情澎湃的生活，它充满脉动和力量。

为那最自由的行动，我鼓舞欢欣，因它们源自那些神圣的法则。

现代人，我也要为你们歌唱！

致谢

遗忘的罪孽像罂粟花般盲目散布，然而回忆中总有一些执着不灭。对于约瑟夫·爱泼斯坦，我应该再强调一下对他话语的引用；而乔治·森茨伯里（George Saintsbury）也完全有理由拒绝我借用他所说的话——“没有什么能比领会别人话语中的影射更令我愉悦了——除非我领会不了，还要去刨根问底。”不过对于我从未谋面的人，亏欠他们其实是一件相对轻松的事。

其实在现实生活中，对别人的亏欠有时也令我愉悦。我的经纪人彼得·巴克曼（Peter Buckman）提出了让我写这本书的想法，并且提了一个无比正确的建议，那就是让我用一瓶瓶林卓贝斯酒庄的美酒来补偿我亏欠他的非金钱债务；森茨伯里也肯定会同意这种做法。尼尔·贝尔顿（Neil Belton）、弗洛伦斯·黑尔（Florence Hare）和克里斯蒂安·杜克（Christian Duck）给我提供了他们的专业帮助，格雷格·瓦格兰德（Greg Wagland）也将以音频叙述的形式呈现这部作品。

当年，正是大卫·罗伯茨（David Roberts）访问公立学校的宣讲活动鼓励了我报考牛津大学，他还大方地指出自己的努力被浪费在了什么地方。无论是现在还是30年前，我都很感激他对我的遗传学知识所做的纠正，在这个电子时代，我仍然可以看到他修改的手迹。

我很感谢罗杰·巴比（Roger Barbee）提出的建议，还有理查德·霍姆斯（Richard Holmes）的鼓励（在他 2003 年充满诗意的研讨会之前就有了体现）。塞巴斯蒂安·托马斯（Sebastian Thomas）和乔纳森·波因茨（Jonathan Points）也给我提供了直接的帮助，其中有的是“非葡萄酒”形式的帮助。马里恩·马法姆（Marion Mafham）、西奥·伯奇（Theo Burch）和雷切尔·伯奇（Rachel Burch）都帮了不少忙，不过只有马里恩帮我整理了注释。

在写完本书的主体、写致谢页之前，我的母亲去世了。我应该早些听她的话，给她看看这些稿件的。